# Schadenfreies Bauen

Gebäudeanforderungen und
Prävention von Bauschäden



**Autorin:**

Ingrid Kaiser

FORUM

WISSEN,
DAS ANKOMMT.

**Bibliografische Information der Deutschen Bibliothek**

Die Deutsche Bibliothek verzeichnet diese Publikation in der Deutschen Nationalbibliografie; detaillierte bibliografische Daten sind im Internet über http://dnb.dnb.de abrufbar.


Mandichostraße 18
86504 Merching

Telefon: +49 (0)8233 381-123
Fax: +49 (0)8233 381-222
E-Mail: service@forum-verlag.com
Internet: www.forum-verlag.com



Hinweis: Aus Gründen der besseren Lesbarkeit und Einfachheit wird in den folgenden Texten meist die männliche Form verwendet. Die verwendeten Bezeichnungen sind als geschlechtsneutral bzw. als Oberbegriffe zu interpretieren und gelten gleichermaßen für alle Geschlechter.

Titelfoto/-illustration: © AdobeStock_709301979_AA+W
Satz: Reemers Publishing Services GmbH, 47799 Krefeld
Druck: Druckerei Joh. Walch, 86179 Augsburg
Printed in Germany

ISBN 978-3-98875-247-5 (Print-Ausgabe)

# Vorwort

*Willst du einen Wächter haben,*
*der vor Schaden wacht?*
*Nimm dir einen an zum Diener*
*namens Wohlbedacht!*

Friedrich Freiherr von Logau, deutscher Dichter, 1604–1655

Bauschäden haben vielfältige Ursachen – von der Planung über die Auswahl der Bauteile und Baustoffe sowie der Ausführung bis zur Nutzung der Gebäude. Der „Diener Wohlbedacht" ist unter steigendem Termindruck, durch Material-Engpässe und steigende Komplexität von Bauprojekten – im Neubau wie im Bestand – immer schwerer zu finden. Durch die negativen Auswirkungen entstehen nicht nur teilweise massive Vermögensschäden, sondern auch gesundheitliche Beeinträchtigungen der Nutzer und der Umgebung bis hin zu Lebensgefahr, z. B. durch Gebäude-Einsturz oder Brände und Explosionen.

Kapitel 1 stellt daher die Anforderungen an Gebäude mit den bauphysikalischen, bauchemischen und naturwissenschaftlichen Vorschriften und Normen als Grundlage für schadenfreie Bauten dar. Der Schwerpunkt liegt hierbei auf dem Bautenschutz und der Standsicherheit, also den wesentlichen Schutzmaßnahmen vor Schäden, die durch Einflüsse von außen, sprich Wettereinwirkungen, Hitze, Kälte und Lärm, sowie innen, durch Lasten und Kräfte, entstehen können.

In Kapitel 2 werden die wesentlichen Schadensursachen, die vom Beginn der Planung über die Gebäudeerstellung bis zur Nutzungsphase (dem längsten Abschnitt im Lebenszyklus eines Gebäudes) entstehen, erläutert und Vermeidungsstrategien aufgezeigt. Hierbei werden daher nicht nur die Auslöser von Schäden beim Neubau berücksichtigt, sondern auch die vielfältigen Einflüsse der Nutzung des Gebäudes sowie die unterschiedlichen Abnutzungen der Gebäudeteile und -materialien in Abhängigkeit vom Errichtungszeitpunkt.

Damit sensibilisiert das vorliegende Buch Bauherren, Planer, Bauüberwacher, ausführende Unternehmen und Nutzer für Schadensquellen und gibt eine Anleitung, diese durch die Anwendung technischer Grundsätze weitgehend auszuschalten.

Ingrid Kaiser,
im November 2025

# Die Autorin

## Ingrid Kaiser

Ingrid Kaiser studierte Architektur mit der Vertiefungsrichtung Baubetrieb an der Gesamthochschule Essen und berufsbegleitend Wirtschaftsingenieurwesen an der Hochschule Bochum und ist als freischaffende Architektin Mitglied der Architektenkammer Bremen. Sie ist Büroinhaberin des ak architekturbüro kaiser, gegründet 1993, in Sanitz b. Rostock mit Planungs- und Bauüberwachungstätigkeiten im Wohnungs-, Büro- und Industriebau sowie nach DIN EN ISO/IEC 17024 zertifizierte und BDSF-geprüfte Sachverständige für Bauschäden und Immobilien-Wertermittlung. Des Weiteren hält sie Seminare und Vorträge zu den Themenbereichen Hochbau, Projektmanagement, Immobilienwirtschaft und Facility-Management.

# Inhaltsverzeichnis

Vorwort ... 3
Die Autorin ... 5

1 Allgemeine Anforderungen an Gebäude ... 11

1.1 Brandschutz ... 12
1.1.1 Begriffe ... 12
1.1.2 Baustoffklassen ... 13
1.1.3 Feuerwiderstandsklassen ... 15
1.1.4 Brandabschnitte ... 17
1.1.5 Brandverhalten von Baukonstruktionen ... 20
1.1.6 Brandabschnitte und Rauchabschnitte ... 21
1.1.7 Öffnungen in Bauteilen mit Brand- oder Rauchschutz-Anforderungen ... 22
1.1.8 Wand- und Deckendurchführungen ... 23
1.1.9 Flucht- und Rettungswege ... 25
1.2 Feuchteschutz ... 28
1.2.1 DIN-Normen ... 28
1.2.2 Dächer ... 29
1.2.3 Abdichtungsaufbau ... 33
1.2.4 Untergrundvorbereitung ... 37
1.2.5 Gefälle und Anschlüsse ... 40
1.2.6 Balkone ... 41
1.2.7 Dachterrassen ... 43
1.2.8 Barrierefreiheit ... 45
1.2.9 Beanspruchung von Flachdächern ... 47
1.2.10 Abdichtung von erdberührten Bauteilen ... 47
1.2.11 Abdichtung von Innenräumen ... 51
1.2.12 WU-Beton ... 61
1.2.13 Drainagen ... 71

1.3 Schallschutz ........ 76
1.3.1 Begriffe ........ 76
1.3.2 Anforderungen ........ 77
1.3.3 Baustoffe und Bauteile ........ 83
1.3.4 Schall-Schluckung bzw. -Absorption ........ 85
1.3.5 Schallabsorber ........ 87
1.4 Wärmeschutz ........ 88
1.4.1 Begriffe ........ 88
1.4.2 U-Werte ........ 89
1.4.3 Energie-Effizienz ........ 94
1.4.4 Mindest-Wärmeschutz gem. DIN 4108 ........ 96
1.4.5 Luftdichtheit ........ 97
1.4.6 Ausführung ........ 105
1.4.7 Dokumentation ........ 107
1.4.8 Prüfung der Luftdichtheit ........ 108
1.4.9 Wärmebrücken ........ 109
1.4.10 Feuchteschutz ........ 127
1.4.11 Hygrothermie ........ 129
1.4.12 Übersicht Dämmstoffe ........ 130
1.5 Standsicherheit ........ 133
1.5.1 Einwirkende Lasten ........ 133
1.5.2 Einwirkende Kräfte ........ 137
1.5.3 Tragelemente und -systeme ........ 139
1.5.4 Baugrund – Kostengruppe 310 gem. DIN 276 ... 140
1.5.5 Gründung – Kostengruppe 320 gem. DIN 276 ... 144
1.6 Baustoffe für tragende Baukonstruktionen ........ 147
1.6.1 Beton und Stahlbeton ........ 147
1.6.2 Mauerwerk aus künstlichen Steinen ........ 157
1.6.3 Holz und Holzwerkstoffe ........ 160
1.6.4 Stahl ........ 164
1.7 Vertiefende Anforderungen an Gebäude gemäß VDI 6200 ........ 167
1.7.1 Wiederkehrende Bauwerksprüfungen ........ 167
1.7.2 Auswertung und Dokumentation von Überprüfungen ........ 174
1.7.3 Sanierungsfahrpläne ........ 175
1.7.4 Vorgehensweise beim Neubau ........ 178
1.8 Regelmäßige Begehungen und Inspektionen ........ 179
1.9 Bedeutung der allgemeinen Regeln der Technik ........ 186

## 2 Häufige Ursachen von Bauschäden an Baukonstruktionen ..... 191

2.1 Baumängel und Baufehler ..... 195
2.1.1 Planungsfehler ..... 195
2.1.2 Ausführungs- und Materialfehler ..... 201
2.1.3 Überwachungsfehler ..... 217
2.1.4 Überschneidungen der Verantwortlichkeit für Baumängel ..... 217
2.2 Baualter und Abnutzung ..... 221
2.2.1 Lebens- und Nutzungsdauer von Gebäuden ..... 221
2.2.2 Instandhaltung und Einfluss auf die Lebensdauer ..... 239
2.3 Äußere Einflüsse auf Gebäude ..... 243
2.3.1 Witterungseinflüsse ..... 243
2.3.2 Natur-Ereignisse ..... 245
2.3.3 Brand und Brandstiftung/Explosion ..... 248
2.4 Veränderungen an Gebäuden und der Umgebung ..... 252
2.4.1 Bauliche Änderungen ..... 252
2.4.2 Baugrund-Änderungen ..... 265
2.5 Unsachgemäßer Gebrauch ..... 268
2.5.1 Nicht der vorgesehenen Nutzung entsprechend 268
2.5.2 Ungeeignete Reinigungsverfahren ..... 269
2.5.3 Vandalismus und Diebstahl ..... 272

Stichwortverzeichnis ..... 279

# 1 Allgemeine Anforderungen an Gebäude

# 1.1 Brandschutz

## 1.1.1 Begriffe

Die Schutzziele des Brandschutzes sind:

- Rettung von Menschen und Tieren
- Schutz von Nutzern und Rettungspersonal vor Feuer und Rauch
- Ermöglichen wirksamer Löscharbeiten

Der bauliche Brandschutz betrifft die Auswahl der Materialien und Ausführungsarten für die Bauteile zwischen Räumen, Nutzungseinheiten und Brandabschnitten. Der abwehrende Brandschutz legt die Anforderungen an Flucht- und Rettungswege, die Zugänglichkeit des Gebäudes und die Zufahrten/Angriffswege für die Feuerwehr sowie die Löschmittel-Verfügbarkeit fest.

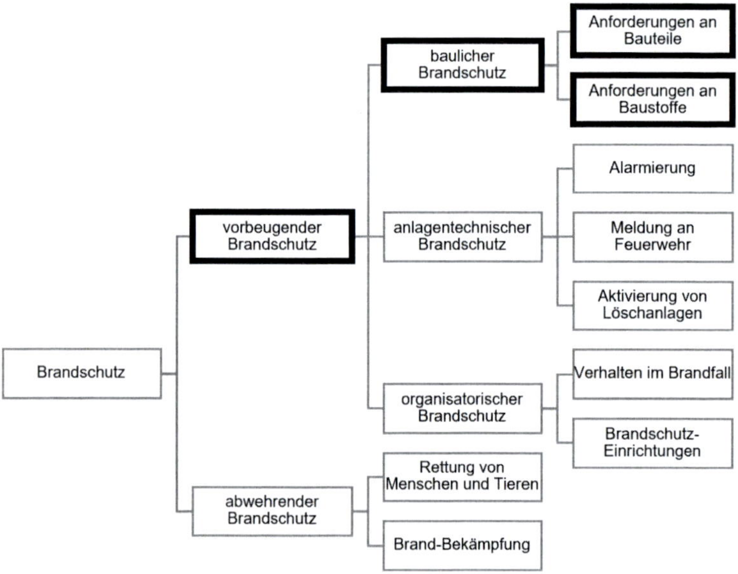


***Bild 1:*** *Übersicht Brandschutz (Quelle: Ingrid Kaiser)*

## 1.1.2 Baustoffklassen

Die Baustoffklassen der Baustoffe sind z. Z. noch parallel in der nationalen Norm DIN 4102 und der europäischen Norm DIN EN 13501-1 geregelt. Die Klassifizierungen hinsichtlich der Brennbarkeit von Stoffen unterscheiden sich nur geringfügig, jedoch sind in der europäischen Norm zusätzliche Anforderungen an die Rauchentwicklung (Kurzzeichen s = smoke) und das brennende Abtropfen (Kurzzeichen d = droplets) gestellt. Die Einteilung ist wie folgt gegliedert:

- s1 – geringe Rauchentwicklung
- s2 – mittlere Rauchentwicklung
- s3 – hohe Rauchentwicklung/nicht geprüft
- d0 – kein brennendes Abtropfen im Zeitraum ≤ 600 Sekunden
- d1 – kein brennendes Abtropfen, Nachbrennzeit ≤ 10 Sekunden im Zeitraum ≤ 600 Sekunden
- d2 – keine Leistung

***Tabelle 1:*** *Baustoffklassen (Ingrid Kaiser gem. DIN 4102 und DIN EN 13501-1)*

| DIN 4102 | | DIN EN 13501-1 | | | |
|---|---|---|---|---|---|
| **Klasse** | **Bezeichnung** | **Klasse** | **Unterklassen** | | |
| A1 | ohne brennbare Bestandteile | A1 | | | |
| | mit brennbaren Bestandteilen < 1% | | | | |
| A2 | mit brennbaren Bestandteilen | A2 | A2 – s1, d0 | | |
| B1 | schwer entflammbar | | A2 – s2, d0 | A2 – s1, d1 | A2 – s1, d1 |
| | | | A2 – s3, d0 | A2 – s2, d1 | A2 – s2, d1 |
| | | | | A2 – s3, d1 | A2 – s3, d1 |
| | | B | B – s1, d0 | B – s1, d1 | B – s1, d1 |
| | | | B – s2, d0 | B – s2, d1 | B – s2, d1 |
| | | | B – s3, d0 | B – s3, d1 | B – s3, d1 |
| | | C | C – s1, d0 | C – s1, d1 | C – s1, d1 |
| | | | C – s2, d0 | C – s2, d1 | C – s2, d1 |
| | | | C – s3, d0 | C – s3, d1 | C – s3, d1 |
| B2 | normal entflammbar | D | D – s1, d0 | D – s1, d1 | D – s1, d1 |
| | | | D – s2, d0 | D – s2, d1 | D – s2, d1 |
| | | | D – s3, d0 | D – s3, d1 | D – s3, d1 |
| | | E | E – d2 | | |
| B3 | leicht entflammbar | F | keine Leistung | | |

***Tabelle 2:*** *Exemplarische Zuordnung von Baustoffen zu den Baustoffklassen (Ingrid Kaiser gem. DIN 4102)*

| A1 | A2 (Nachweis erforderlich) | B1 | B2 | B3 |
|---|---|---|---|---|
| • Beton<br>• Ziegel<br>• Naturstein<br>• Glas<br>• Faserbeton-Platten<br>• Stahl<br>• Aluminium | • Verbundbaustoffe mit organischen Bestandteilen<br>• Gipsplatten<br>• Mineralfaser-Stoffe | • Holzwolle-Leichtbauplatten<br>• zementgebundene Spanplatten | • Holz + Holzwerkstoffe, d > 2 mm<br>• genormte Dachpappen<br>• PVC-Bodenbeläge | • Papier<br>• Holzwolle<br>• Baumwolle<br>• Holz + Holzwerkstoffe, d ≤ 2 mm |

## 1.1.3 Feuerwiderstandsklassen

Die Feuerwiderstandsklassen geben den Widerstand des gesamten Bauteils mit allen Bestandteilen gegenüber Feuer in Minuten an.

***Tabelle 3:*** *Feuerwiderstandsklassen (Ingrid Kaiser nach DIN 4102)*

| Feuerwiderstand in Minuten | Wände, Decken, Stützen, Unterzüge, Treppen | Nichttragende Wände, Brüstungen | Lüftungsleitungen | Brandschutzverglasungen[1] | | Klasse |
|---|---|---|---|---|---|---|
| ≥ 30 | F 30 | W 30 | L 30 | G 30 | F 30 | feuerhemmend |
| ≥ 60 | F 60 | W 60 | L 60 | G 60 | F 60 | hochfeuerhemmend F + W |
| ≥ 90 | F 90 | W 90 | L 90 | G 90 | F 90 | feuerbeständig |
| ≥ 120 | F 120 | W 120 | L 120 | G 120 | F 120 | – |
| ≥ 180 | F 180 | W 180 | | | | – |

[1] F-Verglasungen verringern die Temperaturerhöhung durch die Wärmestrahlung des Brands zusätzlich.

Die europäische Norm DIN EN 13501-2 berücksichtigt zusätzlich die Tragfunktion der Bauteile sowie die Anordnung der jeweiligen Bauteile im Gebäude (innen/außen). Hierfür werden – ergänzend zu der Zahlenangabe (= Minuten der Widerstandsfähigkeit gegen Feuer) – verwendet:

- R – Erhalt der Tragfähigkeit
- E – Erhalt des Raumabschlusses
- I – Wärmedämmung/Einhaltung der Oberflächen-Grenztemperatur
- W – Begrenzung der Wärmestrahlung
- K – Schutz vor Entzündung
- M – Erhalt der Stoßbeanspruchung
- S – Begrenzung der Rauchdurchlässigkeit
- C – Selbstschließende Türen (Feuer-/Rauchschutz)
- P – Aufrechterhaltung der Energieversorgung
- i → o – Richtung des Feuerwiderstands: von innen nach außen
- o→ i – Richtung des Feuerwiderstands: von außen nach innen
- a → b – Richtung des Feuerwiderstands: von oben nach unten

Hieraus ergeben sich beispielhaft folgende Anforderungen:

***Tabelle 4:*** *Feuerwiderstandsklassen (Ingrid Kaiser nach DIN 13501-2)*

| **baurechtliche Anforderungen** | **Feuerwiderstandsklasse nach DIN EN 13501-2** | |
|---|---|---|
| | **ohne Raumabschluss** | **mit Raumabschluss** |
| feuerhemmend | R 30 | REI 30 |
| feuerhemmend/aus nichtbrennbaren Baustoffen | R 30 | REI 30 |
| hochfeuerhemmend/in den wesentlichen Teilen aus nichtbrennbaren Baustoffen | R 60 | REI 60 |
| brennbar/Dämmstoffe nichtbrennbar mit brandschutztechnisch wirksamer Bekleidung | R 60<br>K 60 | REI 60<br>K 60 |

***Tabelle 4:*** *Feuerwiderstandsklassen (Ingrid Kaiser nach DIN 13501-2)*

| **baurechtliche Anforderungen** | **Feuerwiderstandsklasse nach DIN EN 13501-2** | |
|---|---|---|
| | **ohne Raumabschluss** | **mit Raumabschluss** |
| feuerbeständig/tragende und aussteifende Teile nicht brennbar | R 90 | REI 90 |
| feuerbeständig/aus nichtbrennbaren Baustoffen | R 90 | REI 90 |

## 1.1.4 Brandabschnitte

Des Weiteren legen die Bauordnungen der Länder die Anforderungen an Brandabschnitte, Brandwände und Flucht- und Rettungswege fest. Grundlage für die 16 Bauordnungen ist die Musterbauordnung (MBO). Die Kernanforderung ist in § 14 festgelegt:

*„Bauliche Anlagen sind so anzuordnen, zu errichten, zu ändern und instand zu halten, dass der Entstehung eines Brandes und der Ausbreitung von Feuer und Rauch (Brandausbreitung) vorgebeugt wird und bei einem Brand die Rettung von Menschen und Tieren sowie wirksame Löscharbeiten möglich sind.“*

§ 26 MBO nimmt auf die eben genannten Feuerwiderstandsklassen und die Feuerwiderstandsfähigkeit gem. DIN 4102 bzw. DIN EN 13501-2 Bezug. Für die einzelnen Bauteile werden die Anforderungen in Abhängigkeit von den Gebäudeklassen festgelegt. Diese sind in § 2 (3) MBO festgelegt:

***Tabelle 5:*** *Gebäudeklassen gem. Musterbauordnung (Ingrid Kaiser)*

| Gebäude-klasse | Gebäude | Höhe | Nutzungseinheiten | Fläche (Brutto-Grundfläche [BGF] außer Kellergeschosse) |
|---|---|---|---|---|
| 1 | frei stehend | 7 m | ≤ 2 | ≤ 400 $m^2$ |
| | Land- und forstwirtschaftliche Nutzung, frei stehend | | | |
| 2 | | 7 m | ≤ 2 | ≤ 400 $m^2$ |
| 3 | sonstige | 7 m | | |
| 4 | | 13 m | | ≤ 400 $m^2$/Nutzungseinheit |
| 5 | sonstige, die nicht den Gebäudeklassen 1 bis 4 zuzuordnen sind | | | |

Die Höhe ist definiert durch die Oberkante Fertig-Fußboden des höchstgelegenen Aufenthaltsraums i. M. über Geländehöhe. Hierbei ist es lediglich ausschlaggebend, dass im betreffenden Geschoss Aufenthaltsräume möglich sind, nicht der tatsächliche Ausbauzustand (Beispiel: Ein- oder Zweifamilienhäuser mit nicht ausgebautem Dachgeschoss, wenn hier Aufenthaltsräume gem. § 2 (5) MBO).

Darüber hinaus definiert die Musterbauordnung Sonderbauten, an die zusätzliche Brandschutz-Anforderungen gestellt werden. Hierzu gehören u. a. gem. § 2 (4):

- Hochhäuser (Höhe [wie vor] > 22 m)
- Gebäude mit ≥ 1.600 $m^2$ in mind. einem Geschoss
- Verkaufsstätten mit einer Grundfläche > 800 $m^2$
- Büro- und Verwaltungsgebäude mit einer Grundfläche > 400 $m^2$
- Gebäude mit Räumen, die von mehr als 100 Personen genutzt werden können
- Versammlungsstätten mit ≥ 200 Besuchern in Gebäuden
- Gaststätten mit ≥ 40 Gastplätzen in Gebäuden
- Hotels/Pensionen ≥ 12 Betten
- Krankenhäuser
- Wohnheime
- Schulen, Hochschulen u. ä.

- Justizvollzugsanstalten

Im §§ 27 ff. MBO werden die Anforderungen an den Feuerwiderstand gem. Gebäudeklassen festgelegt.

***Tabelle 6:*** *Erforderliche Feuerwiderstandsklassen (Ingrid Kaiser nach DIN 13501-2)*

| Nr. | Bauteil | Gebäude-klasse | feuerwiderstand |
|---|---|---|---|
| 1 | Tragende und aussteifende Wände, Stützen | 2+3 | feuerhemmend |
| | | 4 | hochfeuerhemmend |
| | | 5 | feuerbeständig |
| 2 | Tragende und aussteifende Wände, Stützen im KG | 1+2 | feuerhemmend |
| | | 2 bis 5 | feuerbeständig |
| 3 | Außenwände mit Hinterlüftung/Doppelfassaden | | Maßnahmen gegen Brandausbreitung |
| 4 | Trennwände zwischen Nutzungseinheiten | | Wie Nr. 1 |
| 5 | Trennwände zu Räumen mit Explosions- und erhöhter Brandgefahr | | feuerbeständig, bis zur Rohdecke bzw. bis unter die Dachhaut |
| 6 | Brandwände | | hochfeuerhemmend + nichtbrennbar |
| 7 | Decken | 2+3 | feuerhemmend |
| | | 4 | hochfeuerhemmend |
| | | 5 | feuerbeständig |
| | Decken im KG | 1+2 | feuerhemmend |
| | | 3 bis 5 | feuerbeständig |
| 8 | Dächer | 1 bis 5 | harte Bedachung |
| 9 | Wände von notwendigen Treppenräumen | 3 | feuerhemmend |
| | | 4 | hochfeuerhemmend |
| | | 5 | feuerbeständig |

***Tabelle 6:*** *Erforderliche Feuerwiderstandsklassen (Ingrid Kaiser nach DIN 13501-2)*

| Nr. | Bauteil | Gebäude-klasse | feuerwiderstand |
|---|---|---|---|
| 10 | Wände von notwendigen Fluren | 3 bis 5 | feuerhemmend |
| 11 | Wände von notwendigen Fluren im KG | 1+2 | feuerhemmend |
| | | 3 bis 5 | feuerhemmend |
| 12 | Fahrschachtwände | 3 | feuerhemmend |
| | | 4 | hochfeuerhemmend |
| | | 5 | feuerbeständig |

## 1.1.5 Brandverhalten von Baukonstruktionen

Mauerwerk erreicht mit einer Dicke von 11,5 cm i. d. R. bereits die Feuerwiderstandsdauer von F90, mit einer Dicke von 24 cm bis zu F180 (abhängig vom Material). Beton gilt ohne Nachweis als A1 und i. A. als F90 aufgrund der statischen Dimensionierung. Gleiches gilt für Stahlbeton trotz der Stahleigenschaft F0; relevant ist hier die Dicke der Betondeckung, um den Stahl vor Hitzeeinwirkung zu schützen. Schnitthölzer in Holzkonstruktionen werden in die Baustoffklasse B2 eingestuft. Im Falle eines Brandds bildet die äußere verkohlte Schicht einen Schutz gegen weiteres Abbrennen. Die Feuerwiderstandsdauer kann durch eine Vergrößerung des Querschnitts erhöht werden: pro ca. 1 cm wird die Abbranddauer um ca. 10 Minuten verlängert. Stahl ist zwar nichtbrennbar, hat aber einen Feuerwiderstand von F0, sodass zusätzliche Brandschutz-Maßnahmen erforderlich sind. Mit speziellen Anstrichen (ggf. aufschäumbar) kann F120 erreicht werden, alternativ können Beplankungen aus Gipskarton-Platten angebracht werden oder Ummantelungen aus Beton.

### 1.1.6 Brandabschnitte und Rauchabschnitte

Gebäudeabschlusswände und innere Brandwände als Abschluss von Brandabschnitten mit max. 40 m Abstand bzw. bei landwirtschaftlich genutzten Gebäuden mit max. 10.000 $m^3$ sind gem. § 30 als Brandwände (s. Nr. 6, Tabelle 5) auszubilden. Sie müssen bis unter die Dachhaut geführt werden, wobei alle Hohlräume mit nichtbrennbaren Baustoffen ausgefüllt werden müssen. Sie müssen zusätzlich mechanischen Belastungen, wie sie durch herabstürzende Bauteile im Brandfall vorkommen, standhalten. Um einen Feuerüberschlag von einem Geschoss zum nächsten zu verhindern, müssen sie in allen Geschossen übereinander angeordnet werden.

Kann in Verkaufsstätten die maximale Größe von Brandabschnitten von 5.000 $m^2$ mit Sprinkleranlage nicht eingehalten werden, müssen mind. 10,00 m breite Ladenstraßen gebildet werden, Rauchwärmeabzugsanlagen (RWA) eingebaut werden und alle Elemente der Dachkonstruktion aus nichtbrennbaren Baustoffen bestehen.

Während Brandabschnitte die Ausbreitung des Brands verhindern, halten Rauchabschnitte bestimmte Bereiche für einen Zeitraum frei von Rauch, um Flucht und Rettung zu ermöglichen. Die Länge ist auf max. 30 m begrenzt, sich können sich im Gegensatz zu Brandabschnitten über mehrere Geschosse erstrecken, z. B. in notwendigen Treppenhäusern.

### 1.1.7 Öffnungen in Bauteilen mit Brand- oder Rauchschutz-Anforderungen

Je nachdem, ob es sich um Brand- oder Rauchabschnitte handelt, müssen Türen in diesen Bereichen entsprechend ausgebildet werden. Seit dem 01.11.2019 gilt DIN 4102-5 nach Ablauf der Koexistenzphase nicht mehr und die Bezeichnungen T30, T90, RS usw. sind nicht mehr gültig. Die DIN EN 16034 berücksichtigt demgegenüber nicht nur die Dauer des Feuerwiderstands, sondern auch die bei einem Brand entstehenden Oberflächen-Temperaturen, den Rauchdurchlass und die Anzahl der Schließzyklen.

***Tabelle 7:*** *Kurzzeichen (Ingrid Kaiser gem. DIN 16034)*

| **Bauaufsichtliche Anforderungen** | **DIN 16034** | **DIN 4102-5 (außer Kraft)** |
|---|---|---|
| dicht und selbstschließend | C5 Sa | – |
| rauchdicht und selbstschließend | C5 S200 | RS |
| feuerhemmend, dicht und selbstschließend | EI2 30 C5 Sa | T30 |
| feuerhemmend, rauchdicht und selbstschließend | EI2 90 C5 S200 | T30 RS |
| feuerbeständig, dicht und selbstschließend | EI2 90 C5 Sa | T90 |
| feuerbeständig, rauchdicht und selbstschließend | DI2 90 C5 S200 | T90 RS |

Die Bedeutung der Kurzzeichen ist wie folgt festgelegt:

- E – Raumabschluss
- I1 – Begrenzung der Oberflächentemperatur an der feuerabgekehrten Seite im Abstand von 25 mm zum Rand
- I2 – Begrenzung der Oberflächentemperatur an der feuerabgekehrten Seite im Abstand von 100 mm zum Rand

- 30, 60, 90, etc. – Feuerwiderstandsdauer in Minuten
- Schließzyklen, die die Tür absolvieren muss
  - C0 < 500 Zyklen
  - C1 ≥ 500 Zyklen
  - C2 ≥ 10.000 Zyklen
  - C3 ≥ 50.000 Zyklen
  - C4 ≥ 100.000 Zyklen
  - C5 ≥ 200.000 Zyklen
- S – Angabe zur Rauchdichtheit
  - Sa – Widerstand gegen Rauchdurchlass, Prüftemperatur 20 °C
  - S200 – Widerstand gegen Rauchdurchlass, Prüftemperatur 200 °C

Die Klassifizierungen gelten analog für Tore und Fenster in Bauteilen mit entsprechenden Anforderungen.

Häufige Problematik: Die Türen werden von den Nutzern – häufig aus Bequemlichkeit – „unterkeilt“, d. h. offen gehalten, teilweise auch durch Vorstellen von Gegenständen (in einigen Fällen: Feuerlöscher!). Bei häufigem Nutzen von Keilen kann sich die gesamte Tür verziehen, sodass die Funktion im Brand-/Rauchfall z. T. stark eingeschränkt ist. Hierbei handelt es sich um einen Schaden, der aus unsachgemäßem Gebrauch resultiert.

### 1.1.8 Wand- und Deckendurchführungen

Insbesondere in gewerblich genutzten Gebäuden müssen auch Leitungen durch die brandschutztechnischen Abschnitte geführt werden. Werden die Leitungen frei im Raum verlegt, müssen die Durchführungen im Übergang der raumbegrenzenden Bauteile abgeschottet werden. Für diese Abschottungen stehen unterschiedliche Ausführungsarten zur Verfügung: Brandschutz-Manschetten, Brandschutz-Mörtel, -Schäume, Mineralwolle-Platten, intumeszierende Kissen-Schotts. Bei der Anwendung müssen die erforderlichen Zulassungen/Verwendbarkeitsnachweise vorliegen.

Die größte Problematik auf der Baustelle ist immer wieder das ordnungsgemäße Schließen der Durchbrüche nach Verlegung der Leitungen.

Da häufig mehrere Gewerke ihre Leitungen durch einen Durchbruch führen, muss in den Leistungsverzeichnissen eindeutig definiert sein, wer die Schließung durchführt. In der Praxis wird sie z. B. als Pauschalposition in den Mauerarbeiten ausgeschrieben, ohne dass das entsprechende Unternehmen Kenntnis von den umfangreichen Brandschutzanforderungen hat. Im Einzelfall kann das dazu führen, dass die kalkulierten Preise für das Unternehmen nicht mehr auskömmlich sind und/oder die Arbeiten nicht fachgerecht durchgeführt werden.

Besonders im Bestandsbau wird das Schließen der Öffnungen häufig vollständig vergessen, sodass nach Verlegung der Leitungen die Öffnungen längere Zeit unverschlossen bleiben und damit der Brandschutz des i. d. R. in Nutzung befindlichen Gebäudes z. T. massiv beeinträchtigt ist.

***Bild 2:*** *Offene Brandschottung nach Änderungsmaßnahmen (Quelle: Ingrid Kaiser)*

***Bild 3:*** *Ordnungsgemäße Ausführung von Leitungsdurchführungen (Quelle: Ingrid Kaiser)*

## 1.1.9 Flucht- und Rettungswege

Im Brandfall sind zum Schutz von Menschen und Tieren Flucht- und Rettungswege sowie Angriffswege der Feuerwehr erforderlich. Fluchtwege dienen der Selbstrettung aus dem Gebäude über Flure, Treppen und Ausgänge ins Freie. Rettungswege stehen den Einsatzkräften zur Verfügung, Personen, die sich nicht selbst retten können, zu bergen. Angriffswege sind die Bewegungsflächen für die Feuerwehr, um zum Gebäude und in das Gebäude zu gelangen.

§ 33 MBO verlangt einen ersten und zweiten Rettungsweg (= Fluchtwege), um sicherzustellen, dass einer von beiden im Brandfall bzw. bei Verrauchung nutzbar ist. Der erste Rettungsweg führt über notwendige Flure und Treppen ins Freie. Letztere dürfen nicht weiter als 35 m entfernt sein, in Versammlungsstätten nicht weiter als 30 m und in Verkaufsstätten nicht weiter als 25 m, jeweils gemessen als tatsächlicher Laufweg. Der zweite Rettungsweg führt entweder ebenfalls über Treppen oder es müssen Rettungsgeräte der Feuerwehr die Fenster der jeweiligen Räume erreichen können. Dieses „Anleitern" ist nur bis zu einer Brüstungshöhe von 8 m über Gelände möglich. Für höher gelegene Räume muss sichergestellt sein, dass die Feuerwehr über Hubrettungsgeräte oder entsprechende Leitern verfügt.

Die Technische Regel für Arbeitsstätten ASR A2.3 benennt den 1. Rettungsweg als Hauptfluchtweg, den 2. als Nebenfluchtweg und gibt zusätzlich Breiten für Fluchtwege vor:

***Tabelle 8:*** *Mindestbreiten von Fluchtwegen gem. ASR A2.3. Ab 200 Personen können die Mindestbreiten linear interpoliert werden.(Ingrid Kaiser)*

<table>
<tr><th>Anzahl der Personen (Einzugsgebiet)</th><th>Lichte Mindestbreiten von Durchgängen und Türen [m]</th><th>Lichte Mindestbreiten von Hauptfluchtwegen [m]</th></tr>
<tr><td>≤ 5</td><td>0,80</td><td>0,90</td></tr>
<tr><td>≤ 20</td><td rowspan="2">0,90</td><td>1,00</td></tr>
<tr><td>≤ 50</td><td rowspan="3">1,20</td></tr>
<tr><td>≤ 100</td><td>1,00</td></tr>
<tr><td>≤ 200</td><td>1,05</td></tr>
<tr><td>≤ 300</td><td>1,65</td><td>1,80</td></tr>
<tr><td>≤ 400</td><td>2,25</td><td>2,40</td></tr>
</table>

***Tabelle 9:*** *Mindestbreiten von Treppen gem. ASR A2.3. Die Werte können gem. der tatsächlichen Personen-Anzahl linear interpoliert werden. (Ingrid Kaiser)*

| Anzahl der Personen (Einzugsgebiet) | Lichte Mindestbreiten von Durchgängen und Türen im Verlauf von Treppen [m] | Lichte Mindestbreiten von Treppen [m] |
|---|---|---|
| ≤ 30 | 0,90 | 1,00 |
| ≤ 40 | 1,05 | 1,20 |
| ≤ 50 | 1,25 | 1,40 |
| ≤ 60 | 1,65 | 1,80 |
| ≤ 70 | 2,25 | 2,40 |

Für die Angriffswege der Feuerwehr gelten folgende erforderliche Abmessungen:

- Zu- und Durchgänge: h ≥ 2,00 m, b ≥ 1,25 m
- Türöffnungen: b ≥ 1,00 m
- Zu- und Durchfahrten: h ≥ 3,50 m, b ≥ 3,00 m

Für Feuerwehr-Zufahrten und -Umfahrten gelten folgende Mindestabmessungen:

- Zufahrten: mind. 3 m
- Zufahrten mit zwei Fahrspuren: Spurbreite je mind. 1,10 m, Abstand zwischen den Spuren 0,80 m
- Breite der Zufahrten in Kurven in Abhängigkeit vom Außenradius:

| **Außenradius Kurve** | **Fahrbahnbreite** |
|---|---|
| 10,50 – 12,00 m | 5,00 m |
| ≥ 12,00 – 15,00 m | 4,50 m |
| ≥ 15,00 – 20,00 m | 4,00 m |
| ≥ 20,00 – 40,00 m | 3,50 m |
| ≥ 40,00 – 70,00 m | 3,20 m |
| ≥ 70,00 – 15,00 m | 3,00 m |

# 1.2 Feuchteschutz

## 1.2.1 DIN-Normen

Grundlage für die Abdichtungen an und in Gebäuden sind die DIN 18195 und die Normenreihe DIN 1853X mit folgenden Inhalten:

- DIN 18195 – Abdichtung von Bauwerken – Begriffe
- DIN 18531 – Abdichtung von Dächern, Balkonen, Loggien und Laubengängen
  - Teil 1 – Anforderungen, Planungs- und Ausführungsgrundsätze
  - Teil 2 – Stoffe
  - Teil 3 – Auswahl, Ausführung und Details
  - Teil 4 – Instandhaltung
  - Teil 5 – Balkone, Loggien und Laubengänge
- DIN 18532 – Abdichtung von befahrbaren Verkehrsflächen aus Beton
  - Teil 1 – Anforderungen, Planungs- und Ausführungsgrundsätze
  - Teil 2 – Polymerbitumen-Schweißbahn + Gussasphalt
  - Teil 3 – 2 x Polymerbitumen-Bahn
  - Teil 4 – Kunststoff- oder Elastomerbahn
  - Teil 5 – Polymerbitumen-Bahn + Kunststoff- oder Elastomerbahn
  - Teil 6 – flüssig zu verarbeitende Abdichtungsstoffe
- DIN 18533 – Abdichtung von erdberührten Bauteilen
  - Teil 1 – Anforderungen, Planungs- und Ausführungsgrundsätze
  - Teil 2 – bahnenförmige Abdichtungsstoffe
  - Teil 3 – flüssig zu verarbeitende Abdichtungsstoffe
- DIN 18534 – Abdichtung von Innenräumen
  - Teil 1 – Anforderungen, Planungs- und Ausführungsgrundsätze
  - Teil 2 – bahnenförmige Abdichtungsstoffe
  - Teil 3 – flüssig zu verarbeitende Abdichtungsstoffe + Fliesen/Platten

  - Teil 4 – Gussasphalt oder Asphaltmastix
  - Teil 5 – bahnenförmige Abdichtungsstoffe + Fliesen/Platten
  - Teil 6 – plattenförmige Abdichtungsstoffe + Fliesen/Platten
- DIN 18535 – Abdichtung von Behältern und Becken
  - Teil 1 – Anforderungen, Planungs- und Ausführungsgrundsätze
  - Teil 2 – bahnenförmige Abdichtungsstoffe
  - Teil 3 – flüssig zu verarbeitende Abdichtungsstoffe

Die DIN 18531 wird ergänzt durch die Flachdach-Richtlinie des Zentralverbands des deutschen Dachdeckerhandwerks, wobei zwischen beiden Werken teilweise Widersprüche bestehen.

## 1.2.2 Dächer

Als nicht genutzte Dachflächen gelten gem. DIN 18521-1 solche, die nur zur Pflege, Wartung und Instandhaltung begangen werden, sowie mit extensiver Begrünung versehene. Alle begehbaren Flächen und Dachflächen mit intensiver Begrünung und Anstaubewässerung von bis zu 100 mm (höchstzulässiger Wert im Geltungsbereich der Norm) sowie mit an der Tragkonstruktion befestigten bautechnischen Anlagen, z. B. Solaranlagen, gelten als genutzte Dachflächen. Der Teil 1 der Norm enthält weiterhin Planungs- und Ausführungsgrundsätze.

Allgemein werden gem. DIN 18531-1 bei genutzten Flachdächern, z. B. Dachterrassen, zwei Ausführungsqualitäten nach den Anforderungen unterschieden. Bei der Anwendungsklasse K1 mit üblichen, d. h. Standardanforderungen wird ein Gefälle von min. 2 % empfohlen. Ein geringeres Gefälle ist möglich, wenn die Anforderungen der Klasse K2 erfüllt werden.

Die Anwendungsklasse K2 wird bei höherwertiger Nutzung oder Nutzung mit technischen Anlagen sowie bei Anforderungen an geringeren Instandhaltungsaufwand in Verbindung mit Verlängerung der Lebensdauer angesetzt. Hier ist ein Gefälle von min. 2 %, bei Kehlen von 1 %, erforderlich. Weiterhin muss die Abdichtung immer mehrlagig durchgeführt werden.

An aufgehenden Bauteilen muss die Abdichtung min. 15 cm hochgeführt werden. Ist in bestimmten Regionen mit erhöhtem Schnee-Anfall zu rechnen, empfiehlt sich eine größere Höhe. Zum Schutz vor mechanischen Beschädigungen wird die hochgeführte Abdichtung z. B. mit einem Schutzblech, das mit einer Klemmschiene befestigt wird, und einem Abdeckblech mit Tropfkante verhüllt. Allerdings muss hier sichergestellt sein, dass keine Wärmebrücke entsteht. Stöße und Anschlüsse, auch an Einbauteile, müssen mit dicht verklebten Dichtbändern hergestellt werden.

Hinsichtlich der Einwirkungen durch thermische und mechanische Einflüsse gliedert die Flachdachrichtlinie (FDR) die Beanspruchungsklassen:

***Tabelle 1:*** *Beanspruchungsklassen gem. FDR (Ingrid Kaiser)*

| **Beanspruchungs-klassen** | **Hohe mechanische Beanspruchung** | **mäßige mechanische Beanspruchung** |
|---|---|---|
| hohe thermische Beanspruchung | I A | II A |
| mäßige thermische Beanspruchung | I B | II B |

Die FDR leitet aus dem Widerstand gegen thermische und mechanische Einwirkungen die Eigenschaftsklassen ab:

***Tabelle 2:*** *Eigenschaftsklassen gem. FDR (Ingrid Kaiser)*

| Eigenschafts-klasse | hoher mechanischer Widerstand | mäßiger mechanischer Widerstand |
|---|---|---|
| Widerstand gegen hohe thermische Beanspruchung | E1 | E3 |
| Widerstand gegen mäßige thermische Beanspruchung | E2 | E4 |

Demgegenüber leitet die Norm folgende Beanspruchungsstufen ab:

***Tabelle 3:*** *Beanspruchungsstufen (Ingrid Kaiser gem. DIN 18531)*

| Beanspruchungs-stufe | hohe mechanische Beanspruchung Stufe I | mäßige mechanische Beanspruchung Stufe II |
|---|---|---|
| hohe thermische Beanspruchung Stufe A | IA | IIA |
| mäßige thermische Beanspruchung Stufe B | IB | IIB |

DIN 18531-2 unterteilt die Abdichtungsmaterialien wie folgt:

- Bitumen- und Polymerbitumenbahnen mit Trägereinlagen nach DIN 13707:2013-12 bzw. Entwurf 2017-05 i. V. m. DIN SPEC 20000-201:2015-08
- Kunststoff- und Elastomerbahnen nach DIN EN 13956:2013-03 i. V. m. DIN SPEC 20000-201:2015-08
- Flüssig aufzubringende Abdichtungsstoffe (FLK) aus Polymethylmethacrylat (PMMA), ungesättigtem Polyester (UP) und Polyurethan (PUR) mit einer Einlage Europäischer Technischer Zulassung (ETA) gem. ETAG 005 „Abdichtung mit Flüssigkunststoffen“
- Asphaltmastix (MA) nach DIN EN 12970:2001-02
- Gussasphaltestrich (GA) nach DIN EN 13813:2003-01 bzw. Entwurf 2017-03

Bitumenbahnen werden unterschieden nach ihren Bestandteilen:

- Oxidationsbitumenbahnen
- Polymerbitumenbahnen
  - Elastomerbitumen (PYE)
  - Plastomerbitumen (PYO)
- Kaltselbstklebende Polymerbitumenbahnen (KSP)
- Hochwertbahnen

Eine weitere Unterteilung erfolgt nach der Art der Trägereinlage:

- Glasvlies (GV)
- Glasgewebe (G)
- Polyestervlies (PV)
- überwiegender Glasanteil (KTG)
- überwiegender Polyesteranteil (KTP)
- Metall-Kunststoff-Verbund (VCu, VAl)

Die Kunststoffbahnen werden in thermoplastische und elastomere Bahnen unterteilt. Zu den thermoplastischen gehören:

- Polyvinylchlorid (PVC)
- Ethylen-Copolymerisat-Bitumen (ECB)
- Polyisobutylen (PIB)
- Polyolefin-Legierungen (TPO/FPO)
- Ethylen-Vinyl-Acetat-Copolymer (VAE/EVA)
- Chloriertes Polyethylen (PEC)

Elastomere Kunststoffbahnen sind:

- Ethylen-Propylen-Dien-Mixture (EPDM)
- Chlorsulfoniertes Polyethylen (CSM)
- Nitril-Kautschuk (NBR)
- Butyl-Kautschuk (IIR)

Bei den flüssig zu verarbeitenden Dichtstoffen werden unterschieden:

- Kunststoffdispersionen
- Kunststoff-Zementmörtel-Kombinationen
- Reaktionsharze
  - PU-Harze
  - Epoxidharze

## 1.2.3 Abdichtungsaufbau

Die DIN 18195 definiert die Abdichtungsbauweise als „Anordnung der Abdichtung innerhalb der Bauwerks- bzw. Bauteilkonstruktion", die Abdichtungsbauart als „stofflicher und konstruktiver Aufbau der Abdichtung" und Abdichtungssystem als „System festgelegter Komponenten einer Abdichtungsbauart, die im eingebauten Zustand die Abdichtung ergeben".

Die Abdichtungsbahnen werden nach Anwendungstypen eingeteilt:

- DE – Bahnen für einlagige Dachabdichtung
- DO – Bahnen für die Oberlage einer mehrlagigen Dachabdichtung
- DU – Bahnen für die untere Lage einer mehrlagigen Dachabdichtung
- DZ – Bahnen für Zwischenlage bzw. zusätzliche Lage einer mehrlagigen Dachabdichtung

Aus den Beanspruchungs- und Eigenschaftsklassen ergeben sich die folgenden Einsatzbedingungen:

***Tabelle 4:*** *Einsatzbereiche Bitumenbahnen (Ingrid Kaiser gem. DIN 18531-3)*

| Anwendungs-klasse | Anwendungs-bereich | Dachgefälle | Eigenschafts-klasse |
|---|---|---|---|
| K 1 | nicht genutzte Dächer | ≥ 2 % | obere Lage E 1<br>untere Lage E 2 |
| | | | obere Lage E 1<br>untere Lage E 4 |
| | | | E 1 |
| | | < 2 % | obere Lage E 1<br>untere Lage E 1 |
| | genutzte Dächer | ≥ 2 % | obere Lage E 1<br>untere Lage E 2 |
| | | < 2 % | obere Lage E 1<br>untere Lage E 1 |
| K 2 | nicht genutzte Dächer | ≥ 2 % | |
| | genutzte Dächer | | |

Der Eigenschaftsklasse E1 entsprechen folgende Abdichtungsstoffe:

- Polymerbitumen-Schweißbahnen mit Kombinationsträgereinlage mit überwiegendem Glas- oder Polyesteranteil
- Elastomerbitumenbahn (PYE)
- Polymerbitumen-Schweißbahn
- Kaltselbstklebende Polymer-Bitumenbahnen (KSP)
- Polymer-Bitumenbahnen für einlagige Verlegung

***Tabelle 5:*** *Einsatzbereiche Kunststoffbahnen (Ingrid Kaiser gem. DIN 18531-3)*

| **Anwendungsbereich** | **Gefälle** | **Dicke [mm]** | |
|---|---|---|---|
| | | **Polyvinyl-chlorid (PVC)** | **thermo-plastisches Polyolefin (TPO)** |
| nicht genutzte Dächer | ≥ 2 % | 1,2 | 1,2 |
| | < 2 % | 1,5 | 1,5 |
| genutzte Dächer | ≥ 2 % | | |
| | < 2 % | | |
| nicht genutzte Dächer | ≥ 2 % | | |
| | < 2 % | | |
| genutzte Dächer | ≥ 2 % | | |
| | < 2 % | | |

***Tabelle 6:*** *Einsatzbereiche Flüssigkunststoffe (Ingrid Kaiser gem. DIN 18531-3)*

| **Anwendungsbereiche** | **Gefälle** | **Dicke [mm]** |
|---|---|---|
| nicht genutzte Dächer | ≥ 2 % | 1,8 |
| | < 2 % | 2,1 |
| genutzte Dächer | ≥ 2 % | |
| | < 2 % | |
| nicht genutzte Dächer | ≥ 2 % | |
| | < 2 % | |
| genutzte Dächer | ≥ 2 % | |
| | < 2 % | |

**Bitumen- oder Polymerbitumenbahnen** müssen zweilagig ausgeführt werden. Die Beanspruchungsklasse wird mit I B angenommen, obere und untere Lage müssen der Eigenschaftsklasse E1 entsprechen.

Auf Dämmschichten wird die untere Lage mit kaltselbstklebender Polymerbitumenbahn (PYE-KTG KSP 2,8) mit kalter oder thermischer, variabler Nahtverklebung hergestellt. Die Bahnen müssen vor Feuchtigkeit, UV-Strahlung, Hitze und Frost geschützt und die Rollen stehend gelagert werden. Bei anderen Untergründen wird eine Polymerbitumen-Schweißbahn (PYE-G 200 S4) im Schweißverfahren aufgebracht. Auch diese Bahnen müssen wie vor beschrieben geschützt und gelagert werden. Während der kalten Jahreszeit müssen sie zusätzlich vor der Verarbeitung min. zwölf Stunden bei min. +5 °C gelagert werden.

Die obere Lage wird als Polymerbitumen-Schweißbahn (PYE-PV 200 S5), beschiefert, ausgeführt, die, wie die genannten Bahnen für die untere Lage, geschützt und gelagert werden müssen.

Abdichtungen mit **Kunststoffbahnen** können einlagig als verstärkte und bitumenverträgliche Polyvinylchlorid-Bahnen (PVC-P-BV-V-[PV/GG/PG-]1,5) in loser Verlegung oder mit mechanischer Befestigung ausgeführt werden. Sie können auch unter Gussasphalt verwendet werden.

**Praxistipp**

Die Bahnen sind nicht verträglich mit öl-, fett- und lösemittelhaltigen Stoffen, Bitumen, EPS- und XPS-Dämmstoffen sowie einigen anderen Kunststoffen, z. B. Polystyrol, und müssen entsprechend sowohl während der Lagerung als auch während und nach dem Einbau vor dem Kontakt mit diesen geschützt werden.

Flüssigkunststoffe aus Zwei-Komponenten-Polyurethan-Harz (2K-PUR) werden mit einer gesamten Trockenschicht-Dicke von min. 2,1 mm in zwei Schichten kalt verarbeitet. Dabei wird die erste Schicht auf den Untergrund aufgebracht und eine Lage Kunststoff-Faservlies mit einem Gewicht von min. 110 g/m2 eingerollt. Die zweite Schicht wird anschließend nass in nass aufgebracht. Das Faservlies muss im Randbereich min. 5 cm überlappen.

Abdichtungen mit flüssigen Abdichtungsstoffen im Verbund mit Fliesen und Platten werden i. d. R. auf Betonuntergründen ausgeführt und erfordern ein Gefälle von min. 1,5 %, empfehlenswert sind min. 2 %. Verwendet werden mineralische Dichtungsschlämmen oder Reaktionsharze. Hierbei ist es unbedingt erforderlich, die Fliesen oder Platten hohlraumfrei zu verlegen. Andernfalls kann Wasser eindringen und dann zu Frostschäden führen. Zur Verwendung kommen Polymerdispersionen (DM) mit einer Trockenschicht-Dicke von 0,5 mm, rissüberbrückende Dichtschlämmen (CM) mit einer Trockenschicht-Dicke von 2 mm oder Reaktionsharze (RM) mit einer Trockenschicht-Dicke von 1 mm.

## 1.2.4 Untergrundvorbereitung

Zunächst ist die Ebenheit des Untergrunds zu prüfen. Nach DIN 18202:2019-07 „Toleranzen im Hochbau" gelten folgende Toleranzen für die Ebenheit von Rohdecken:

***Tabelle 7:*** *Grenzwerte für Ebenheitsabweichungen gem. DIN 18202, Tabelle 3 (Ingrid Kaiser)*

| Messpunktabstände [m] | 0,1 | 1 | 4 | 10 | 15 |
|---|---|---|---|---|---|
| Stichmaße [mm] | 10 | 15 | 20 | 25 | 30 |

Weiterhin ist eine Abreißprüfung zur Ermittlung der Oberflächenfestigkeit des Betons nach DIN EN 1542:1999-07 sinnvoll und ggf. ein Flächenausgleich mit Instandsetzungsmörtel bzw. Kratzspachtelung oder Bitumenklebemasse erforderlich.

Es dürfen keine Risse, z. B. durch Setzung oder Spannungen, Löcher oder Betonnester im Untergrund vorhanden sein, Kanten, Kehlen und Ecken müssen ausgerundet sein.

Sind die genannten Kriterien nicht erfüllt, kann/soll das ausführende Unternehmen Bedenken anmelden.

Der Untergrund muss frei von Ablagerungen wie Staub, Öle und Fetten, Mörtelresten, Chemikalien und ähnlichen Verschmutzungen sein. Weiterhin ist eine entsprechende Druckfestigkeit von ca. 25 - 50 N/mm$^2$ erforderlich, der Feuchtegehalt darf max. 4 % betragen.

Die Oberflächen-Festigkeit kann durch Kratz- und Saugtests geprüft werden. Entsteht beim Einritzen mit einem Messer eine Tiefe ab 0,5 mm, ist der Untergrund als weich einzustufen. Die Saugfestigkeit wird durch Aufbringen eines Wassertropfens und Zeitmessung der Standdauer des Wasserfilms gemessen. Beträgt er 15 Sekunden oder weniger, ist von einem stark saugenden Untergrund auszugehen. Daher ist in diesen Fällen eine spezifische Grundierung erforderlich, die den Haftverbund gewährleistet.

Bei starken Unebenheiten muss der Untergrund durch Strahlen oder Fräsen egalisiert werden.

Hohlstellen und Risse müssen ebenfalls beseitigt bzw. geschlossen werden. Insbesondere bei Bestandsgebäuden sind durch unzureichende Ausführung die tragenden Bauteile, insbesondere Beton-Bauteile, durch Feuchteeinflüsse bereits stark geschädigt. Ist bereits frei liegende Bewehrung erkennbar, sind vorab Betonsanierungsmaßnahmen erforderlich.

**Hinweis**

Alle Untersuchungen sowie die daraus resultierenden Untergrundbehandlungen sind Besondere Leistungen gem. VOB/C, DIN 18336, 4.2 und müssen gesondert vereinbart und vergütet werden. Gleichzeitig sind sie Anlass zur Bedenken-Anmeldung.

Die unterste Schicht auf einer Rohdecke ist i. d. R. bei einem klassischen unbelüfteten Flachdach (Warmdach) die Dampfsperrbahn, ggf. auf Bitumen-Voranstrich. Als Dampfsperre geeignet sind Bahnen mit einem sd-Wert ≥ 1.500 m wie z. B. Dampfsperrbahnen mit Trägereinlage aus Aluminium-Polyester-Verbundfolie, Glasgewebe-Bitumenschweißbahnen mit Trägereinlage aus Aluminiumband und Glasgewebe oder Glasvlies-Bitumenschweißbahnen mit Trägereinlage aus Aluminiumband und Glasvlies.

Auf der Dampfsperre wird die Wärmedämmung gem. DIN 4108-2:2013-02 und EnEV 2014/2016 unter Berücksichtigung des erforderlichen Brandschutzes verlegt. Sofern das erforderliche Gefälle nicht bereits durch die Unterkonstruktion, z. B. durch Gefälle-Estrich, gegeben ist, sind die Wärmedämm-Platten als Gefälledämmung erhältlich.

Auf der Wärmedämmung erfolgt die Anordnung der Dachabdichtungsbahnen, ggf. ergänzt durch ein Schutzvlies und die Auflast, bzw. der UV-Schutz durch eine Kiesschicht.

Bei allen Abdichtungsarbeiten müssen die Bauteile frostfrei sein, flüssige Abdichtungen erfordern sowohl eine Luft- wie auch Bauteiltemperatur von min. 5 °C. Werden bei entsprechend anderen Bedingungen Schutzmaßnahmen erforderlich, so sind sie als Besondere Leistungen abzurechnen.

Während der Ausführung muss die teilweise fertiggestellte Abdichtung gegen Feuchtigkeit, chemische Stoffe wie Schalungsöl, Lösungsmittel etc. und mechanische Einwirkungen z. B. beim Betreten geschützt werden. Das Abstellen von Lasten auf der Dachfläche ist nur auf entsprechenden Schutzschichten möglich.

Bitumenbahnen sind die am häufigsten verwendeten Dachdichtungsbahnen und werden meist im Schweißverfahren, d. h. durch Erhitzen der Bitumendeckschicht der Bahnen, verlegt. Der Nahtverschluss zwischen den Bahnen wird durch das seitlich austretende Bitumen gewährleistet, wobei 8 cm Naht - bzw. Stoßüberdeckung bei mehrlagiger Ausführung eingehalten werden müssen.

Polymerbitumenbahnen mit einer Klebeschicht der unteren Bitumendeckschicht können im Kaltselbstklebeverfahren verlegt werden, wobei die Stöße ebenfalls mit 8 cm Überdeckung, ggf. zur Sicherung der Dichtheit durch zusätzliche Erwärmung in diesem Bereich, ausgeführt werden. Dieses Verfahren bietet sich bei hohen Brandlasten bzw. Brandschutz-Anforderungen an.

Müssen kleinere Unebenheiten des Untergrunds ausgeglichen werden, bietet sich das schon lange eingesetzte Gießverfahren an. Hierbei wird die erwärmte Bitumenmasse auf die Dachfläche gegossen und die auf der Unterseite besandete Bitumenbahn mit 8 cm Überdeckung darauf verlegt.

Auf gedämmten Trapezblech- oder Holzkonstruktionen können Bitumenbahnen mit Trägereinlagen zur Sicherung der Ausreißfestigkeit aus Glasgewebe, Polyestervlies oder Kombinationseinlagen mit 8 cm Überdeckung auch mechanisch befestigt werden. Bei mehrlagiger Verlegung werden die oberen Lagen mit einer Nahtüberdeckung von 11 cm vollflächig aufgeschweißt und die Längs- und Quernähte zusätzlich durch Erwärmung verschlossen.

Kunststoffdachbahnen werden i. d. R. auf Leichtdächern einlagig lose verlegt und durch Auflast (Kiesschicht) gegen Windsog gesichert. Alternativ ist auch eine mechanische Befestigung oder Verklebung möglich. Sie können witterungsunabhängiger verlegt werden, haben bessere Brandschutz-Eigenschaften als Bitumenbahnen und ein geringes Flächengewicht.

Ein- und zweikomponentige (1K, 2K) Flüssigkunststoffe werden hauptsächlich bei Dächern mit vielen Durchdringungen, Aufbauten und Anschlüssen oder kleinen, schwer zugängigen Dachflächen eingesetzt. Nach der Untergrundvorbehandlung werden die Dachbereiche abgeklebt, die erste Schicht aufgebracht und nach dem Einbringen eines Vlieses aus Polyesterfasern die zweite Schicht aufgetragen.

### 1.2.5 Gefälle und Anschlüsse

Generell sollte das Gefälle nicht unter 2 %, in Kehlen nicht unter 1 % liegen, auch wenn bei geringer Beanspruchung eine Ausführung ohne Gefälle zulässig ist. Selbst bei 5 % Gefälle kann es durch Durchbiegungen, Verstärkungen und erforderliche Überlappungen zur Bildung von Wasserlachen kommen. In der Anwendungsklasse K 1 darf das Gefälle auch unter 2 % bzw. in Kehlen unter 1 % betragen.

Bei Balkonen, Loggien und Laubengängen kann das Gefälle 1,5 % betragen, sofern sie sich nicht über genutzten Räumen befinden.

Gem. Flachdachrichtlinie gelten generell folgende Anschlusshöhen an aufgehende Bauteile:

***Tabelle 8:*** *Anschlusshöhen an aufgehende Bauteile (Ingrid Kaiser gem. Flachdachrichtlinie)*

| Dachneigung [°] | Dachneigung [%] | Anschlusshöhe Abdichtung [cm] |
|---|---|---|
| ≤ 5 | ≤ ca. 9 | 15 |
| > 5 | > ca. 9 | 10 |

Die Maße werden immer ab der obersten Schicht (Nutzschicht, z. B. Kies, gestelzte oder in Kies verlegte Plattenbeläge) gemessen; an Lichtkuppeln, Rohren, Schornsteinen und Türen gilt ebenfalls das Mindestmaß von 15 cm. Bei Türen kann mit zusätzlichen Maßnahmen wie bspw. vorgesetzter Entwässerungsrinne, Überdachung und seitlichem Schutz vor Schlagregen für die barrierefreie Ausbildung ein Mindestmaß von 5 cm zulässig sein. Bei Attika-Ausbildungen muss die Abdichtung min. 10 cm hochgeführt werden. Zwischen aufgehenden Bauteilen und Bodeneinläufen müssen, um Wasseransammlungen zu vermeiden, mindestens 30 cm Dachfläche liegen.

Die sorgfältige Ausführung aller Dachabdichtungsarbeiten ist die wichtigste Bedingung für funktionierende Flachdächer, sodass sich hier ein erhöhter Überwachungs- und Kontrollaufwand auszahlt.

## 1.2.6 Balkone

Die gängigste Ausführung ist die frei auskragende Betonplatte mit Fliesen- bzw. Plattenbelag, der im Verbund verlegt wird, wie bereits dargestellt. Zur Herstellung des Gefälles wird i. d. R. ein Gefälle-Estrich aufgebracht, auf dem die Abdichtung verlegt wird, am besten mit gleichzeitiger Funktion als Verbund-Entkopplung, um thermische Spannungen zu verhindern.

Soll die Möglichkeit gegeben sein, dass Regenwasser abfließen kann, wird auf der Abdichtung eine Verbunddrainage-Platte aus Polyethylen (PE) im Dünnbett-Mörtel verlegt. Zusätzlich Sicherheit zum Ableiten des Sickerwassers bietet eine Lastverteilungsschicht oberhalb der Flächendrainage, auf die ebenfalls eine Verbunddrainage-Platte verlegt wird.

Eine weitere Möglichkeit zur Entwässerung der Fläche bieten Stelzlager, die auch vorgefertigt erhältlich sind. Die Drainage-Platten müssen entsprechend druckstabil ausgeführt werden.

Alternativ werden die Platten auf Splitt oder Kies verlegt. Während bei der Verbund-Verlegung die Gefahr von Frostschäden besteht, kann es bei aufgeständerten Belägen mit offenen Fugen zu Verschmutzung der darunterliegenden Schichten kommen. Hieraus kann sich dann ggf. Bewuchs entwickeln, der schnellstmöglich und regelmäßig entfernt werden muss, damit die Wurzeln die Abdichtungsschicht nicht beschädigen.

***Bild 1:*** *Mangelnde Instandhaltung, Pflege und Reinigung mit Bewuchs als Folge (Quelle: Ingrid Kaiser)*

**Hinweis**

Entsprechende Hinweise zu Inspektion, Wartung und Reinigung sollten den Auftraggebern/Nutzern bei Abnahme übergeben werden, um Streitigkeiten bei Mängeln während der Verjährungsfristen der Gewährleistung zu vermeiden.

Bei Bestandsbauten ohne thermische Trennung der Betonplatte kann eine zusätzliche Dämmschicht erforderlich werden.

### 1.2.7 Dachterrassen

Grundsätzlich entspricht der Aufbau dem von Balkonen; da sie sich i. d. R. jedoch über beheizten Flächen befinden, ist eine zusätzliche Wärmedämm-Schicht erforderlich. Hierbei ist auf der Gefälleschicht zunächst eine Dampfsperre aufzubringen, bevor die druckfeste Dämmung aus Polyurethan-Hartschaum (PUR, PIR) oder Polystyrol-Hartschaum (EPS, XPS) verlegt wird. Gleichzeitig muss die Dämmung auch den Anforderungen an den Schallschutz genügen.

Ist kein Gefälle(-Estrich) vorhanden, können die Dämmplatten als Gefälle-Platten ausgebildet werden. Bei Dachterrassen über beheizten Räumen ist eine Dämmung auf Dampfsperre erforderlich. Hierauf wird die Abdichtung aufgebracht, auf der zusätzlich eine Drainageplatte verlegt werden kann. Als Beläge werden häufig Fliesen oder Platten aus unterschiedlichen Materialien, Holz oder Beschichtungen aufgebracht.

Wie bei den Balkonen besteht auch hier die Gefahr von Bewuchs, der in diesem Fall nicht nur die Abdichtung schädigt, sondern infolge eindringende Feuchtigkeit einerseits die Dämmwirkung vermindert, andererseits zu Feuchteschäden im darunterliegenden Nutzungsbereich führt.

**Bild 2:** *Feuchteschäden durch Bewuchs an einer Dachterrasse (Quelle: Ingrid Kaiser)*

**Bild 3:** *Anschluss an aufgehende Bauteile (Quelle: Stefan Bubath, Die Zwei Bausanierungen GmbH, Falkensee)*

### 1.2.8 Barrierefreiheit

Die Forderung nach dem Hochführen der Abdichtung an aufgehende Bauteile mit min. 15 cm steht der Forderung nach Barrierefreiheit deutlich entgegen. Eine Reduzierung dieser Höhe auf 5 cm ist ausdrücklich vorgesehen, jedoch nur mit ergänzenden Maßnahmen zur Sicherung des Gebäudes vor Eindringen von Feuchtigkeit, insbesondere bei Schnee- und Eisbildung oder Regen mit starkem Wind.

Zu den Zusatzmaßnahmen gehört zunächst eine Überdachung mindestens des Türbereichs sowie eine seitliche senkrechte Abschottung zur Wetterseite, i. d. R. zur Westseite. Weiterhin ist eine Entwässerungsrinne im Türbereich erforderlich, um am kritischen Übergang von außen nach innen das Eindringen von Feuchte zu vermeiden.

Mit den genannten Maßnahmen ist jedoch nur eine Reduzierung des Hochführungsmaßes auf 5 cm definiert. Die DIN 18040 sieht jedoch für die Barrierefreiheit ein maximales Maß von 2 cm bei Schwellen vor. Angestrebt wird ein versatzfreier Übergang von Innen- zu Außenbelag. Diese Ausführung ist weder in der DIN 18531-5 noch in den Flachdachrichtlinien vorgesehen. Daher handelt es sich immer um Sonderkonstruktionen, die zwischen Planern, Türherstellern und ausführenden Unternehmen abgestimmt werden müssen.

Dies erfordert nicht nur eine enge Zusammenarbeit der Gewerke, sondern auch die Berücksichtigung in der Terminplanung, da alle Konstruktionselemente „Hand in Hand" ausgeführt werden müssen. Weiterhin müssen sich diesbezüglich Bauleitung und Planung – sofern nicht in einer Hand – zu Materialwahl, Einsatz der Unternehmen und zeitlichem Ablauf abstimmen.

**Hinweis**

Da es sich bei einer Schwellenausbildung mit einer Höhe unter 5 cm nicht um eine Ausführungsart nach den allgemein anerkannten Regeln der Technik handelt, sollte dies dem Auftraggeber entsprechend mitgeteilt und von diesem schriftlich bestätigt werden bzw. bereits im Werkvertrag vereinbart werden.

Neben den Maßnahmen für eine Schwelle mit einer Höhe von ≥ 5 cm wird bei dieser Lösung ein Tür-Verbundblech, das mit einem Anschluss an die Abdichtungsbahn versehen ist, erforderlich.

Die jeweiligen unterschiedlichen örtlichen Gegebenheiten hinsichtlich des Untergrunds, der geplanten Nutzung und den damit in Verbindung stehenden Anforderungen erfordern in jedem Einzelfall eine Prüfung der Planung und der Ausschreibungsunterlagen auf Übereinstimmung.

Besonders im Bestand zeigen sich häufig Gegebenheiten, die Änderungen der vorgesehenen Abdichtung erfordern und dem Auftraggeber entsprechend angezeigt werden müssen.

Besonderes Augenmerk ist auf die Anschlüsse an die Entwässerungseinrichtungen – innen bzw. außen liegende Rinnen oder Bodeneinläufe – zu richten. Weiterhin bedarf die Ausführung der Anschlüsse an einbindende Bauteile besonderer Überwachung durch die Bauleitung.

Problematisch sind insbesondere die Diskrepanzen zwischen Normung und Flachdachrichtlinien. Hier sind entsprechende Festlegungen bzw. Vereinbarungen in den Verträgen erforderlich.

## 1.2.9 Beanspruchung von Flachdächern

Die Abdichtungen sind vielfältigen Beanspruchungen ausgesetzt: Feuchtigkeit (Oberflächen-, Sickerwasser, Wasserunterläufigkeit), mechanische (Durchbiegungen, Setzung, Dehnung, Hagel etc.) und thermische Beanspruchungen, UV-Einstrahlung, bei Begrünung zusätzlich biologische Anforderungen, bei Immissionen auch chemische Belastungen. Weiterhin spielt die Windsogsicherung eine wichtige Rolle, ebenso wie die Aufnahme horizontaler Kräfte.

Neben der Auswahl der geeigneten Abdichtungsmaterialien und -systeme ist die sorgfältige Ausführung wichtigste Voraussetzung für funktionsfähige Flachdachkonstruktionen.

## 1.2.10 Abdichtung von erdberührten Bauteilen

Zu den Anwendungsbereichen zählt die DIN 18533 u. a.:

- Erdberührte Außenwände
- Sockel von Außenwänden
- Erdüberschüttete Decken
- Erdberührte Bodenplatten

Wichtigste Grundlage für die Ermittlung der erforderlichen Abdichtungsmaßnahmen ist der Bemessungswasserstand, der in Grundwasserstand (HGW) und Hochwasserstand (HHW) unterteilt wird. Maßgeblich für den Bemessungswasserstand ist dabei der jeweils höhere Wert. Beide Wasserstände sind vorwiegend von der Bodenart und den Witterungsverhältnissen abhängig, beeinflussen sich gegenseitig und können teilweise erheblich schwanken. Im Allgemeinen wird der Bemessungswasserstand mit Oberkante Gelände festgelegt, ein Baugrund-Gutachten gibt jedoch wesentlich genauere Informationen u. a. über die Durchlässigkeit der angetroffenen Bodenschichten.

***Tabelle 9:*** *Wasserdurchlässigkeit von Böden analog DIN 18533 und DIN 18130 (Ingrid Kaiser)*

| **Betrachtung in DIN 18533** | **Einstufung nach DIN 18130** | **Wasserdurchlässigkeitsbeiwert k [m/s]** | **Beispiele** |
|---|---|---|---|
| Stark wasserdurchlässig | sehr stark durchlässig | ≥ 10-2 | Schotter, Kiese |
| | stark durchlässig | 10-4 ≤ k < 10-2 | Grob-, Kiessande |
| Wenig wasserdurchlässig | durchlässig | 10-6 ≤ k < 10-4 | (Fein-)Sande |
| | schwach durchlässig | 10-8 ≤ k < 10-6 | Lehm |
| | sehr schwach durchlässig | < 10-8 | Ton |

Hieraus werden die Wassereinwirkungsklassen nach Bauteilen abgeleitet:

***Tabelle 10:*** *Wassereinwirkungsklassen analog DIN 18533 (Ingrid Kaiser)*

| **Erdberührte Wände und Bodenplatten** | | | | **Erdüberschüttete Decken** | **Wände und Wandsockel** |
|---|---|---|---|---|---|
| gegen Bodenfeuchte und nicht drückendes Wasser | | gegen drückendes Wasser | | gegen nicht drückendes Wasser (Anstau-Höhe ≤ 0,10 m) | gegen Kapillar- und Haftwasser an Wänden |
| W1-E | | W2-E | | | |
| ohne Drainage | mit Drainage | mäßige Einwirkung ≤ 3,00 m Eindringtiefe | hohe Einwirkung > 3,00 m Eindringtiefe | | gegen Bodenfeuchte und Spritzwasser am Sockel |
| W1.1-E | W1.2-E | W2.1-E | W2.2-E | W3-E | W4-E |

Für die Festlegung der Abdichtungssysteme sind zusätzlich Zuordnungen zu den Risseinwirkungs-, -überbrückungs- und Raumnutzungsklassen erforderlich. Die Risseinwirkung ergibt sich durch die Rissbreitenänderung.

***Tabelle 11:*** *Risseinwirkungsklassen (Ingrid Kaiser analog DIN 18533)*

| Max. Riss-/ Fugenweite [mm] | Max. Rissversatz [mm] | Bewertung | Klasse |
|---|---|---|---|
| 0,2 | | gering | R1-E |
| 0,5 | | mäßig | R2-E |
| 1,0 | 0,5 | hoch | R3-E |
| 5,0 | 2 | sehr hoch | R4-E |

Die Rissüberbrückung hängt von der Abdichtungsbauart ab.

***Tabelle 12:*** *Rissüberbrückungsklassen (Ingrid Kaiser analog DIN 18533[1])*

| Rissüberbrückung [mm] | Max. Rissversatz [mm] | Bewertung | Klasse |
|---|---|---|---|
| ≤ 0,2 | | gering | RÜ1-E |
| ≤ 0,5 | | mäßig | RÜ2-E |
| ≤ 1,0 | 0,5 | hoch | RÜ3-E |
| ≤ 5,0 | 2,0 | sehr hoch | RÜ4-E |

***Tabelle 13:*** *Raumnutzungsklassen (Ingrid Kaiser analog DIN 18533)*

| Anforderung an Trockenheit der Raumluft | Beispiele | Klasse |
|---|---|---|
| gering | Garagen, Lagerräume, (offene) Werkhallen | RN1-E |
| üblich | Wohn-, Aufenthaltsräume, Lagerräume höherwertiger Stoffe, Produktionsbereiche | RN2-E |
| hoch | Rechenzentren, Bibliotheken, Kunstausstellungen, Archive | RN3-E |

Bahnenförmige Abdichtungen werden analog zu DIN 18532 als Bitumendichtungsbahnen im Bürstenstreich-, Gieß-, Gieß-und-Ein-

[1] Im Normentwurf DIN E 18533-3:2023-10 wurden die Rissüberbrückungsklassen gestrichen (noch nicht in Kraft).

walz- oder Flämmverfahren, als Bitumen-Schweißbahnen oder kaltselbstklebende Bitumendichtungsbahnen sowohl auf Bodenplatten als auch auf Mauerwerk aufgebracht. Auch Kunststoffbahnen kommen entsprechend wie zu DIN 18532 beschrieben zum Einsatz.

Bei den flüssig zu verarbeitenden Stoffen kommen neben Gussasphalt und Asphaltmastix zunehmend Bitumendickbeschichtungen (PMBC, alt: KMB), flexible mineralische Dichtungsschlämmen (MDS) und Flüssigkunststoffe (FLK) zum Einsatz. Nach der Wassereinwirkungsklasse können sie wie folgt verwendet werden:

- PMBC – W1-E, W2.1-E, W3-E und W4-E (bei letzterer nicht als waagerechte Abdichtung unter bzw. in Wänden)
- MDS – W1-E (nur auf Beton) und W4-E (nur auf massiven Bauteilen)
- FLK – W3-E und W4-E

Nach der Rissüberbrückungs- und der Raumnutzungsklasse sind folgende Anwendungen möglich:

- PMBC – RÜ3 – alle RN
- MDS – RÜ1-E – RN1-E und RN2-E, im Anwendungsfall W4-E auch RN3-E
- FLK – RÜ3-E – alle RN

Noch nicht in der aktuell gültigen Normfassung enthalten sind die als Reaktiv- oder Hybrid-Abdichtung bezeichneten polymeren Dickbeschichtungen (FPD); sie sind jedoch in die DIN E 18533-3:2023-10 aufgenommen worden. Gegenüber den bisherigen Stoffen sind die FPD leichter zu verarbeiten, sie trocknen schnell (nach Hersteller-Angaben innerhalb von drei Stunden) unabhängig von Witterungseinflüssen (reaktiv), sie können bis -5 °C und auf Restfeuchte aufgebracht werden. Das Aufbringen im Spritzverfahren beschleunigt den Baufortschritt.

Für alle flüssig zu verarbeitenden Abdichtungen spielt die Schichtdicke eine wichtige Rolle. Sie ermittelt sich aus der Trocken-Schichtdicke dmin und dem Schichtdickenzuschlag d2 bei der Verarbeitung. Dieser wiederum berücksichtigt Schwankungen bei der

Verarbeitung sowie Unebenheiten im Untergrund. Damit wird die aufzubringende Schichtdicke = Nassschichtdicke entweder nach Hersteller-Angaben festgelegt oder, wenn diese fehlen, durch einen Zuschlag von 25 % auf die Trocken-Schichtdicke. Einfach vor Ort überprüft werden kann die Nassschichtdicke mit einem einfachen Messkamm.

## 1.2.11 Abdichtung von Innenräumen

Wie alle Normen der DIN-Reihe 1853x sind im Teil 1 die grundsätzlichen Anforderungen und damit die Planungs- und Ausführungsgrundsätze beschrieben und in den folgenden Teilen der DIN 18534 die Verwendung der jeweiligen Materialien mit ihren Einsatzgebieten und Ausführungsanforderungen. Der Geltungsbereich der Norm gilt für Räume, bei denen die maximale Anstauhöhe von Wasser 10 cm beträgt (darüber hinaus muss die DIN 18535 „Abdichtung von Behältern und Becken“ angewandt werden). I. d. R. werden Abdichtungssysteme eingesetzt, deren einzelne Komponenten aufeinander abgestimmt sind.

Keine Anwendung findet die DIN 18534 bei wasserabweisenden Belägen wie Beschichtungen und Anstriche, bei Einbau von in sich abgedichteten, vorgefertigten Duschelementen und wasserdurchlässigen Materialien wie WU-Beton.

Der Anfall von Wasser, mögliche Rissbildungen und Fugen in Tragwerk und Untergrund legen die Wahl des Abdichtungssystems fest.

Als Grundlage zur Auswahl von Materialien und deren Einbau wird zunächst die Wassereinwirkungsklasse (I als Kurzzeichen für den Innenbereich)

- W0-I – geringe Wassereinwirkung
- W1-I – mäßige Wassereinwirkung
- W2-I – hohe Wassereinwirkung
- W3-I – sehr hohe Wassereinwirkung

festgelegt.

Feuchträume bei Wohnnutzung können i. d. R. den Gruppen W0-I und W1-I, die von Sport- und Schwimmstätten und gewerblichen Nassräumen dagegen den Gruppen W2-I und W3-I zugeordnet werden. Eingeschränkt ist die Anwendung dieser DIN durch die maximale Anstauhöhe von 10 cm durch Brauch- oder Reinigungswasser. Bei größerer Anstauhöhe findet die DIN 18535:2017-07 „Abdichten von Behältern und Becken“ Anwendung.

Für die Einwirkungsklasse bei Böden und Wänden W0-I und bei Wänden bis W1-I, bei denen das Eindringen von Feuchtigkeit ausgeschlossen werden kann, bzw. bei feuchteunempfindlichem Untergrund, ist die Anwendung der Norm nicht zwingend erforderlich, jedoch empfehlenswert.

Unabhängig von den Abdichtungsmaßnahmen resultieren aus den Zuordnungen zu den Einwirkungsklassen auch die Anforderungen an die Untergründe: Gips(faser)platten und -putze sind wie calciumsulfatgebundene Estriche und Holz bzw. Holzwerkstoffe als feuchteempfindliche Untergründe nur für die Gruppen W0-I und W1-I zulässig. Die als feuchteunempfindlich geltenden Untergründe Beton (auch Porenbetonplatten und Leichtbeton-Hohlwandplatten), Zementputze, -estriche, zementgebundene mineralische Bauplatten, Polystyrol-Verbundelemente, korrosionsgeschützte metallische Werkstoffe sind dagegen auch für die Gruppen W2-I und W3-I zulässig.

***Tabelle 14:*** *Zuordnung der Wassereinwirkungsklassen nach Bauteil und Nutzung (Ingrid Kaiser analog DIN 18543-1)*

| Klasse | Wand | Boden |
|---|---|---|
| W0-I | häusliche Bäder ohne Duschbereich | häusliche Bäder ohne Bodeneinlauf |
| W1-I | häusliche Bäder über Badewannen und im Duschbereich | häusliche Bäder mit Bodeneinlauf oder mit geringer Einwirkung aus dem Duschbereich |
| W2-I | Sportstätten und gewerbliche Betriebe im Duschbereich | Flächen mit Abläufen bzw. Rinnen, Bereiche mit bodengleichen Duschen |
| W3-I | Umgänge von Schwimmbecken, Sportstätten und gewerbliche Betriebe mit Duschanlagen, sonstige Flächen mit Wasseranfall in gewerblichen Betrieben, z. B. Küchen, Wäschereien, Brauereien | |

Für die Klasse W0-I sind dann keine Abdichtungen erforderlich, wenn die Oberflächen wasserabweisend sind. Dies gilt auch für Bereiche der Klasse W1-I, wenn die Feuchtigkeit nicht in die jeweiligen feuchteempfindlichen Untergründe gelangen kann.

Eine weitere Klassifizierung erfolgt über die Rissklassen, die eine maximale Riss-/Fugenbreite und ggf. einen maximalen Rissversatz angeben:

***Tabelle 15:*** *Rissklassen der Untergründe (Ingrid Kaiser gem. DIN 18534-1)*

| Rissklasse/ Beanspruchung | max. Rissbreite [mm] | max. Rissversatz |
|---|---|---|
| R1-I – gering | ca. 0,2 | - |
| R2-I – mäßig | ca. 0,5 | - |
| R3-I – hoch | ca. 1,0 | 0,5 |

Diese Zuordnung berücksichtigt die mechanischen Bewegungen, die durch die Abdichtungen überbrückt werden müssen. In die Rissklasse R1-I können Stahlbeton, Mauerwerk, Estrich, Putz, geschlossene Fugen von Gips- u. Gipsfaserplatten eingeordnet werden; Mauerwerksfugen und erddruckbelastetes Mauerwerk sowie geschlossene Fugen von plattenförmigen Bekleidungen gehören zur Rissklasse R2-I, Aufstandsfugen und Materialübergänge bedingen die Rissklasse R3-I.

Nach ihrer Anordnung werden folgende Arten von Fugen unterschieden:

- F1-I – Fugen im Abdichtungsuntergrund
- F2-I – Fugen an Einbauteilen und Durchdringungen
- F3-I – Bewegungsfugen im Tragwerk

Die Fugen im Untergrund unterliegen im Bereich von Rand- und Anschlussfugen den mechanischen und thermischen Einflüssen aus der Konstruktion; Ähnliches gilt für die Fugen an Einbauteilen und Durchdringungen, während Fugen im Tragwerk (Bewegungen gem. Statik) der Klasse F3-I zugeordnet und in den Abdichtungsuntergrund übernommen werden müssen.

Werden nur die Bodenflächen abgedichtet, muss die Abdichtung im Anschluss an die Wand (auch hinter Türzargen u. Ä.) min. 5 cm hochgeführt werden.

Bei häuslichen Bädern mit Duschen muss jeweils unterschieden werden, wie diese ausgeführt werden. Ist für die Dusche eine Abtrennung vorgesehen und hat der Raum einen eigenen Bodeneinlauf, werden Wand und Boden in die Klasse W1-I eingestuft. Ist kein Einlauf vorhanden und hat die Dusche eine Duschrinne, entspricht der Bodenbereich unter der Dusche der Klasse W2-I, während bei fehlender Duschabtrennung im gleichen Fall der gesamte Bodenbereich des Bades der Klasse W2-I zugeordnet wird. In Duschbereichen mit Reihenduschen ohne Abtrennung im Sport- und gewerblichen Bereich muss die Abdichtung von Wand und Boden gem. den Anforderungen der Klasse W3-I ausgeführt werden.

Abdichtungen im Wandbereich müssen min. 20 cm über Höhe des Spritzwasserbereichs und der jeweiligen Wasserentnahmestelle hochgeführt werden. Innen- und Außenecken im Wand- und Bodenbereich werden mit speziellen vorgefertigten Dichtbändern und -manschetten ausgeführt, die nach ETAG (Europäische Technische Zulassung) oder DIBT (Deutsches Institut für Bautechnik) geprüft sein müssen.

Hinter und unter Bade- und Duschwannen muss die Abdichtung fortgeführt werden oder mit entsprechenden Dichtbändern geschützt werden. Bei Bodenabläufen, Bodenrinnen und Einbauteilen muss die Flanschbreite in den Wassereinwirkungsklassen W0-I bis W2-I min. 3 cm, bei W3-I min. 5 cm betragen.

Lassen sich Übergänge zu nicht abgedichteten Bodenflächen nicht vermeiden, sollten Schwellenanschlüsse mit min. 1 cm Höhe, ggf. mit Gefälle, ausgeführt werden; bei der Wassereinwirkungsklasse W3-I müssen im Übergang zusätzlich Entwässerungsrinnen eingebaut werden.

In Verbindung mit Belägen aus Fliesen und Platten handelt es sich um Abdichtungen im Verbund (AIV). Die Beläge dienen gleichzeitig als Schutzschicht für die Abdichtung. Hierzu zählen:

- Keramische Fliesen und Platten
- Bodenklinkerplatten
- Naturstein-Fliesen und -Platten
- Betonwerkstein
- Steinzeug-, Glas- und Porzellan-Mosaik

Teil 2 der DIN 18534 findet im Wesentlichen bei den Einwirkungsklassen W2-I und W3-I in Verbindung mit der Rissklasse R3-I Anwendung. Zu den Abdichtungsbahnen gehören:

- Bitumenbahnen
- Polymerbitumenbahnen
- Kunststoffbahnen
- Elastomerbahnen

Bei Einwirkungsklasse W2-I reicht eine Abdichtung mit einer einlagigen Bitumenbahn aus, während die Klasse W3-I eine zweilagige Abdichtung – entweder aus zwei Bitumenbahnen oder aus einer Bitumenbahn und einer weiteren Lage aus Kunststoff- oder Elastomerbahn – erfordert. Überlappungen müssen im Stoßbereich mind. 5 cm breit sein und mit systemkonformem Klebstoff wasserdicht ausgeführt werden.

Der häufigste Anwendungsfall sind geflieste Feucht- und Nassräume mit Flüssigabdichtungen; er wird in Teil 3 der Norm behandelt. Für die jeweiligen Stoffe sind Mindesttrockenschichtdicken vorgeschrieben, die bei der Klasse W3-I kontrolliert und durch Kontrolle der Verbrauchsmengen oder Messung der Nassschichtdicke dokumentiert werden müssen:

- Kunststoff-Mörtelkombinationen/rissüberbrückende mineralische Dichtungsschlämmen (CM) – mind. 2 mm
- Reaktionsharzabdichtungen (RM) – mind. 1 mm
- Polymerdispersionen (DM) – mind. 0,5 mm

Nach Erhärten der Abdichtungsschichten wird die Schichtdickenkontrolle bei Flächen ≤ 20 $m^2$ an min. fünf Stellen, bei größeren Flächen an min. 10 Stellen/100$m^2$ durchgeführt. Diese Überprüfung sollte jedoch bei CM und RM tatsächlich nur in begründeten Fällen erfolgen. Sind im allgemein bauaufsichtlichen Prüfzeugnis (abP) und der Europäischen Technischen Zulassung (ETA) unterschiedliche Werte für die Schichtdicke angegeben, ist der jeweils größere Wert anzuwenden.

Zur Sicherstellung der mindestens erforderlichen zweilagigen Abdichtung müssen Polymerdispersionen je Schicht in unterschiedlichen Farben ausgeführt werden.

Besonderes Augenmerk ist auf alle Übergänge – Boden/Wand/Decke – sowie Rohrdurchführungen und Unterputzarmaturen zu richten. Die hier auftretenden Bewegungen können nur durch entsprechende querdehnungsfähige Dichtbänder gewährleistet werden, die entsprechend sorgfältig ausgeführt werden müssen. Sie müssen min. 5 cm in das Abdichtungssystem einbinden und an den Stößen ebenfalls min. 5 cm überlappen.

Für den Einbau bodengleicher Duschen gelten besondere Vorschriften: Der Anschluss des Ablaufkörpers (Flansch) an die Dichtmanschette und damit die Abdichtung muss gewährleistet sein. Hierzu kann die Dichtmanschette oder das Dichtband bauseitig mit dem ca. 3 bis 5 cm breiten Flansch verklebt werden; der Dichtkleber muss dem System entsprechen und damit nach Herstellerangaben aufgebracht werden. Alternativ können Flansche mit werkseitiger Dichtmanschette eingebaut werden. Als dritte Möglichkeit stehen Klemmverbindungen für die Dichtmanschette zur Verfügung, die auf der Baustelle eingeclipst werden. Die vor Ort verklebten Dichtmanschetten sind bei Flanschbreiten unter 5 cm (Mindestmaß: 3 cm) nur bis zur Wassereinwirkungsklasse W2-I zulässig.

Diese Materialien sind gem. Teil 4 der Norm nur auf Untergründen aus Beton oder Zement-estrich und für die Wassereinwirkungsklasse W0-I bis zur Rissklasse R2-I zulässig. Zur Verbesserung der Abdichtungswirkung können zusätzlich Bitumenbahnen eingesetzt werden. Werden Gussasphalt und Asphaltmastix kombiniert, sind sie auch für die Widerstandsklasse W1-I und die Rissklasse R2-I zulässig.

Teil 5 der Norm behandelt die Verbundabdichtung mit Bahnen. Hier ist besonders auf die Lufttrockenheit der Untergründe zu achten: Zementestriche dürfen eine Restfeuchte von max. 2 %, beheizte Konstruktionen von max. 3 % und calciumsulfatgebundene Estriche von max. 5 % haben. Die Abdichtungs- und Entkopplungsbahnen mit einer Dicke von min. 0,2 mm sind wasserundurchlässig und rissüberbrückend und ihre Vliesbeschichtung gewährleistet den Verbund mit dem Fliesenkleber.

Gem. Teil 6 der Norm werden hier Hartschaum-Platten, EPS oder XPS, eingesetzt, die mit Glasfaser-Gewebe armiert sind. Die Platten müssen eine Gesamtdicke von min. 5 mm haben, wenn sie werkseitig mit einem bahnenförmigen Abdichtungsstoff von min. 1,5 mm versehen sind. Alternativ können EPS-Hartschaum-Platten mit min. 10 mm Gesamtdicke und min. 1,3 mm dicker mineralischer Dichtschlämme oder min. 1 mm dicker Reaktionsharzschicht verwendet werden. Als weitere Möglichkeit können XPS-Hartschaum-Platten mit einer Rohdichte von min. 30 $kg/m^3$ und einer Gesamtdicke von min. 10 mm eingebaut werden. Die Platten müssen im Verbund verlegt werden, Kreuzfugen sind nicht zulässig.

Zunächst muss die Zuordnung der Wassereinwirkungsklasse und des Untergrunds in feuchteempfindlich oder -unempfindlich vorgenommen werden. Im nächsten Schritt werden dem Untergrund die entsprechenden Riss- und Fugenbreiten zugeordnet. Nach Wahl der vorgesehenen Abdichtungsbauart erfolgt die Auswahl der erforderlichen Materialien bzw. der Schichtenaufbau.

***Tabelle 16:*** *Einsatzbereiche bahnenförmiger Abdichtungen (Ingrid Kaiser)*

| **Rissklasse** | **Wasserwiderstandsklasse** | | | |
|---|---|---|---|---|
| | **W0-I** | **W1-I** | **W2-I** | **W3-I** |
| R1-I | Bitumenbahn einlagig | Bitumenbahn einlagig | Bitumenbahn einlagig | Bitumenbahn einlagig |
| R2-I | Bitumenbahn einlagig | Bitumenbahn einlagig | Bitumenbahn einlagig | Bitumenbahn einlagig |
| R3-I | Bitumenbahn einlagig | Bitumenbahn einlagig | Bitumenbahn einlagig | Bitumenbahn zweilagig |
| | | | | Bitumenbahn + Kunststoff-/ Elastomer-bahn |

***Tabelle 17:*** *Einsatzbereiche flüssiger Abdichtungsstoffe im Verbund (Ingrid Kaiser)*

| **Fläche** | **Riss-klasse** | **Wasserwiderstandsklasse** | | | |
|---|---|---|---|---|---|
| | | **W0-I** | **W1-I** | **W2-I** | **W3-I** |
| Wand | R1-I | CM<br>RM<br>DM | CM<br>RM<br>DM | CM<br>RM<br>DM | CM<br>RM |
| Boden | | RM<br>CM<br>DM | RM<br>CM<br>DM | RM<br>CM | RM<br>CM |

***Tabelle 18:*** *Einsatzbereiche flüssiger Gussasphalt und Asphaltmatrix (Ingrid Kaiser)*

| **Rissklasse** | **Wasserwiderstandsklasse** | |
|---|---|---|
| | **W0-I** | **W1-I** |
| R1-I | Gussasphalt oder Asphaltmastix | Gussasphalt + Asphalt-mastix |
| R2-I | Gussasphalt oder Asphaltmastix | Gussasphalt + Asphalt-mastix |

***Tabelle 19:*** *Einsatzbereiche plattenförmiger Abdichtungsstoffe im Verbund (Ingrid Kaiser)*

| | **Wasserwiderstandsklasse** | | |
|---|---|---|---|
| | **W0-I** | **W1-I** | **W2-I** |
| EPS-/XPS-Hartschaum-platte d ≥ 5 mm | X | X | X |
| EPS-Hartschaumplatte d ≥ 10 mm | X | X | X |
| XPS-Hartschaumplatte d ≥ 10 mm | X | X | |
| XPS-Hartschaumplatte d ≥ 25 mm | X | X | X |

***Tabelle 20:*** *Einsatzbereiche bahnenförmiger Abdichtungsstoffe im Verbund (Ingrid Kaiser)*

| **Rissklasse** | **Wasserwiderstandsklasse** | | | |
|---|---|---|---|---|
| | **W0-I** | **W1-I** | **W2-I** | **W3-I** |
| R1-I | Bitumenbahn einlagig | Bitumenbahn einlagig | Bitumenbahn einlagig | Bitumenbahn einlagig |
| R2-I | Bitumenbahn einlagig | Bitumenbahn einlagig | Bitumenbahn einlagig | Bitumenbahn einlagig |
| R3-I | Bitumenbahn einlagig | Bitumenbahn einlagig | Bitumenbahn einlagig | Bitumenbahn zweilagig |
| | | | | Bitumenbahn + Kunststoff-/ Elastomerbahn |

***Tabelle 21:*** *Einsatzbereiche flüssiger Abdichtungsstoffe im Verbund (Ingrid Kaiser)*

| Wasserwiderstandsklasse | | | |
|---|---|---|---|
| **W0-I** | **W1-I** | **W2-I** | **W3-I** |
| CM<br>RM<br>DM | CM<br>RM<br>DM | CM<br>RM<br>DM | CM<br>RM |
| RM<br>CM<br>DM | RM<br>CM<br>DM | RM<br>CM | RM<br>CM |

***Tabelle 22:*** *Einsatzbereiche von Abdichtungsstoffen in den Normenbereichen (Ingrid Kaiser)*

| Ab-dichtung | DIN 18531 Dächer | DIN 18532 Verkehrs-flächen | DIN 18533 erdbe-rührte Bauteile | DIN 18534 Innen-räume | DIN 18535 Behälter, Becken |
|---|---|---|---|---|---|
| Bitumen-bahnen | x | mit Schutz-schicht | x | x | x |
| Kunststoff-, Elastomer-bahnen | x | mit Schutz-schicht | x | x | x |
| Flüssig zu verar-beitende Stoffe | x | ohne Schutz-schicht | x | x | x |
| Kombi-nationen | | mit Schutz-schicht | | x | |
| im Ver-bund mit Fliesen (AIV) | x | | | x | x |

## 1.2.12 WU-Beton

Auch wenn die Bezeichnung WU = „wasserundurchlässig“ lautet, trifft das nicht zu 100 % zu. Es handelt sich um einen Beton mit einem dichten Gefüge und somit einer Einschränkung der Wasser-Eindringtiefe, sodass lediglich die größtmögliche Begrenzung des Wasser-Durchtritts gewährleistet ist und nicht, dass er wasserdicht ist. Angewandt wird WU-Beton für Untergeschosse, die weitgehend im Erdreich liegen, aber auch für Dächer, bei denen auf eine zusätzliche Abdichtung verzichtet werden soll. Während bisher häufig von „Weißer Wanne“ gesprochen wurde, werden in der WU-Richtlinie seit 2017 die Begriffe „WU-Wanne“ und „WU-Dach“ verwendet.

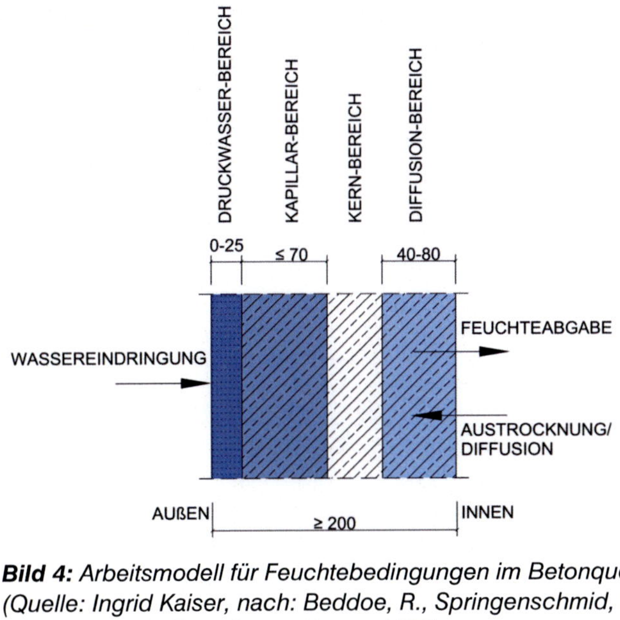


***Bild 4:** Arbeitsmodell für Feuchtebedingungen im Betonquerschnitt (Quelle: Ingrid Kaiser, nach: Beddoe, R., Springenschmid, R., Feuchtetransport durch Bauteile aus Beton, 1999)*

Hieraus ergeben sich die empfohlenen Querschnitte für die jeweiligen Bauteile:

***Tabelle 23:*** *Mindestgesamtdicken von WU-Bauteilen gem. WU-Richtlinie 2017 (Ingrid Kaiser)*

| Bauteil | Beanspruchungsklasse | Ausführungsarten – Dicke [mm] | | |
|---|---|---|---|---|
| | | Ortbeton | Elementwände/-decken mit Ortbetonergänzung | Fertigteile |
| Wände | 1 | 240 | 240 / 120[2] | 200 |
| | 2 | 200 | 240[3] / 120[4] | 100 |
| Bodenplatte | 1 | 250 | - | 200 |
| | 2 | 150 | - | 100 |
| Dächer ohne Wärmedämmung | 1 | 200 | 240 / 180[5] | 180 |
| Dächer mit Wärmedämmung | 1 | 180 | 220 / 160[6] | 160 |

Ist der Kernbereich ausreichend bemessen, kann davon ausgegangen werden, dass der Kapillar-Transport nicht erfolgen kann.

Ausschlaggebend für die Notwendigkeit, WU-Beton zu verwenden, ist der Bemessungswasserstand. Dieser wird im Zement-Merkblatt „Wasserundurchlässige Bauwerke aus Beton" sowie in der DAfStb[7]-Richtlinie (WU-Richtlinie, Dezember 2017) definiert: „Der höchste innerhalb der planmäßigen Nutzungsdauer zu erwartende Grundwasser-, Schichtenwasser- oder Hochwasserstand unter Berück-

[2/4/5/6] Mindestwerte für die Ortbetonergänzung

[3] Abminderung auf 200 mm bei besonderen beton- und ausführungstechnischen Maßnahmen möglich

[7] Deutscher Ausschuss für Stahlbeton e. V., Berlin

sichtigung langjähriger Beobachtungen und zu erwartender zukünftiger Gegebenheiten: der höchste planmäßige Wasserstand."

Eine detaillierte und exakte Planung unter Beteiligung der Fachingenieure, wie

- Auftraggeber
- Objektplaner, i. d. R. als Verantwortlicher und Koordinator
- Baugrund-Gutachter
- Bauphysiker
- Tragwerksplaner
- ggf. Sachkundiger Planer gem. DAfStb-Richtlinie „Schutz und Instandsetzung von Betonbauteilen"
- Bauausführende

ist bei WU-Wannen unerlässlich.

Auf Basis der Bedarfsplanung des Auftraggebers wird zunächst die Nutzungsklasse festgelegt:

- Nutzungsklasse A (NKL A)
  - kein Wasserdurchtritt in flüssiger Form
  - keine Feuchtestellen an der Oberfläche (nutzungsseitig)
  - keine wasserführenden Risse und Fugen

  Bei hochwertiger Nutzung können die Anforderungen detaillierter definiert werden, wobei die Anforderungen an das Raumklima durch entsprechende bauphysikalische Maßnahmen angepasst werden müssen.
  - Nutzungsklasse $A^0$ - untergeordnet, z. B. einfache Technikräume
  - Nutzungsklasse $A^*$ - einfach, z. B. Räume zum zeitweiligen Aufenthalt von Menschen
  - Nutzungsklasse $A^{**}$ - normal, z. B. Räume zum dauerhaften Aufenthalt von Menschen
  - Nutzungsklasse $A^{***}$ - anspruchsvoll, z. B. Lager-/Technikräume mit feuchte-/temperaturempfindlichen Gütern
- Nutzungsklasse B (NKL B)
  - Feuchtestellen zulässig

- Wasserdurchtritt in flüssiger Form bedingt zulässig: temporär bis zur Selbstheilung[8] wasserführende Risse zulässig (Dunkelfärbung/Wasserperlen nutzungsseitig)

Aus dem Bemessungswasserstand und geotechnischen Gegebenheiten ergeben sich die Beanspruchungsklassen:

- Beanspruchungsklasse 1 (BKL 1)
  - ständig oder zeitweise drückendes Wasser
  - WU-Dächer
- Beanspruchungsklasse 2 (BKL 2)
  - Bodenfeuchte
  - an der Wand ablaufendes Wasser

Im nächsten Schritt erfolgt die Festlegung der Bauart und der Bauteilabmessungen sowie die detaillierte Fugen-Planung. Hieraus ergeben sich unter Berücksichtigung der Ablaufplanung die Festlegung der Betonier-Abschnitte und damit der Arbeitsfugen und die Auswahl des Abdichtungssystems.

Die klassische Ausbildung der WU-Wanne erfolgt durch Ortbeton-Konstruktionen, bei denen besonderes Augenmerk auf die Arbeitsfugen und damit deren sorgfältige Planung und entsprechende Ausführung gerichtet werden muss.

Zunehmend werden (Voll-)Fertigteile, z. B. auch in Einfamilienhaus-Kellern, zur rationellen Errichtung eingesetzt. Hier liegt der Schwerpunkt der Abdichtung im Bereich der Stoßfugen.

Elementwände gelten als Halbfertigteile, da sie vorgefertigten Betonplatten, die mit Gitterträgern verbunden sind auf die Baustelle geliefert werden und vor Ort ausbetoniert werden.

Schwachstellen in jeder WU-Wannenausbildung sind Fugen, Risse und Durchführungen. Das Fugensystem muss - innen- oder außenliegend - durchgängig, also ohne Unterbrechungen, und dauerhaft

[8] „Zeitliche Verringerung des Wasserdurchtritts durch Trennrisse in Abhängigkeit von Rissbreite und Wasserdruckhöhe" (Quelle: WU-Richtlinie 2017)

wasserdicht ausgeführt werden. Hierbei greifen Planung und Ausführung sehr eng ineinander.

Während bei anderen Planungsbereichen örtlich häufig Änderungen im Bauablauf integriert werden können, muss die Fugenplanung sich einerseits an den örtlichen Gegebenheiten und Leistungskapazitäten orientieren, andererseits muss in der Umsetzung vor Ort die vorgegebene Abfolge- und Zeitplanung exakt eingehalten werden.

Die aktuelle Fassung der WU-Richtlinie stellt dazu gegenüber vorherigen Fassungen die Aufgaben und Bedeutung der Planung heraus.

Das Fugensystem muss in sich geschlossen sein, um die Wasserundurchlässigkeit zu gewährleisten. Generell wird zwischen innenliegender, d. h. im Bauteil liegender, Abdichtung und außenliegender, d. h. auf der Wasserseite liegender Abdichtung unterschieden.

**Hinweis**

Abweichungen im Bauablauf führen zwangsläufig zu Kompromiss-Lösungen, die ein hohes Risiko von Mängeln und Schäden beinhalten. Das bedeutet gleichzeitig, dass Änderungswünsche des Auftraggebers eindeutig auf einen bestimmten Zeitpunkt in der Planungsphase begrenzt werden müssen und in der Ausführungsphase nicht mehr berücksichtigt werden können.

Anhang A.1 - Orientierungshilfe für Zuständigkeiten (Checkliste) der WU-Richtlinie nennt für die Planung und Konstruktion der Fugen den Tragwerksplaner als Verantwortlichen und den Objektplaner und die Ausführenden als Mitwirkende, für die Detailplanung der Fugen den Objektplaner als Verantwortlichen und den Tragwerksplaner und die Ausführenden als Mitwirkende.

In Abhängigkeit vom Taktplan (Detaillierung des Terminplans mind. auf Tage, ggf. auf Stunden) unter Berücksichtigung der möglichen Tagesleistungen, inkl. Wettereinflüssen bzw. Wetterschutz-Maßnahmen, sollte die Anzahl der Arbeitsfugen möglichst gering gehalten werden.

Bei Ortbeton-Konstruktionen ist auf die Rauigkeit ebenso zu achten wie auf die Anschlussbewehrung. Bei nicht geplanten Arbeitsunterbrechungen entstehende Arbeitsfugen unterliegen denselben Bedingung wie geplante Arbeitsfugen.

Arbeitsfugen zwischen Bodenplatte und Wand werden in der Regel in der Ebene der Bodenplatte ausgeführt. Sie können auch auf einem in einem Arbeitsgang mit der Bodenplatte betonierten Sockel angeordnet werden.

Ohne zusätzliche Abdichtung können waagerechte Arbeitsfugen unter folgenden Bedingungen ausgeführt werden:

- Nutzungsklasse B
- Nutzungsklasse A bei Beanspruchungsklasse 2

Bei dieser Ausführungsart muss einen Tag nach der Betonnage der Bodenplatte das Korngerüst durch Entfernen der Zementschlämme mittels Wasserstrahl freigelegt werden, um die Verbund-Wirkung zu gewährleisten.

Die Nachbehandlung ist ausschließlich durch Feuchthalten – ohne chemische Mittel – bis zur Erreichung von 70 % der jeweiligen Festigkeit zulässig bzw. erforderlich.

Alle Verunreinigungen und Rückstände müssen vollständig entfernt und die Oberfläche leicht feucht sein, bevor das Betonieren der Wände mit einer Anschlussmischung erfolgen kann.

Bei Elementwänden ist bei der Ausbildung der Arbeits- bzw. Stoßfuge ein Aufständern von min. 3 cm erforderlich, um den Verbund sicher zu stellen. Es muss auf einer Höhe von min. 3 cm mit einer Anschlussmischung gearbeitet werden.

Werden Fertigteile oder Elementwände eingesetzt, entstehen auch hier im Anschlussbereich Boden - Wand - Decke Fugen, die als

Stoßfugen bezeichnet werden. Hier müssen insbesondere die angrenzenden Wand-Bauteile ausreichend aufgeständert werden, um ein vollflächiges Verfüllen mit Beton zu gewährleisten.

Um die Rissbildung durch Spannungen im Bauwerk zu vermeiden, werden an von Rissen bedrohten Stellen, in der Regel bei Querschnittsminimierung, entsprechende Fugen angeordnet, die die Rissbildung zum einem provozieren, zum anderen entsprechend abgedichtet werden können.

Bei größeren Gebäude-Ausdehnungen müssen Dehnfugen angeordnet werden, um Spannungen aus den Bauteilen oder Setzungen durch die Baugrund-Bedingungen aufnehmen zu können. Sie müssen also nicht nur dicht, sondern auch dehnbar sein, um unterschiedliche Verformungen zu ermöglichen.

Unbeschichtete Fugenbleche werden je zur Hälfte ihrer Breite in die zu verbindenden Bauteile eingebaut. Anschlüsse werden "auf Stoß" (ohne Überlappungen!) durch Schweißen, Kleben o. A. verbunden.

Sie dürfen bei Arbeitsfugen bei Beanspruchungsklasse 1 in Verbindung mit Nutzungsklasse A verwendet werden. Die Blechdicke beträgt ≥ 1,5 mm, die Breite ist von den Wasserdruckhöhen abhängig:

- ≤ 3,00 m Wasserdruckhöhe: b ≥ 25 cm
- Wasserdruckhöhe > 3,00 m und ≤ 10,00 m: b ≥ 30 cm
- > 10,00 m Wasserdruckhöhe: Anpassung der Breite des Fugenblechs analog zu dieser Höhe

Arbeitsfugen und Sollrissfugen können in der Beanspruchungsklasse 2 mit unbeschichteten Fugenblechen ausgeführt werden, wenn ihre Breite min. 25 cm beträgt.

Beschichtete Fugenbleche sind mit Bitumen-Butylkautschuk, mit einer Verbundfolie oder mit mineralischen bzw. quellfähigen Beschichtungen versehen. Durch die Beschichtung können sie deutlich schmaler sein als unbeschichtete, müssen aber bei Nutzungsklasse A min. 15 cm breit sein.

Wenn technische Baubestimmungen oder allgemein anerkannte Regeln der Technik nicht existieren (= nicht geregelte Bauprodukte), ist das Vorliegen eines allgemeinen bauaufsichtlichen Prüfzeugnisses (abP) erforderlich.

Grundlage hierfür ist die Muster Verwaltungsvorschrift Technische Baubestimmungen (MVV TB) und deren Umsetzung in den Bundesländern.

Die abP enthalten u. a. auch Angaben über den zulässigen Wasserdruck und weitere Bedingungen für die Ausführung.

**Hinweis**

Die Liste der allgemeinen bauaufsichtlichen Prüfzeugnisse ist auf der Internetseite

**www.abp-fugenabdichtungen.de** zu finden.

***Tabelle 24:*** *Exemplarische Einsatzmöglichkeiten von Abdichtungen (Ingrid Kaiser, Quelle: Prof. Dr.-Ing. Rainer Hohmann, in: "Fugenabdichtung für WU-Bauwerke", Sonderdruck aus Der Bausachverständige, Heft 3/2011 und Heft 4/2011)*

| **Fugenmaterial** | | **Ortbeton** | **Fertigteile** | **Elementwände** |
|---|---|---|---|---|
| | | Arbeitsfugen | | |
| Fugenband | innenliegend | x | | (x) |
| | außenliegend | x | | |
| Fugenblech | unbeschichtet | x | | (x) |
| | beschichtet | x | | X |
| Kombi-Arbeitsfugenband | | x | | X |
| Injektionsschlauchsysteme | | x | (x) | X |

***Tabelle 24:*** *Exemplarische Einsatzmöglichkeiten von Abdichtungen (Ingrid Kaiser, Quelle: Prof. Dr.-Ing. Rainer Hohmann, in: "Fugenabdichtung für WU-Bauwerke", Sonderdruck aus Der Bausachverständige, Heft 3/2011 und Heft 4/2011)*

| **Fugenmaterial** | | **Ortbeton** | **Fertigteile** | **Elementwände** |
|---|---|---|---|---|
| Dichtende Fugeneinlagen | | x | (x) | x |
| Aufgeklebtes, streifenförmiges Fugenabdichtungsband | | x | x | x |
| | | Sollrissfugen | | |
| Dichtrohr | | x | | x |
| Sollrissfugenschiene | mit beschichtetem Fugenblech | x | | x |
| | mit Dichtelement | x | | |
| Aufgeklebtes, streifenförmiges Fugenabdichtungsband | | x | | (x) |
| | | Dehnfugen | | |
| Dehnfugenband | innenliegend | x | | x |
| | außenliegend | x | | |
| Fugenabschlussband | | x | | |
| Aufgeklebtes, streifenförmiges Fugenabdichtungsband | | x | x | x |
| Klemmfugenband | | x | x | (x) |

Bei der Ausführung von WU-Bauteilen sind zusätzlich die erforderlichen Überwachungsklassen (ÜK) zu berücksichtigen:

***Tabelle 25:*** *Bedingungen und Anforderungen an Überwachungsklassen (Ingrid Kaiser analog Zementmerkblatt B5 „Überwachen von Beton auf Baustellen")*

| **Bedingungen** | **ÜK 1** | **ÜK 2** | **ÜK 3** |
|---|---|---|---|
| BKL 2, Bodenfeuchte, frei an der Wand ablaufendes Wasser | x | | |
| BKL 1, ständig/ zeitweise drückendes Wasser, WU-Dächer | | x | |
| **Anforderungen** | | | |
| Festigkeitsklasse | ≤ C25/30 | ≥ C30/37 | ≥ C55/67 |
| Expositionsklasse | X0, XC, XF1 | XS, XD, XA, XM, ≥ XF2 | - |
| Eigenschaften | hoher Eindringwiderstand, Bodenfeuchte | wasserundurchlässige Bauteile | - |

Der Umfang der Prüfung ist wie folgt festgelegt:

***Tabelle 26:*** *Prüfumfang (Ingrid Kaiser analog Zementmerkblatt B5 „Überwachen von Beton auf Baustellen")*

<table>
<tr><th>Prüfungs-umfang</th><th>ÜK 1</th><th>ÜK 2</th><th>ÜK 3</th></tr>
<tr><td>Konsistenz</td><td>bei Unklarheiten</td><td colspan="2">• Beim Einbringen jeder Betonsorte<br>• Bei Herstellung von Probewürfeln<br>• Bei Unklarheiten</td></tr>
<tr><td>Luftgehalt Frisch Beton mit Anforderung LP-Gehalt</td><td>-</td><td colspan="2">• Zu Beginn jedes Betonier-abschnitts<br>• Bei Unklarheiten</td></tr>
<tr><td rowspan="2">Probekörper</td><td rowspan="2">bei Unklarheiten</td><td>Prüfkörper<br>• Je 300 $m^3$ oder<br>• Je 3 Beto-niertage</td><td>Prüfkörper<br>• Je 50 $m^3$ oder<br>• Je Beto-niertag</td></tr>
<tr><td colspan="2">maßgeblich ist die größte sich ergebende Anzahl Prüfkörper</td></tr>
</table>

## 1.2.13 Drainagen

Die DIN 18533 Abdichtung von erdberührten Bauteilen unterscheidet die Wassereinwirkungsklasse auf das Gebäude nach dem Vorhanden- oder Nichtvorhandensein einer Drainage (s. Kap. 1.2.10). Um die Außenbauteile vor Schäden durch Grundwasser, anstauendes Wasser bei wenig durchlässigen Böden (k ≤ 10-4 m/s), Hanglage oder Sicker-/Schichten-Wasser zu schützen, wird es in den Drainage-Rohren abgeleitet.

Vorab muss im Rahmen der Entwässerungsplanung geklärt werden, wie das Regenwasser baulich und wasserrechtlich abgeleitet werden kann. In vielen Gemeinden ist die Einleitung in die Kanalisation nicht zulässig, zumindest aber genehmigungsbedürftig. Bei ausreichend großen Grundstücken besteht die Möglichkeit der Versickerung auf dem Gelände. Alternativ kann das anfallende Wasser in einen nahegelegenen Vorfluter rückstausicher (evtl. Rückstauklappe erforderlich) eingeleitet werden, ggf. ist dann eine Hebeanlage erforderlich. Zeichnerisch dargestellt wird die Drainage im Entwässerungsplan.

Daraus ergeben sich gem. den örtlichen Gegebenheiten folgende Möglichkeiten zum Ableiten des Drain-Wassers:

- Ableitung – unter Berücksichtigung eines natürlichen Gefälles, ggf. sind Pumpen erforderlich
  - Vorfluter
  - Rückhalte-Becken
  - öffentliches Kanalnetz (wasserrechtliche Anordnung der zuständigen Behörde ist zu beachten)
- Versickerung auf dem Gelände
  - abhängig von der Durchlässigkeit des Bodens
  - Sickerschacht
  - Rigole
  - etc.

Im Regelfall wird die Drainage gem. DIN 4095 „Baugrund; Dränung zum Schutz baulicher Anlagen; Planung, Bemessung und Ausführung“ als Ringdrainage um das Gebäude herum verlegt.

Als Material sind gem. DIN 1187 Rohre aus weichmacherfreiem Polyvinylchlorid (PVC hart / PVC-U, „Stangenware“, blau oder orange) mit Öffnungen für den Wasserzutritt zu verwenden. Sie sind im Hinblick auf die ökologische Qualität recycelbar. Die nach wie vor im Handel erhältlichen, flexiblen Rohre („Rollenware“, gelb) sind nur für den landwirtschaftlichen Kulturbau, die Entwässerung von Sportanlagen, im Garten- und Landschaftsbau, etc. zugelassen.

***Bild 5:*** *PVC-Rohr in Sickerschacht (Splitt 8/16) mit Vliesummantelung (Quelle: Ingrid Kaiser)*

***Bild 6:*** *Flexibles Drainage-Rohr - nicht zulässig (Quelle: Ingrid Kaiser)*

Die Rohre mit einem Durchmesser von DN ≥ 100 müssen geradlinig mit einem Gefälle von min. 0,5 % verlegt werden, beginnend am Tiefpunkt auf vorbereitetem Planum. Um Verschiebungen während der Arbeiten zu vermeiden, werden die Rohre durch das Kies- bzw. Splittbett gesichert. Am Hochpunkt muss die Rohrsohle mind. 0,20 m unter Oberkante der Bodenplatte liegen.

Bei jedem Richtungswechsel, z. B. an Gebäude-Ecken oder -Versprüngen bzw. im Abstand von max. 20,00 m muss jeweils ein Spülschacht mit DN ≥ 300 und am Tiefpunkt zur Ableitung des Wassers bzw. im Abstand von max. 60,00 m ein Kontrollschacht mit DN ≥ 1000 angeordnet werden.

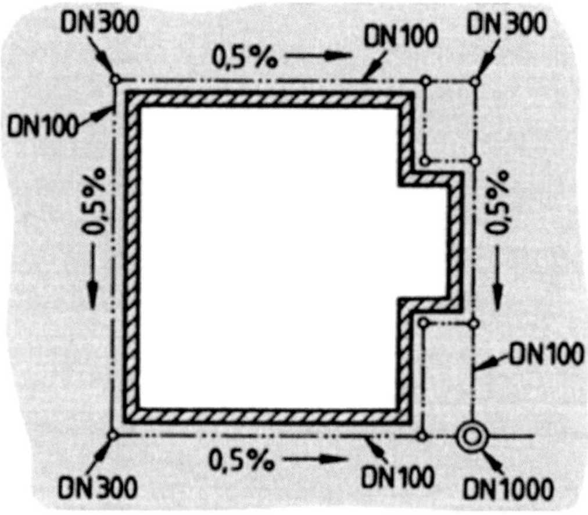


***Bild 7:*** *Mindestabmessungen Ring-Drainage (Quelle: Wendehorst, Bautechnische Zahlentafeln, Hrsg. Ullrich Vismann, Springer Fachmedien Wiesbaden GmbH)*

Der Graben zur Verlegung der Drain-Rohre darf max. bis Unterkante Fundament ausgeführt werden und muss je nach Tiefe gegenüber der Gelände-Oberkante entsprechend gesichert werden. Um das Eindringen von Fremdstoffen in Drain-Leitungen zu vermeiden, wird das Kies- bzw. Splitt-Bett mit einem Vlies (s. Bild 1) ummantelt. Diese Filter-Schicht (Geotextil, Spinnvlies) muss die erforderliche mechanische und hydraulische Stabilität besitzen, um dauerhaft die Filter-Funktion zu gewährleisten.

Die Verfüllung oberhalb der Drainage-Leitungen und der Filter-Schicht mit Kiesfilter sollte eine Abflussspende von ≥ 0,3 $l/sm^2$ gewährleisten.

Wenn Wasserandrang auch von unten zu erwarten ist, wird in Höhe der kapillarbrechenden Schicht unterhalb der Bodenplatte ein Rohr mit DN ≥ 50 aus dieser mit Gefälle durch die Fundamente in die Filter-Schicht eingebaut.

Zur Sicherstellung der Entwässerungswirkung ist u. U. eine Dimensionsberechnung erforderlich. Diese ist bei Ringdrainagen nicht erforderlich bei:

- ebenem bis leicht geneigtem Gelände
- schwach durchlässigem Boden ($k = 10^{-8}$ bis $10^{-6}$ m/s)
- einer Einbautiefe bis zu 3,00 m
- einer Gebäudehöhe bis zu 15,00 m
- einer Gesamtlänge der Drain-Leitung bis zu 60,00 m

und unter Bodenplatten bei:

- schwach durchlässigem Boden ($k = 10^{-8}$ bis $10^{-6}$ m/s)
- bei einer Grundriss-Fläche bis zu 200 $m^2$

Drainagen müssen regelmäßig gewartet und bei Verstopfungen mit Hochdruck gespült werden; die Wartungsintervalle hängen von der örtlichen Situation und der Boden-Beschaffenheit ab, sie sollten ein Jahr nicht überschreiten. Insbesondere private Auftraggeber (Verbraucher) sollten spätestens bei der Abnahme darauf aufmerksam gemacht werden, dass die Wartung dauerhaft gesichert sein muss.

# 1.3 Schallschutz

## 1.3.1 Begriffe

Schall verbreitet sich von einer Schallquelle im Raum durch Druckschwankungen, dem Schalldruck p0 [μPa]. Hieraus leitet sich der Schalldruck-Pegel Lp [dB] ab. Zusätzlich nimmt die Frequenz des Schalls Einfluss auf die Wahrnehmung; hohe Töne werden als lauter empfunden als tiefe Töne. Diese Bewertung fließt als Korrektur in den bewerteten Schalldruck-Pegel LA [dB(A)] ein. Ausgehend von der Hörschwelle von 0 dB(A) erzeugt eine normale Unterhaltung ca. 60 dB(A), die Schmerzschwelle ist bei etwa 120 dB(A) erreicht. Als Lärm wird unangenehm empfundener Schall bezeichnet und ist damit subjektiv.

Durch im Raum befindliche Schallerzeuger breitet sich Schall durch die Luft und durch Bauteile, also in angrenzende Räume, aus und wird als Luftschall bezeichnet und für die Bauteile mit dem Bau-Schalldämm-Maß R'w [dB] angegeben. Er ist zusätzlich abhängig von den Abmessungen der raumumschließenden Bauteile, wobei die Flankenwirkung über angrenzende Bauteile berücksichtigt werden muss. Körperschall wird durch direkte Anregung, z. B. Klopfen, erzeugt und setzt sich durch die Bauteile fort. Eine Unterform ist der durch Begehen von Flächen entstehende Trittschall. Gekennzeichnet wird dieser durch den Norm-Trittschallpegel L'n,w [dB].

Übersicht der Bezeichnungen:

| | |
|---|---|
| $R'_{w}$ | bewertetes Bauschalldämm-Maß |
| $R'_{w,res}$ | resultierendes bewertetes Bauschalldämm-Maß |
| $L'_{n,w}$ | bewerteter Norm-Trittschallpegel |
| $L_{AFmax}$ | A-bewerteter mit der Zeitbewertung „fast“ ermittelter maximaler Schalldruckpegel |
| $L_{r}$ | Beurteilungspegel |

## 1.3.2 Anforderungen

Die Schutzziele sind zum einen der Gesundheitsschutz (im Gebäude und von außen, z. B. Straßenlärm), zum anderen die Vertraulichkeit bei normaler Sprechweise (Verhinderung, dass gesprochenes Wort unbeabsichtigt mitgehört wird) sowie Schutz vor unzumutbaren Belästigungen. Der Mindest-Schallschutz ist in DIN 4109-1, erhöhte Anforderungen sind in DIN 4109-5 festgelegt.

Die DIN 4109 insgesamt ist wie folgt gegliedert:

- Teil 1 – Mindestanforderungen
- Teil 2 – Rechnerische Nachweise der Erfüllung der Anforderungen
- Daten für die rechnerischen Nachweise des Schallschutzes
  - Teil 31 – Rahmendokument
  - Teil 32 – Massivbau
  - Teil 33 – Holz-, Leicht- und Trockenbau
  - Teil 34 – Vorsatzkonstruktionen vor massiven Bauteilen
  - Teil 35 – Elemente, Fenster, Türen, Vorhangfassaden
  - Teil 36 – Gebäudetechnische Anlagen
- Teil 4 – Bauakustische Prüfungen

***Tabelle 1:*** *Anforderungen in Mehrfamilienhäusern, Büro- und gemischt genutzten Gebäuden (Ingrid Kaiser gem. DIN 4109)*

| **Bauteil** | **Schalldämm-Maß $R'_w$ [dB]** | **Norm-Trittschallpegel $L'_{n,w}$ [dB]** |
|---|---|---|
| Decken | ≥ 54 | ≤ 50 |
| Unter nutzbaren Dachräumen | ≥ 53 | ≤ 52 |
| Über Kellern, Hausfluren und Treppenräumen unter Aufenthaltsräumen | ≥ 52 | ≤ 50 |
| Unter Hausfluren | | ≤ 50 |
| Treppenläufe und -podeste | | ≤ 53 |
| Wände | ≥ 53 | |

***Tabelle 1:*** *Anforderungen in Mehrfamilienhäusern, Büro- und gemischt genutzten Gebäuden (Ingrid Kaiser gem. DIN 4109)*

| **Bauteil** | **Schalldämm-Maß $R'_w$ [dB]** | **Norm-Trittschallpegel $L'_{n,w}$ [dB]** |
|---|---|---|
| Neben Durchfahrten | ≥ 55 | |
| Aufzugsschachtwände zu Aufenthaltsräumen | ≥ 57 | |
| Türen von Hausfluren oder Treppenräumen in geschlossenen Fluren | ≥ 27 | |
| Von Hausfluren oder Treppenräumen in Aufenthaltsräumen | ≥ 37 | |

In Einfamilien-, Doppel- und Reihenhäusern sind die Anforderungen geringer.

***Tabelle 2:*** *Im Teil 5 der DIN 4109 sind die erhöhten Anforderungen an den Schallschutz festgelegt:*

| **Bauteil** | **Schalldämm-Maß $R'_w$ [dB]** | **Norm-Trittschallpegel $L'_{n,w}$ [dB]** |
|---|---|---|
| Decken, unter nutzbaren Dachräumen | ≥ 56 | ≤ 47 |
| Wohnungstrenndecken | ≥ 57 | ≤ 45 |
| Treppenläufe und -podeste | ≥ 57 | ≤ 45 |
| Wohnungstrennwände, Treppenraumwände und Hausflurwände | ≥ 56 | |
| Wände, neben Durchfahrten | ≥ 58 | |
| Aufzugsschachtwände zu Aufenthaltsräumen | ≥ 57 | |
| Türen und Hausflure oder Treppenräume in geschlossenen Fluren | ≥ 32 | |

***Tabelle 2:*** *Im Teil 5 der DIN 4109 sind die erhöhten Anforderungen an den Schallschutz festgelegt:*

| **Bauteil** | **Schalldämm-Maß $R'_w$ [dB]** | **Norm-Trittschallpegel $L'_{n,w}$ [dB]** |
|---|---|---|
| Von Hausfluren oder Treppenräumen in Aufenthaltsräumen | ≥ 42 | |

Die Deutsche Gesellschaft für Akustik (DEGA) sieht in ihrer Empfehlung 103 „Schallschutz im Wohnungsbau" eine Skala – ähnlich den Wärmeschutz-Klassifizierungen – mit entsprechenden Grenzwerten vor:

***Tabelle 3:*** *Schallschutzklassen, Baugebiete und Außenlärmpegel der DEGA (Ingrid Kaiser gem. DEGA-Empfehlung 103)*

| **Klasse** | **A*** | **A** | **B** | **C** | **D** | **E** | **F** |
|---|---|---|---|---|---|---|---|
| **Baugebiet** | **Reines Wohngebiet** | **Allgemeines Wohngebiet** | | **Misch-, besonderes Wohngebiet** | | **Gewerbe, urbanes Gebiet** | **Industriegebiet** |
| **Bauteil** | **$R'_w$ [dB]** | | | | | | |
| Decken | ≥ 72 | ≥ 67 | ≥ 62 | ≥ 57 | ≥ 54 | ≥ 50 | < 50 |
| Wände | | | | ≥ 56 | ≥ 53 | | |
| Eingangstüren in Flure | ≥ 40 | ≥ 37 | ≥ 32 | ≥ 27 | ≥ 22 | < 22 | ≥ 40 |
| Eingangstüren in Aufenthaltsräume | Nicht zulässig | | ≥ 42 | ≥ 37 | ≥ 32 | < 32 | ≥ 42 |
| Außenlärmpegel | ≤ 55 | 56 bis 60 | 61 bis 65 | 66 bis 70 | 71 bis 75 | ≥ 76 | ≤ 55 |

Die VDI 4100 „Schallschutz von Wohnungen – Kriterien für Planung und Beurteilung" definiert in Tabelle 1 drei Schallschutz-Stufen (SSt):

***Tabelle 4:*** *Schallschutz-Stufen und Geräusch-Wahrnehmung (Ingrid Kaiser gem. VDI 4100, Tabelle 1)*

| **Emission** | **Wahrnehmung der Emissionen aus benachbarten Wohnungen** | | |
|---|---|---|---|
| | **SSt I** | **SSt II** | **SSt III** |
| normale Sprache | im Allgemeinen nicht verstehbar | nicht verstehbar | nicht hörbar |
| angehobene Sprache | im Allgemeinen verstehbar | im Allgemeinen nicht verstehbar | nicht verstehbar |
| laute Sprache | verstehbar | im Allgemeinen verstehbar | im Allgemeinen nicht verstehbar |
| laute Musik | deutlich hörbar | | im Allgemeinen hörbar |
| Gehgeräusche | im Allgemeinen störend | im Allgemeinen nicht störend | nicht störend |

Die Anforderungen an die Dämm-Maße bzw. Trittschallpegel entsprechen für die SSt I denen des Mindest-Schallschutzes der DIN 4109, während für die SSt II und SSt II folgende Werte gelten:

***Tabelle 5:*** *Grenzwerte der Schallschutz-Stufen (Ingrid Kaiser gem. VDI 4100, Tabelle 2)*

| **Schall-schutzart** | **Räume** | **Schallrich-tung** | **SSt II [dB]** | **SSt III[dB]** |
|---|---|---|---|---|
| Luftschall | Aufenthaltsräume zu fremden Räumen | Horizontal | $R'_w$ 59 | $R'_w$ 59 |
| | | vertikal | $R'_w$ 60 | $R'_w$ 60 |
| | Aufenthaltsräume zu Treppenhäusern und Fluren | | $R'_w$ 56 | $R'_w$ 59 |
| Trittschall | Aufenthaltsräume zu fremden Räumen | | $L'_{n,w}$ 46 | $L'_{n,w}$ 39 |
| | Aufenthaltsräume zu Treppenhäusern und Fluren | | $L'_{n,w}$ 53 | $L'_{n,w}$ 46 |

**Für Arbeitsstätten gilt u. a. die Technische Regel für Arbeitsstätten ASR A3.7. Hier ist Lärm wie folgt definiert: „Lärm** im Sinne dieser ASR ist jeder Schall, der zu einer Beeinträchtigung des Hörvermögens oder zu einer sonstigen mittelbaren oder unmittelbaren Gefährdung von Sicherheit und Gesundheit der Beschäftigten führen kann.“ Weiterhin werden unterschiedliche Anforderungen nach Tätigkeitsbereichen und den zugehörigen Anforderungen an Konzentration und Sprachverständlichkeit festgelegt:

- Tätigkeitskategorie I – hohe Konzentration und/oder hohe Sprachverständlichkeit – Beurteilungspegel ≤ 55 dB(A)
  - geistige Tätigkeiten mit hoher Konzentration
  - Besprechungen
  - Wissensvermittlung
  - wissenschaftliches und kreatives Arbeiten
  - Software-Entwicklung
  - ärztliche Tätigkeiten
- Tätigkeitskategorie II – mittlere Konzentration und/oder mittlere Sprachverständlichkeit Sprachverständlichkeit – Beurteilungspegel ≤ 70 dB(A)
  - allgemeine Büro- oder Produktionstätigkeiten
  - Sachbearbeitung
  - feinmotorische Tätigkeiten
  - Tätigkeiten in Mess- und Leitwarten
  - Verkauf
- Tätigkeitskategorie II – geringere Konzentration und/oder geringere Sprachverständlichkeit – Beurteilungspegel sollte so weit wie möglich reduziert werden
  - Montage- und handwerkliche Arbeiten
  - Instandsetzen und Reinigen
  - Bedienung von Bearbeitungsmaschinen
  - Lagerarbeiten

Gegen Außenlärm enthält die Sechste Allgemeine Verwaltungsvorschrift zum Bundes-Immissionsschutzgesetz (Technische Anleitung zum Schutz gegen Lärm – TA Lärm) Grenzwerte für den Beurteilungspegel.

„Der Beurteilungspegel $L_r$ ist der aus dem Mittelungspegel $L_{Aeq}$ des zu beurteilenden Geräusches und gegebenenfalls aus Zuschlägen gemäß dem Anhang für Ton- und Informationshaltigkeit, Impulshaltigkeit und für Tageszeiten mit erhöhter Empfindlichkeit gebildete Wert zur Kennzeichnung der mittleren Geräuschbelastung während jeder Beurteilungszeit."

„Der Mittelungspegel $L_{Aeq}$ ist der nach DIN 45641, Ausgabe Juni 1990, aus dem zeitlichen Verlauf des Schalldruckpegels oder mit Hilfe von Schallpegelmessern nach DIN EN 60804, Ausgabe Mai 1994, gebildete zeitliche Mittelwert des Schalldruckpegels."

Folgende Grenzwerte gibt die TA Lärm für Baugebiete gem. § 1 Baunutzungsverordnung (BauNVO) vor:

***Tabelle 6:*** *Beurteilungspegel $L_r$ (Ingrid Kaiser gem. TA Lärm)*

| **Baugebiet** | **Zusätzl. Angaben** | **Beurteilungspegel [dB(A)]** |
|---|---|---|
| Industriegebiete | | 70 |
| Gewerbegebiete | tags | 65 |
| | nachts | 50 |
| Urbane Gebiete | tags | 63 |
| | nachts | 45 |
| Kern-, Dorf- und Mischgebiete | tags | 60 |
| | nachts | 45 |
| Allgemeine Wohn- und Kleinsiedlungsgebiete | tags | 55 |
| | nachts | 40 |
| Kurgebiete, Bereiche von Krankenhäusern und Pflegeanstalten | tags | 45 |
| | nachts | 35 |

Unberücksichtigt bleiben kurzzeitige Geräuschspitzen, wenn sie die Grenzwerte tags um max. 30 dB(A) und nachts um max. 20 dB(A) nicht überschreiten.

## 1.3.3 Baustoffe und Bauteile

Grundsätzlich haben Baustoffe mit einer großen flächenbezogenen Masse und mehrschalige Bauteile mit biegeweichen und biegesteifen Schichten, wodurch die Schallschwingungen gedämpft werden, gute Schalldämm-Eigenschaften hinsichtlich des Luftschalls.

Beispiele für Schalldämm-Maße $R'_w$

***Tabelle 7:*** *Ausgewählte Baustoffe für Wände (Ingrid Kaiser (Angaben Kalksandstein))*

| **Baustoff** | **Rohdichte [kg/dm³] (= Rohdichteklasse [RDK])** | **Wanddicke [m]** | **$R'_w$ [dB]** |
|---|---|---|---|
| Hohlblocksteine | 0,8 | < 0,175 | 44 |
| | | 0,24 | 46 |
| Hochlochziegel | 1,2 | 0,175 | 45 |
| | | 0,24 | 48 |
| Beton | 1,4 | 0,175 | 48 |
| | | 0,24 | 52 |
| Kalksandstein | 1,8 | 0,175 | 51 |
| | | 0,24 | 54 |

Zweischalige Konstruktionen reduzieren das in das Tragwerk eingehende Gewicht und bieten dennoch vergleichbaren bzw. besseren Schallschutz.

***Tabelle 8:*** *Schalldämm-Maße für zweischalige Haustrennwände (Ingrid Kaiser)*

| **Rohdichte [kg/dm³] (=Rohdichte-klasse [RDK])** | **Masse [kg/m²]** | **Wanddicke je Schicht [m] (zweischalig, beidseitig 1 cm Putz, Trennfuge (Dämm-schicht) min. 3 cm)** | **R'w [dB]** |
|---|---|---|---|
| 1,8 | ≥ 410 | 0,115 | 65 |
| | ≥ 490 | 0,15 | 67 |
| | ≥ 580 | 0,175 | 69 |
| | ≥ 680 | 0,20 | 71 |
| | ≥ 810 | 0,24 | 73 |
| 2,0 | ≥ 450 | 0,115 | 66 |
| | ≥ 530 | 0,15 | 68 |
| | ≥ 630 | 0,175 | 70 |
| | ≥ 720 | 0,20 | 72 |
| | - | 0,24 | - |

Bei Decken steht dagegen der Trittschallschutz im Vordergrund. Der Norm-Trittschallpegel $L_{n,w,eq}$ hängt ebenfalls von der flächenbezogenen Masse ab und wird durch das Trittschall-Verbesserungsmaß des Fußboden-Aufbaus ergänzt. Einschalige Decken erreichen abhängig vom Flächengewicht folgende Trittschallpegel $L_{n,w,eq}$:

- 200 kg/m² – 82 dB
- 300 kg/m² – 76 dB
- 400 kg/m² – 71 dB
- 500 kg/m² – 62 dB

Durch unterschiedliche Bodenbeläge können folgende Trittschall-Verbesserungsmaße erreicht werden:

- schwimmende Estriche – $\Lambda$ 25 bis 35 dB
- harte Beläge (Parkett, Steinplatten und PVC) – $\Lambda$ 0 bis 5 dB

- Beläge mit federnder Unterschicht (Filz, Schaumstoff, Kork) – $\Lambda$ 13 bis 18 dB
- Nadelfilz-Beläge – $\Lambda$ 17 bis 22 dB
- Teppich-Beläge – $\Lambda$ 22 bis 30 dB

Beispielhaft ergibt sich bei einer Rohdecke mit einem Wert von $R'_w$ von 54 dB durch einen schwimmenden Estrich eine Verbesserung auf 59 dB, durch eine zusätzliche unterseitige biegeweiche Schale eine weitere Verbesserung auf 63 dB.

## 1.3.4 Schall-Schluckung bzw. -Absorption

Während durch Schalldämmung die Übertragung von einem Raum in den anderen minimiert wird, dient die Schall-Schluckung dem Schallschutz innerhalb eines Raums. Hierbei spielt die Nachhall-Zeit („Echo"), ebenfalls abhängig von der Frequenz, eine entscheidende Rolle, die aussagt, wie lange es dauert, bis der Schall nicht mehr zu hören ist.

DIN 18041 legt für die Nachhall-Zeit Tmax [s] Anforderungen unter Berücksichtigung der Raumfläche zum Raumvolumen gem. folgender Raum-Nutzungen fest:

Gruppe A

A1 – Musik

A2 – Sprache/Vortrag

A3 – Unterricht/Kommunikation; Sprache/Vortrag inklusiv

A4 – Unterricht/Kommunikation inklusiv

A5 – Sport

Gruppe B

B1 – Räume ohne Aufenthaltsqualität

B2 – Räume zum kurzfristigen Verweilen

B3 – Räume zum längerfristigen Verweilen

B4 – Räume mit Bedarf an Lärmminderung und Raumkomfort

B5 – Räume mit besonderem Bedarf an Lärmminderung und Raumkomfort

Gruppe C – Räume mit geringem Erwartungsniveau

Während die Anforderungen für die Gruppe A zwingend eingehalten werden müssen, handelt es sich bei Gruppe B lediglich um Empfehlungen.

Damit der Schall nicht von den umgebenden (glatten, porenarmen) Flächen reflektiert werden kann, werden absorbierende Stoffe eingesetzt. Der Schallabsorptionsgrad $\alpha$ [-] gibt an, wie viel Prozent der auftreffenden Schallenergie absorbiert wird, z. B. $\alpha = 0{,}58$ bedeutet 58 % Absorption. Der bewertete Schallabsorptionsgrad $\alpha w$ [-] enthält Korrekturfaktoren und ist damit frequenzunabhängig.

Die DIN EN ISO 11654 legt folgende Schallabsorptionsklassen fest:

Klasse A – $\alpha = 0{,}90$ bis 1,00

Klasse B – $\alpha = 0{,}80$ bis 0,85

Klasse C – $\alpha = 0{,}60$ bis 0,75

Klasse D – $\alpha = 0{,}30$ bis 0,55

Klasse E – $\alpha = 0{,}15$ bis 0,25

nicht klassifiziert – $\alpha = 0{,}00$ bis 0,10

Die VDI 3755 bewertet den Schallabsorptionsgrad wie folgt:

höchst absorbierend – $\alpha_w \geq 0{,}80$

hoch absorbierend – $\alpha_w$ = 0,60 bis 0,75

absorbierend – $\alpha_w$ = 0,30 bis 0,55

gering absorbierend – $\alpha_w$ = 0,15 bis 0,25

reflektierend – $\alpha_w \leq 0{,}10$

### 1.3.5 Schallabsorber

Porige Stoffe mit rauen Oberflächen werden als poröse Absorber bezeichnet. Die eindringenden Schallwellen dringen in die offenen Poren ein und werden an deren Wänden „abgebremst" und in Wärmeenergie umgewandelt.

Zu den so wirkenden Materialien zählen die porigen Faserplatten aus Mineral- oder Holzfasern, die als abgehängte Decken oder als frei aufgehängte Elemente im Raum wirken. Akustikschaumplatten werden ähnlich eingesetzt, hierbei muss allerdings die Brandschutz-Eignung geprüft werden.

Glatte Platten mit Lochungen oder Schlitzen werden mit Abstand zum Bauteil als Resonanzabsorber eingesetzt. Hierbei werden die Platten in Schwingung versetzt, wobei ein Teil der Schallwellen in Bewegungsenergie umgewandelt wird. Häufig werden gelochte Gipskarton-Platten oder durchbrochene Holz- bzw. Metallpaneele eingesetzt.

# 1.4 Wärmeschutz

## 1.4.1 Begriffe

Die Wärmeleitfähigkeit $\lambda$ eines Baustoffs gibt an, welche Wärmemenge in Joule pro Sekunde bei einem Temperatur-Unterschied von 1 Kelvin (K) zwischen den beiden Oberflächen des Bauteils mit 1 m Dicke auf 1 $m^2$ Fläche hindurchgeht. Hierbei beträgt 1 J/s = 1 Watt (W), sodass sich die Einheit von W/mK für $\lambda$ ergibt. Mit zunehmender Dichte, geringerer Anzahl von Poren sowie unter Feuchte-Einfluss nimmt die Wärmeleitfähigkeit zu.

Der Wärmedurchlasskoeffizent $\Lambda$ mit der Einheit $W/m^2K$ gibt die Wärmemenge an, die in Abhängigkeit von der Dicke des Bauteils durch ein Bauteil von 1 $m^2$ Fläche, ebenfalls bei einem Temperaturunterschied von 1 K, hindurchgeht: $\Lambda = \lambda/d$, wobei die Dicke d in m angegeben wird.

Der Kehrwert von $\Lambda$ ist der Wärmedurchlasswiderstand $R = d/\lambda$ mit der Einheit $m^2K/W$. Bei mehrschichtigen Bauteilen ergibt sich der gesamte Wärmedurchlasswiderstand R aus der Summe der Widerstände der einzelnen Schichten mit ihrer jeweiligen Wärmeleitfähigkeit:

$$R = d1/\lambda 1 + d2/\lambda 2 + d3/\lambda 3 + \ldots + dx/\lambda x.$$

Da der Wärmedurchlasswiderstand nur in festen Stoffen berechnet werden kann, sind die Werte von ruhenden Luftschichten Rg in DIN EN ISO 6946 gesondert festgelegt:

***Tabelle 1:*** *Wärmedurchlasswiderstände von ruhenden Luftschichten (Ingrid Kaiser gem. DIN EN ISO 6946)*

<table>
<tr><th rowspan="2">Dicke der Luftschicht [mm]</th><th colspan="3">Wärmedurchlasswiderstand nach Richtung des Wärmestroms [m²K/W]</th></tr>
<tr><th>aufwärts</th><th>horizontal (bis 30° Neigung)</th><th>abwärts</th></tr>
<tr><td>5</td><td colspan="3">0,11</td></tr>
<tr><td>7</td><td colspan="3">0,13</td></tr>
<tr><td>10</td><td colspan="3">0,15</td></tr>
<tr><td>15</td><td rowspan="5">0,16</td><td colspan="2">0,17</td></tr>
<tr><td>25</td><td rowspan="4">0,18</td><td>0,19</td></tr>
<tr><td>50</td><td>0,21</td></tr>
<tr><td>100</td><td>0,22</td></tr>
<tr><td>300</td><td>0,23</td></tr>
</table>

Der Wärmeübergangswiderstand Rs [$m^2K/W$] gibt den Widerstand des Wärmeübergangs an die Luft an, wobei $R_{si}$ sich auf den Übergang zur wärmeren Seite und $R_{se}$ auf den Übergang zur kälteren Seite bezieht. Auch diese Werte sind in DIN EN ISO 6946 festgelegt, die im Wesentlichen mit $R_{si} = 0{,}13\ m^2K/W$ und $R_{se} = 0{,}04\ m^2K/W$ angesetzt werden.

Aus den bisherigen Ermittlungen ergibt sich der Wärmedurchgangswiderstand $R_T = R_{si} + R + R_{se}$ [$m^2K/W$]; der Kehrwert hierzu ergibt den U-Wert [$W/m^2K$].

## 1.4.2 U-Werte

Beispielberechnung Außenwand von außen nach innen:

| | | | |
|---|---|---|---|
| Putz | d = 10 mm | $\lambda = 0{,}7$ W/mK | m“ = 14,0 kg/m² |
| Dämmung | d = 100 mm | $\lambda = 0{,}035$ W/mK | m“ = 10,9 kg/m² |
| Mauerwerk | d = 300 mm | $\lambda = 0{,}1$ W/mK | m“ = 120 kg/m² |
| Putz | d = 10 mm | $\lambda = 0{,}7$ W/mK | m“ = 14,0 kg/m² |

$R_T = 0{,}13 + 0{,}01/0{,}7 + 0{,}10/0{,}035 + 0{,}30/0{,}1 + 0{,}01/0{,}7 + 0{,}04 = 6{,}06\ m^2K/W$

$U = 1/6{,}06 = 0{,}165\ W/m^2K$

Der U-Wert verbessert sich hierbei nicht linear zur Vergrößerung der Dämmdicke; bei der Verdoppelung der Dämmdicke (Erhöhung um 100 %) verbessert sich der U-Wert lediglich um 32 %, wobei die Verbesserung sich mit steigender Dämmdicke verringert:

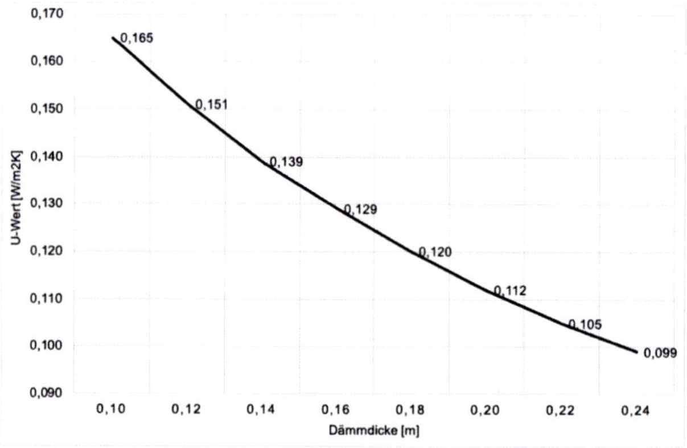


***Bild 1:*** *Verbesserung des U-Werts in Abhängigkeit von der Dämmdicke (Quelle: Ingrid Kaiser)*

Nach dem Gebäudeenergiegesetz (GEG) gelten folgende wesentliche Grenzwerte für die U-Werte:

***Tabelle 2:*** *U-Werte für wesentliche Bauteile von Nichtwohngebäuden (Ingrid Kaiser gem. GEG)*

| **Bauteile** | **U-Wert max. [W/m²K]** | |
|---|---|---|
| | **Raumtemperatur im Heizfall** | |
| | **≥ 19 °C** | **12 bis < 19 °C** |
| Außenwände | 0,28 | 0,35 |
| Vorhangfassaden | 1,4 | 1,9 |

***Tabelle 2:*** *U-Werte für wesentliche Bauteile von Nichtwohngebäuden (Ingrid Kaiser gem. GEG)*

| **Bauteile** | **U-Wert max. [W/m²K]** | |
|---|---|---|
| | **Raumtemperatur im Heizfall** | |
| | **≥ 19 °C** | **12 bis < 19 °C** |
| Wände gegen Erdreich, Bodenplatten, Wände und Decken gegen unbeheizte Räume | 0,35 | 0,24 |
| Dächer, oberste Geschossdecken zu unbeheiztem Dachraum, Abseitenwände | 0,20 | 0,35 |
| Glasdächer | 2,7 ($U_w$) | |
| Lichtbänder | 2,4 ($U_w$) | |
| Lichtkuppeln | 2,7 ($U_w$) | |
| Fenster und Fenstertüren | 1,3 ($U_w$) | 1,9 ($U_w$) |
| Dachflächenfenster | 1,4 ($U_w$) | 1,9 ($U_w$) |
| Außentüren, Tore, Türen gegen unbeheizte Räume | 1,8 | 2,9 |

***Tabelle 3:*** *U-Werte für wesentliche Bauteile von Wohngebäuden bei Erstellung, Austausch oder Erneuerung (Ingrid Kaiser gem. GEG)*

| **Bauteile** | **U-Wert max. [W/m²K]** |
|---|---|
| Außenwände | 0,24 |
| Fenster und Fenstertüren | 1,3 ($U_w$) |
| Dachflächenfenster | 1,4 ($U_w$) |
| Außentüren | 1,8 |
| Geneigte Dächer inkl. Gauben und Abseitenwände, oberste Geschossdecken gegen unbeheizte Räume | 0,24 |
| Flachdächer | 0,20 |
| Wände gegen Erdreich oder unbeheizte Räume, Decken von beheizten Räumen gegen Erdreich oder unbeheizte Räume | 0,30 |
| Decken von beheizten Räumen nach unten gegen Außenluft | 0,24 |

Bei Bestandsgebäuden gelten die einzuhaltenden U-Werte bei entsprechenden Instandsetzungsmaßnahmen, die mehr als 10 % des jeweiligen Bauteils betreffen, z. B. bei Dächern und Fassaden. Bei Letzteren ist es streitig, ob bei Instandsetzung nur einer Fassadenseite alle anderen ebenso auf den aktuellen Dämmstandard gebracht werden müssen. Wird nichts am Gebäude verändert, gilt der Bestandsschutz. Dies trifft auch auf Gebäude, die unter Denkmalschutz stehen, zu.

Wer durch Kauf, Erbe oder Schenkung Eigentümer eines Gebäudes wird, muss jedoch innerhalb von zwei Jahren nach Eigentumsumschreibung sanieren. Die erforderlichen Maßnahmen beziehen sich auf die Dämmung der obersten Geschossdecke unter nicht beheiztem Dachraum und der Rohrleitungen für Heizung und Warmwasser in unbeheizten Bereichen. Ausnahmen bestehen für Ein- und Zweifamilienhäuser und Eigentumswohnungen, die bereits vor dem 01.02.2002 vom Eigentümer bewohnt wurden.

Der Verlauf der Temperaturkurve innerhalb von Außenwänden ist abhängig vom Wärmedurchgangswiderstand $R_T$ [$m^2$ K/W].

$$R_T = R_{si} + \frac{d_1}{\lambda_1} + \frac{d_2}{\lambda_2} + \ldots + \frac{d_x}{\lambda_{1x}} + R_{se}$$

$R_{si}$ – Wärmeübergangswiderstand innen [$m^2$ K/W] (horizontal i. d. R. 0,13)

$R_{se}$ – Wärmeübergangswiderstand außen [$m^2$ K/W] (horizontal i. d. R. 0,04)

$d_{1,2,x}$ – Schichtdicke [m]

$\lambda_{1,2,x,}$ – Wärmeleitfähigkeit der Bauteilschichten [W/mK]

$R_T$ ist gleichzusetzen mit der Temperaturdifferenz innen/außen $\vartheta$ [°C]

Beispiel Außendämmung (Standard):

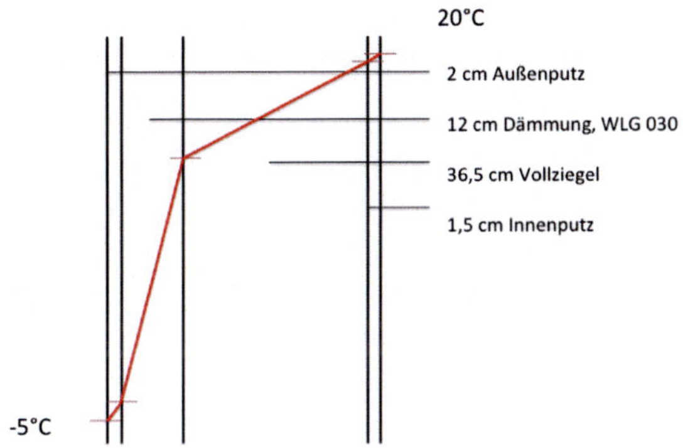


***Bild 2:*** *Temperaturverlauf Außendämmung (Quelle: Ingrid Kaiser)*

$$R_T = 0,13 + \frac{0,015}{0,35} + \frac{0,365}{0,81} + \frac{0,12}{0,03} + \frac{0,02}{0,12} + 0,04$$

$R_T$ = 4,83 m² K/W ≡ $\Delta\vartheta$ = 25 °C

0,13 ≡ 25/4,83 × 0,13 = 0,7 °C

$\vartheta_1$ = 20 - 0,7 = 19,3 °C

$\vartheta_2$ = 19,3 - 0,2 = 19,1 °C

$\vartheta_3$ = 19,1 - 2,3 = 16,8 °C

$\vartheta_4$ = 16,8 - 20,7 = -3,9 °C

$\vartheta_5$ = -3,9 - 0,9 = -4,8 °C

Beispiel Innendämmung

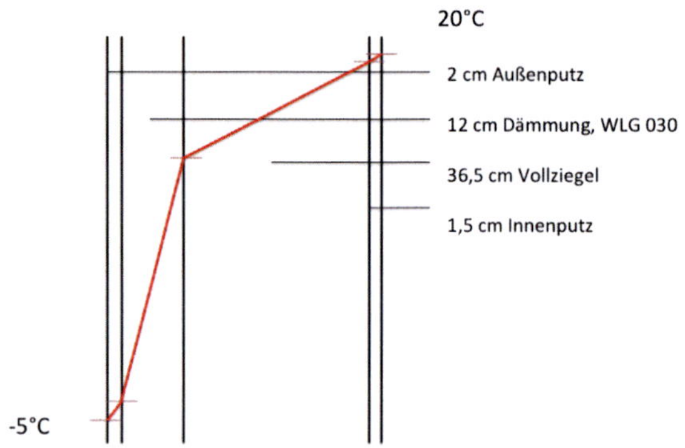


***Bild 3:*** *Temperaturverlauf Innendämmung (Quelle: Ingrid Kaiser)*

$\vartheta_1 = 20 - 0{,}7 = 19{,}3\ °C$

$\vartheta_2 = 19{,}3 - 0{,}5 = 18{,}8\ °C$

$\vartheta_3 = 18{,}8 - 15{,}8 = 3{,}0\ °C$

$\vartheta_4 = 3{,}0 - 5{,}0 = -2{,}0\ °C$

$\vartheta_5 = -2{,}0 - 1{,}8 = -3{,}8\ °C$

### 1.4.3 Energie-Effizienz

Über den Wärmedurchgang durch die Gebäudehülle hinaus stellt das GEG Anforderungen an den Energiebedarf des gesamten Gebäudes. Grundlage hierfür sind folgende Verluste von der Gewinnung der Energie-Erzeuger bis zum Zur-Verfügung-Stehen der Nutzenergie.

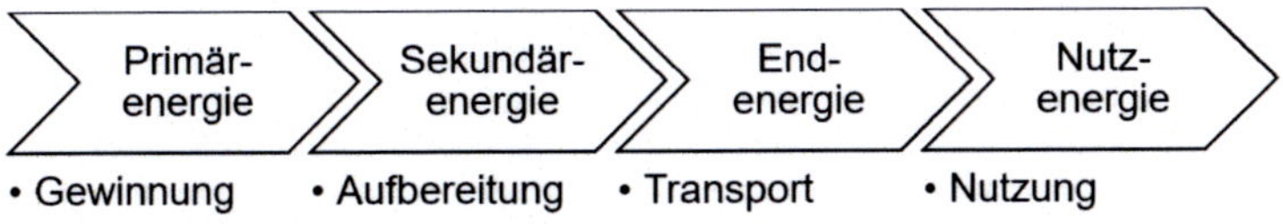


***Bild 4:*** *Energie-Bezeichnungen auf dem „Energie-Weg“ (Quelle: Ingrid Kaiser)*

Hieraus leitet das GEG entsprechende Grenzwerte ab, die auch im Energieausweis als Gebäudeenergieeffizienzklassen dargestellt sind.

***Tabelle 4:*** *Energieeffizienzklassen (Ingrid Kaiser gem. GEG)*

| **Effizienzklasse** | **Endenergiebedarf oder -verbrauch [kWh/$m^2$a]** | **Bezeichnung (Beispiele)** |
|---|---|---|
| A+ | < 30 | Passivhaus-Neubau |
| A | 30 bis < 50 | 3-Liter-Haus-Neubau |
| B | 50 bis < 75 | Neubau nach EnEV[1] 2014 |
| C | 75 bis < 100 | Neubau nach EnEV 2009 |
| D | 100 bis < 130 | Altbau, sehr gut saniert |
| E | 130 bis < 160 | Altbau, gut saniert, nach 2. WärmeSchV[2] 1982 |
| F | 160 bis < 200 | Altbau, nicht saniert, nach 2. WärmeSchV 1982 |
| G | 200 bis < 250 | Altbau, nicht saniert, nach 1. WärmeSchV 1977 |
| H | ≥ 250 | Altbau, nicht saniert, schlecht oder nicht gedämmt |

Da noch eine große Anzahl von Gebäuden der Klassen G und H existiert, sollen nach EU-Gebäuderichtlinie Nichtwohngebäude bis 2027 min. die Klasse F, bis 2030 min. die Klasse E und Wohngebäude bis 2030 min. die Klasse F, bis 2033 min. die Klasse E erreichen.

[1] EnEV = Energieeinsparverordnung.
[2] WärmeSchV = Wärmeschutzverordnung.

## 1.4.4 Mindest-Wärmeschutz gem. DIN 4108

Die DIN 4108 ist wichtige Grundlage für den winterlichen und sommerlichen Wärmeschutz. Sie gliedert sich in folgende Teile:

- DIN 4108-2 – Mindestanforderungen an den Wärmeschutz (Wärmedämmung von Bauteilen, Wärmebrücken in der Gebäudehülle)
- DIN 4108-3 – Klimabedingter Feuchteschutz
- DIN 4108-4 – Wärme- und feuchteschutztechnische Bemessungswerte
- DIN 4108-7 – Luftdichtheit von Gebäuden
- DIN/TS 4108-8 – Vermeidung von Schimmelwachstum in Wohngebäuden (Vornorm)
- DIN 4108-10 – Anwendungsbezogene Anforderungen an Wärmedämmstoffe
- DIN 4108-11 – Mindestanforderungen an die Dauerhaftigkeit von Klebeverbindungen von luftdichten Schichten
- DIN 4108 Beiblatt 2 – Wärmebrücken – Planungs- und Ausführungsbeispiele

Die Themen machen deutlich, dass der Wärmeschutz auch mit anderen Bereichen des Bautenschutzes sowie den Anforderungen an die Luftdichtheit korrespondiert.

Für die DIN 4108-2 erschien im Dezember 2024 ein Entwurf, in dem einige Begriffe neu definiert bzw. hinzugefügt wurden:

- beheizt[3] – Raumtemperaturen ≥ 19 °C
  - direkt beheizt
  - über Raumverbund beheizt
  - indirekt beheizt durch trennende Bauteile
- niedrig beheizt – Raumtemperaturen < 19 °C und ≥ 12 °C
  - wie vorher

[3] hierbei ist es unerheblich, ob die Räume kontinuierlich oder nur selten beheizt werden

- nicht beheizt = außerhalb der thermischen Hülle
- direkt beheizt

Weiterhin wird im Norm-Entwurf die Wärme-Speicherfähigkeit von schweren zu leichten Bauteilen, also die Fähigkeit Wärme bei höheren Innenraum-Temperaturen aufzunehmen, mit der flächenbezogenen Masse von 100 kg/m² abgegrenzt.

Weiterhin sind im Entwurf die Wärmebrücken bzw. Anforderungen an die Vermeidung von Schimmel konkretisiert worden. In diesem Zusammenhang ist auch DIN 4108 Beiblatt 2 angepasst worden.

## 1.4.5 Luftdichtheit

Die Luftdichtheit ist ein wichtiges Element der Energieeinsparung bei Bestandsgebäuden. Die Sanierung von Altbauten hinsichtlich des Passivhausstandards erfordert eine Reihe von Maßnahmen:

- Verbesserung der Wärmedämmung
- Vermeidung von Wärmebrücken
- Nutzung regenerativer Energien
- Optimierung solarer Wärmegewinne
- Verwendung wärmespeichernder Baustoffe
- Einsatz von Lüftungskonzepten mit Wärmerückgewinnung
- Verwendung effizienter Technischer Gebäudeausrüstung

Damit ist die Herstellung der Luftdichtheit in Verbindung mit der Wärmedämmung ein wesentlicher Bestandteil der energetischen Sanierung von Altbauten hinsichtlich des Passivhaus-Standards.

Bewährtes Mittel zur Feststellung der Luftdichtheit und damit der Lüftungswärmeverluste ist der Blower-Door-Test gem. DIN EN ISO 9972. Die „Blower-Door“ wird anstelle einer Außentür eingesetzt, und im Gebäude entweder Über- oder Unterdruck gegenüber der Außenluft erzeugt. Bei einem Differenzdruck von 50 Pascal (Pa) wird die Luftwechselrate gemessen, d. h. wie oft die Innenluft durch Undichtigkeiten pro Stunde ausgetauscht wird.

Der Kennwert gibt das Verhältnis des Leckage-Volumenstroms zum beheizten Gebäudevolumen an: $n_{50} = V_{50}/V$ [$h^{-1}$]. Bei zusätzlichem Einsatz von künstlichem Rauch und Thermografie können undichte Stellen in der Gebäudehülle gut analysiert werden.

Bei Altbauten liegt das Ergebnis häufig bei einem Wert von $n_{50}$ über 7 $h^{-1}$, wobei für Passivhäuser und KfW-40-Häuser weniger als 1/10, nämlich $n_{50} < 0{,}6\ h^{-1}$, gefordert ist. Gem. DIN 4108-7 bzw. GEG muss der Wert bei Gebäuden mit natürlicher Lüftung kleiner als 3,0 $h^{-1}$, bei Gebäuden mit raumlufttechnischen Anlagen kleiner als 1,5 $h^{-1}$ und bei Einsatz von Lüftungsanlagen mit Wärmerückgewinnung kleiner als 1,0 $h^{-1}$ sein. Wird der Leckagevolumenstrom in das Verhältnis zur Gebäudehüllfläche in der Dichtheitsebene, also im Gegensatz zur Dämmebene i. d. R. anhand der Innenmaße ermittelt, gesetzt, ergibt sich der $q_{50,build}$-Wert [$m^3/m^2/h$] ≈ $n_{50}$[$h^{-1}$].

Aus den im Blower-Door-Test gewonnenen Erkenntnissen – insgesamt und der Ermittlung besonders großer Undichtigkeiten – kann ein erstes Grobkonzept zur Erreichung der Luftdichtheit erstellt werden. So wie die Wärmedämm-Ebene durchgängig im Gebäude verlaufen soll, muss auch die Luftdichtheit an der Innenseite der Dämmung ununterbrochen um das gesamte Gebäude herum gewährleistet sein.

In der Regel kann die Luftdichtheitsschicht gleichzeitig als Dampfsperre oder -bremse ausgebildet werden, um Durchfeuchtungen der Dämmebene zu vermeiden. Schwachstellen entstehen überall dort, wo Bauteile wie Schornsteine, (Rohr-)Leitungen, o. Ä. diese Luftdichtheitsebene durchbrechen oder ein Wechsel der Bauteile mit entsprechenden Anschlüssen wie bspw. bei Fenstern und Türen gegeben ist.

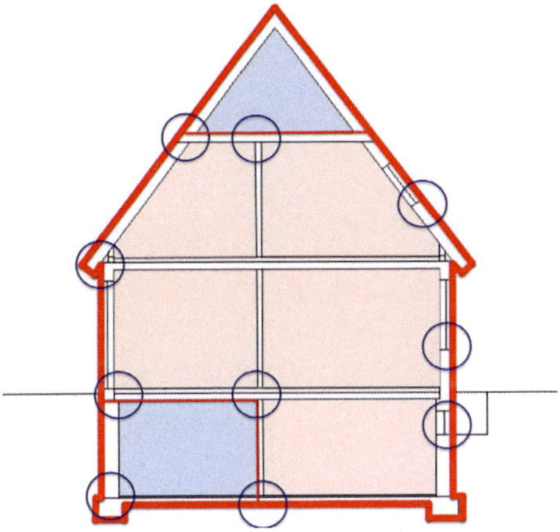

***Bild 5:*** *Schemaschnitt durchgehende Luftdichtheitsebene und Schwachstellen (Quelle: Ingrid Kaiser)*

Grundsätzlich gilt die „Stiftregel“: Für jeden Gebäudegrundriss und -schnitt muss die „rote Linie“ durchgängig mit einem Stift, ohne abzusetzen, abgefahren werden können. Was im Neubau von Grund auf geplant werden kann, lässt sich im Bestand häufig schwieriger umsetzen, dennoch können auch hier bei gründlicher Planung und sorgfältiger Ausführung entsprechende Dichtheitswerte erzielt werden. Insbesondere wenn die Gebäudehülle weitgehend neu gedämmt wird, kann sowohl die Wärmedämm- als auch die Luftdichtheitsebene unterbrechungsfrei festgelegt werden.

Möglichst wenig Versprünge und einfach auszuführende Anschlussdetails, weitgehend geschlossene Flächen aus luftdichten Materialien und eine geringe Anzahl von Durchdringungen der Luftdichtheitsebene sind die Grundprinzipien bei der Planung der höchstmöglichen Luftdichtheit.

Die zur Verwendung kommenden Materialien und deren Anschlüsse müssen folgende Anforderungen erfüllen:

- Feuchtigkeitsbeständigkeit
- Oxidationsbeständigkeit

- UV-Beständigkeit
- Reißfestigkeit
- Aufnahmefähigkeit von Baubewegungen durch
  - feuchtebedingte Längenänderungen
  - temperaturbedingte Längenänderungen
  - Gebäudesetzungen
  - sonstige Bauteilverformungen

Bei den flächigen Bauteilen gelten folgende Baustoffe als luftdicht:

- Beton
- Innenputz
- Platten aus
  - Gipsfaser und Gipskarton
  - Faserzement
  - harten Holzwerkstoffen, z. B. OSB
- Polyethylen-(PE) und Polypropylen-(PP) Folien
- Bitumenbahnen
- Papierwerkstoffe

Folien und Bahnen müssen hierbei möglichst dampfdicht sein. Grundlage ist der Wert der flächenbezogenen Luftdurchlässigkeit $q_{50,mat}$ [m³/m²/h] der jeweiligen Baustoffe, der das Zehnfache von $q_{50,build}$ betragen soll, also: $q_{50,build}$ [m³/m²/h] = 10.$q_{50,mat}$ [m³/m²/h], wobei $q_{50,mat} < 0,1$ m³/m²/h bei Passivhäusern entsprechend $q_{50,mat} < 0,06$ m³/m²/h sein soll.

***Tabelle 5:*** *Luftdurchlässigkeit gängiger Materialien (Ingrid Kaiser)*

| Material | Luftdurchlässigkeit [m³/m²/h] |
|---|---|
| Hartschaumplatte | 0,003 – 1,1 |
| Holz (geschlossene Flächen) | 0,0003 |
| Hartfaserplatte | 0,001 – 0,003 |
| Sperrholz | 0,004 – 0,02 |
| Spanplatten, MDF | 0,05 – 0,22 |
| Gipskartonplatte | 0,002 – 0,03 |

***Tabelle 5:** Luftdurchlässigkeit gängiger Materialien (Ingrid Kaiser)*

| Material | Luftdurchlässigkeit [$m^3/m^2/h$] |
|---|---|
| Baupappe | 0,01 – 3 |
| PE-Folie 0,1 mm | 0,0015 |
| Bitumenpappe | 0,008 – 0,02 |
| Ziegel, KS-Stein | 0,001 – 0,05 |
| Porenbeton, Bimsbeton u. Ä. | 0,06 – 0,35 |
| Kalkputz | 0,02 – 0,6 |
| Kalk-Zement-Putz | 0,002 – 0,05 |
| Zementputz | 0,001 – 0,002 |

Wände aus Mauerwerk sind aufgrund der Mörtelfugen nicht luftdicht, sodass sie verputzt oder bekleidet werden müssen. Letzteres gilt auch für gemauerte Schornsteine oder solche aus Mantelsteinen sowie für Mauerkronen, insbesondere bei der Verwendung von Hochlochziegeln. Weist der Altputz Mängel auf, müssen diese unbedingt behoben werden.

Auch nicht sichtbare Mauerwerksbereiche, wie bspw. von Abseiten oder hinter Vorwandinstallationen, müssen durchgängig verputzt werden. Neben Innenputz, der von der Rohdecke auf den Rohfußboden reichen sollte, kommen auch die Plattenwerkstoffe zum Einsatz.

Hierbei ist auf den luftdichten Verschluss der Fugen durch Folien oder Klebebänder zu achten. Gleiches muss bei Löchern, die zum Einfüllen von Einblasdämmung hergestellt wurden, berücksichtigt werden.

Beim Holz-Leichtbau müssen die Stöße der Platten durch Spezialklebebänder oder formschlüssige Verbindungen mit Gummidichtungen hergestellt werden.

Beim Dach ist es entscheidend, in welcher Ebene die Dämmung angebracht wird: Je nachdem, ob es sich um Zwischensparren-, Aufsparren-Dämmung oder eine Kombination handelt, liegt die Luftdichtheitsebene auf oder unter den Sparren. Da die zimmermannsmäßige Holzkonstruktion dem Quellen und Schwinden des Baustoffs Holz ausgesetzt ist, müssen die Folien an der Unterseite der Dämmung an allen Anschlusspunkten so ausgebildet werden, dass sie die Bewegungen ohne Reißen bewältigen. Dies geschieht i. d. R. durch Schlaufenbildung. Wird die luftdichte Folie mit Klammern angebracht, darf sie nicht durchgeschlagen werden und nicht ausgerissen sein. Im Zweifelsfall müssen die entsprechenden Stellen mit geeignetem Klebeband gesichert werden.

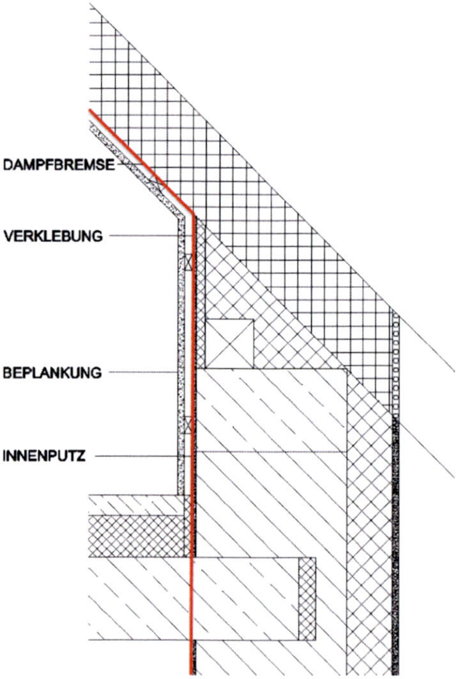


***Bild 6:** Luftdichtheitsanschluss Drempel (Quelle: Ingrid Kaiser)*

Ist der Dachbereich unbeheizt, muss neben der inzwischen verpflichtenden Dämmung der obersten Geschossdecke insbesondere der Zugang, i. d. R. durch einklappbare Bodentreppen, luftdicht ausgeführt werden.

Der Anschluss der luftdichten Ebene zum nicht beheizten Keller liegt in der Kellerdecke und muss besonders beim Zugang berücksichtigt werden, d. h., die Tür zum Kellerabgang muss entsprechend abgedichtet und gedämmt werden, sie muss also den Ansprüchen an eine Außentür entsprechen.

Gibt es einen außen liegenden Zugang zum unbeheizten Keller, kann es sinnvoll sein, den innerhalb des Hauses befindlichen mit entsprechenden Baustoffen zu verschließen. Ist dies nicht möglich, muss die umlaufende Türflügel- und Schwellendichtung luftdicht ausgeführt werden.

Der Übergang von Wänden zum Dach erfordert sowohl bei Außen- wie bei Innenwänden – beim Übergang zum nicht beheizten Dachraum – besondere Maßnahmen zur Erstellung der Luftdichtheit. Häufig stellt hier die Durchgängigkeit der Luftdichtheitsebene das größte Problem dar.

Während Decken aus Stahlbeton als hinreichend luftdicht angesehen werden können, müssen Holzbalkendecken im Anschluss an die Außenwände bzw. bei Durchdringung der luftdichten Hülle, besonders im Denkmalschutz, genauer betrachtet werden. Risse im Holz und Feuchteschäden vermindern die Luftdichtheit deutlich und müssen demzufolge geschlossen werden. Durchdringungen der Außenwände müssen mit entsprechenden Klebebändern o. Ä. abgedichtet werden.

Beim Anschluss der Fenster und Türen liegt die Dichtheitsebene zum einen im Innenputz, zum anderen an der Innenoberfläche des Rahmens, d. h., hier ist der luftdichte Übergang zu gewährleisten. Dichtanschlussbänder aus Polypropylen- oder Polyethylenvlies mit Spezialmembran können hierzu eingesetzt werden.

Auf den Rahmen befestigte Anputzleisten können anschließend im Laibungsbereich eingeputzt werden. Diese Anschlüsse müssen Bewegungen durch unterschiedliche thermische Ausdehnungen sowie die mechanische Belastung beim Öffnen und Schließen der Fenster aufnehmen können.

Eine weitere Anschlussmöglichkeit bieten Putzschienen, durch die eine Fuge gebildet und mit dauerelastischer Fugenmasse geschlossen wird.

Sowohl bei Außentüren als auch raumhohen Fenstern ist der untere Anschluss im Schwellenbereich ein Schwachpunkt. Insbesondere bei Haustüren wird i. d. R. ein tritt- und formstabiles Schwellenprofil eingebaut, das zudem thermisch getrennt ist, um die Dämmwirkung zu gewährleisten.

Häufig wird dem Eingangsbereich ein Windfang vorgesetzt, der jedoch nur bedingt die Luftdichtheit gewährleisten kann. Hier wird der Unterschied zwischen Luft- und Winddichtheit besonders deutlich. Winddichtheit stellt den Witterungsschutz dar, Luftdichtheit gewährleistet den Wärme- und damit Feuchteschutz.

Bei Einbau einer Windfangtür kann diese äußere Tür ohne besondere Anforderungen ausgebildet werden, wenn der Windfang unbeheizt ist, während die „innere" Tür die Anforderungen an die Luftdichtheit erfüllen muss. Das bedeutet gleichzeitig, dass an dieser Stelle die Dichtheitsebene im Schnitt wie im Grundriss verspringt.

Auch wenn sie bei der Montage von Fenstern und Türen immer wieder eingesetzt werden, sind Bauschäume generell nicht luftdicht, u. a. weil sie auf Dauer keine Quell- und Schwindbewegungen aufnehmen können.

Rollläden selbst stellen weniger eine Schwachstelle der Luftdichtheitsebene dar, da sie sich i. d. R. außerhalb der Luftdichtheitsebene befinden. Kritisch sind dagegen die Betätigungseinheiten, die bei elektrischem Antrieb und Kurbelwelle die Luftdichtheit gewährleisten.

## 1.4.6 Ausführung

Wärmedämmung, ausreichende Lüftung und Luftdichtheit müssen sich gegenseitig ergänzen. Neben der Festlegung der Reihenfolge der einzelnen energetischen Sanierungsmaßnahmen ist die Überwachung der Ausführung wesentlicher Bestandteil der Qualitätssicherung.

Insbesondere Dichtmassen und Klebeverbindungen bergen eine große Anzahl an Risiken. Kleber bestehen aus Spezialkautschuk, einkomponentigen Spezialpolymeren, modifizierten Acrylat-Polymer-Dispersionen oder Zwei-Komponenten-Reaktionsklebstoffen. Sie werden bei Unebenheiten des Untergrunds und Leckagen eingesetzt. Wichtig ist hierbei, dass sie dauerhaft Bewegungen des Bauwerks standhalten und jederzeit überprüft werden können.

Erneute Messungen mit dem Blower-Door-Test sind jeweils für die einzelnen Gewerke nach Fertigstellung der luftdichten Ebene erforderlich, bevor weitere Verkleidungen o. Ä. angebracht werden, ebenso wie nach der kompletten Fertigstellung der Sanierung.

Ist aufgrund des Bauablaufs keine Luftdichtheitsprüfung nach Abschluss der einzelnen Gewerke möglich, weil die Luftdichtheitsebene noch nicht vollständig erstellt wurde, ist mindestens eine Inaugenscheinnahme der ausgeführten Arbeiten erforderlich.

So wie die Wärmedämm-Ebene durchgängig im Gebäude verlaufen soll, muss auch die Luftdichtheit an der Innenseite der Dämmung ununterbrochen um das gesamte Gebäude herum gewährleistet sein.

In der Regel kann die Luftdichtheitsschicht gleichzeitig als Dampfsperre oder -bremse ausgebildet werden, um Durchfeuchtungen der Dämmebene zu vermeiden. Schwachstellen entstehen überall dort, wo Bauteile diese Luftdichtheitsebene durchbrechen oder ein Wechsel der Bauteile mit entsprechenden Anschlüssen wie bei Fenstern und Türen gegeben ist.

Grundsätzlich gilt, dass der Dampfdiffusionswiderstand von innen nach außen abnehmen muss. Beim Anschluss der Fenster und Türen liegt die Dichtheitsebene zum einen im Innenputz, zum anderen an der Innenoberfläche des Rahmens, d. h., hier ist der luftdichte Übergang zu gewährleisten. Dichtanschlussbänder aus Polypropylen- oder Polyethylenvlies mit Spezialmembran können hierzu eingesetzt werden.

Auf den Rahmen befestigte Anputzleisten können anschließend im Laibungsbereich eingeputzt werden. Diese Anschlüsse müssen Bewegungen durch unterschiedliche thermische Ausdehnungen sowie die mechanische Belastung beim Öffnen und Schließen der Fenster aufnehmen können.

***Bild 7:*** *Rohbaumontage Fenster im Bestand bei Innendämmung (Quelle: Ingrid Kaiser)*

Sowohl bei Außentüren als auch raumhohen Fenstern ist der untere Anschluss im Schwellenbereich ein Schwachpunkt. Insbesondere bei Haustüren wird i. d. R. ein tritt- und formstabiles Schwellenprofil eingebaut, das zudem thermisch getrennt ist, um die Dämmwirkung zu gewährleisten.

Es werden drei Ebenen mit unterschiedlichen Funktionen unterschieden:

- Äußere Ebene – Witterungsschutz
  - Schlagregendichtheit
  - Winddichtheit
- Mittlere Ebene (Funktionsebene) – Wärme-/Schallschutz – i. d. R. Befestigungsebene
- Innere Ebene – Luftdichtheit
  - Dampfdiffusions-Bremse
  - Anschluss an Luftdichtheitsebene

## 1.4.7 Dokumentation

Da gerade bei der Herstellung der Luftdichtheitsebene Schnittstellen zu mehreren Gewerken entstehen, ist die lückenlose Dokumentation aller Einbau-Gegebenheiten unabdingbar. Neben den klassischen Angaben im Bautagebuch sollten folgende Punkte festgehalten werden:

- vorliegende Planungsunterlagen (Wandaufbau, Fenster-Profile, Anschluss-Details)
- Innen-, Außen-, Bauteil-, Lagerbereich-Temperaturen
- Luftfeuchtigkeit innen und außen
- Materialien und Fertigstellungsgrad aller drei Fensterebenen
- Beschreibung bzw. Foto-Dokumentation der Untergründe
- Zusätzlich erforderliche Leistungen
- Hersteller- und Fabrikatangaben zu Fensterprofilen, verwendeten Untergrund-Bearbeitungen, Dichtmitteln und dem Abdichtungssystem
- Beschreibung bzw. Foto-Dokumentation der ausgeführten Arbeiten

### 1.4.8 Prüfung der Luftdichtheit

Gem. § 26 GEG sind Anforderungen an die Prüfverfahren wie an die Ergebnisse gestellt. Hierbei ist die Anwendung der DIN EN ISO 9972 Anhang NA verpflichtend.

Dabei müssen die Messungen bei Neubauten vor Fertigstellung sowohl mit Über- als auch mit Unterdruck durchgeführt werden und die Höchstwerte bei beiden Messarten eingehalten werden:

***Tabelle 6:*** *Volumenstrom-Obergrenzen bei Bezugsdruckdifferenz 50 Pa. (Ingrid Kaiser nach § 26 GEG)*

| beheiztes/gekühltes Luftvolumen des Gebäudes | ≤ 1.500 m³ | | > 1.500 m³ | |
|---|---|---|---|---|
| raumlufttechnische Anlagen | ja | nein | ja | nein |
| max. zul. Luftwechsel | 1,5-fach | 3-fach | 2,5-fach | 4-fach |

An die Messreihen werden weitere Anforderungen gestellt:

- Ermittlung der natürlichen Druckdifferenz vor und nach der Messreihe
- mindestens 5 Messpunkte
- Abstand der einzelnen Messpunkte nicht mehr als 10 Pascal
- größte Druckdifferenz mindestens 50 Pascal
- kleinste Druckdifferenz 10 Pa oder 5x natürliche Druckdifferenz, je nachdem, welcher Wert höher ist

**Hinweis**

Die Messungen/Überprüfungen dienen nicht nur der Einhaltung der geforderten Werte, sondern dokumentieren gleichzeitig die mangelfrei erstellte Bauleistung.

## 1.4.9 Wärmebrücken

Grundsätzlich gilt es, die Gebäudehülle homogen, d. h. mit gleichmäßiger Wärmedämmwirkung auszubilden. Alle Anschlusspunkte der verschiedenen Bauteile (Abbildung 1), insbesondere bei unterschiedlicher Materialauswahl und/oder unterschiedlichen Stärken, stellen ebenso wie Durchdringungen der Dämmebene Schwachpunkte dar. Als Planungsgrundsatz gilt die umlaufende, nicht verspringende Mittelachse der Dämmebene (z. B. Übergang Außenwanddämmung in Dachdämmung geneigtes Dach, Fensteranschluss zu Dämmebene Fassade etc.) sowie möglichst wenig Wechsel von beheizten zu unbeheizten Bereichen.

Kompakte Gebäude-Geometrien mit möglichst wenigen Versprüngen sowohl in vertikaler wie auch in horizontaler Richtung mit einem geringen A/Ve-Verhältnis, d. h. mit der kleinstmöglichen wärmeübertragenden Umfassungsfläche im Verhältnis zum beheizbaren Gebäudevolumen, gewährleisten geringe Transmissionswärmeverluste. Im Vergleich zu einem quadratischen Grundriss erhöht sich bspw. die Hüllfläche eines L-förmigen Gebäudes mit gleicher Grundfläche um ca. 25 %.

Neben der Erhöhung des Energiebedarfs bewirken Wärmebrücken durch Verringerung der Oberflächentemperaturen in diesen Bereichen die Gefahr der Feuchtigkeitsbildung (Kondensat). Durch die so entstehenden Feuchteschäden ist die Bausubstanz gefährdet, wie auch durch Schimmelbildung die Gesundheit der Nutzer betroffen.

Materialbedingte Wärmebrücken entstehen durch unterschiedliche Baustoffe innerhalb eines Bauteils, z. B. Stahl- oder Stahlbetonstützen innerhalb einer Mauerwerkswand, auf einer Außenwand aufliegende Stahlbetondecke, Fensterstürze, Fenster- und Außentüranschlüsse, Ringanker, Rollladenkästen, dämmschichtunterbrechende Innenwände oder Anschlüsse von Außenwänden an die Dachkonstruktion.

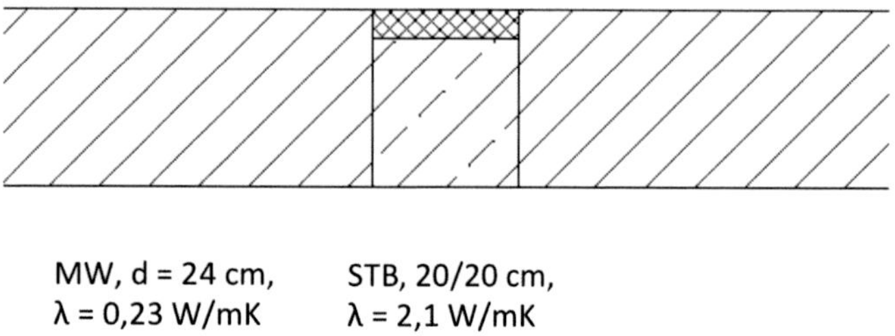


***Bild 8:*** *Beispiel: Vermeidung materialbedingter Wärmebrücken (statisch erforderliche Stahlbetonstütze im tragenden Außenmauerwerk (Quelle: Ingrid Kaiser)*

Um gleiche U-Werte der Außenwand zu erreichen, ist wegen der unterschiedlichen Wärmedurchlasswiderstände eine zusätzliche Dämmung erforderlich. Bei einer vorhandenen Dicke von 4 cm ermittelt sich die erforderliche Wärmeleitfähigkeitsgruppe der Dämmung wie folgt:

$$R_{MW} = \frac{0,24}{0,23} = R_{STB} = \frac{0,20}{2,1} + \frac{0,04}{\lambda_{DÄMM}}$$

$$\Rightarrow \lambda_{DÄMM} = 0,042 \frac{m^2K}{W}$$

$$\Rightarrow WLG040$$

Nicht berücksichtigt ist bei dieser vereinfachten Berechnung der Verlauf lateraler (seitlich abfließender) Wärmeströme.

Werden die Querschnitte der Außenhülle an bestimmten Stellen verringert, wie bspw. häufig in Bestandsbauten durch Heizkörpernischen, so werden sie als **konstruktionsbedingte Wärmebrücken** bezeichnet. Auch Schwächungen des Querschnitts, z. B. durch in der Konstruktion verlaufende Regenfallrohre oder andere Installationsleitungen, zählen zu dieser Art, die oft Überschneidungen mit materialbedingten Wärmebrücken aufweist.

Sind die erwärmten Innenflächen geringer als die Außenflächen, handelt es sich um **geometrische Wärmebrücken**, wie z. B. bei Außenecken der Außenwände. Diese Wärmebrücken lassen sich natürlich nicht vollständig vermeiden, durch den Verzicht auf Vor- und Rücksprünge in der Fassade jedoch verringern.

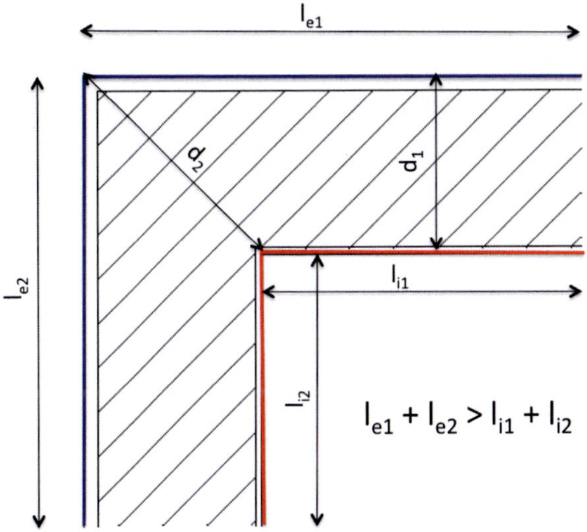


***Bild 9:** Beispiel einer geometrischen Wärmebrücke (Quelle: Ingrid Kaiser)*

Ursache für diese Wärmebrücke sind die unterschiedlichen Wärmedurchlasswiderstände im ungestörten Wandbereich und im Verlauf von Innen- zu Außenecke:

Beispiel: MW, d = 24 cm, $\lambda$ = 0,81 W/mK →

$$R = \frac{0,24}{0,81} = 0,296 \frac{m^2K}{W}$$

d2 (diagonal) = $\sqrt{2} \cdot 0,24$ = 0,34 m → R = 0,419 $m^2K/W$.

Nach der Form entstehen linienförmige Wärmebrücken, wenn durchlaufende Bauteile die Außenhaut durchdringen. Das klassische Beispiel hierfür ist bei Bestandsbauten die durchlaufende Deckenplatte als Balkonplatte oder Vordach. Ein ebenfalls klassischer Fall dieser Kategorie ist der Anschluss der Fenster an die

Fassadenkonstruktion, z. B. an ein Wärmedämm-Verbundsystem. Auch auf der tragenden Wand aufliegende Decken zählen zu diesen Wärmebrücken.

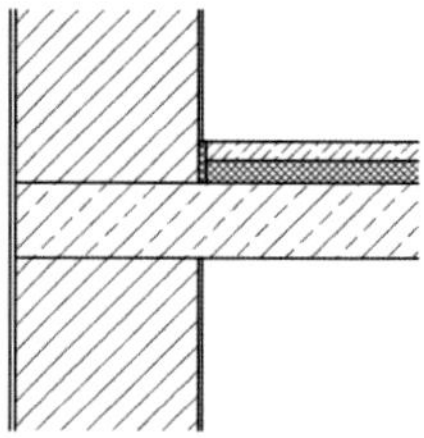

***Bild 10:*** *Beispiel einer linienförmigen Wärmebrücke (Quelle: Ingrid Kaiser)*

**Punktuelle Wärmebrücken** treten überall dort auf, wo an einzelnen Stellen die Dämmebene durchdrungen wird. Diese Problematik tritt i. d. R. bei Fassadenkonstruktionen auf, die mit dem tragenden Außenmauerwerk verbunden werden müssen, wie Mauerwerksanker bei Verblendmauerwerk, Dübel für Wärmedämmverbundsystem, Konsolanker bei vorgehängten Fassaden etc. Für übliche Verbindungsmittel (Nägel, Schrauben, Drahtanker u. Ä.) muss kein Nachweis geführt werden.

Treffen geometrische Wärmebrücken auf ein drittes Bauteil, wie bei Gebäudeecken die Geschossdecke, entstehenden **dreidimensionale Wärmebrücken**.

Häufig vernachlässigt werden **konvektive Wärmebrücken**. Sie entstehen zum einen durch Undichtigkeiten der Gebäudehülle, sodass Wärme durch Mitführung in der Luft nach außen gelangt. Sind Dampfsperren oder Luftdichtheitsschichten nicht durchgängig angeordnet, entstehen nicht nur Lüftungswärmeverluste, sondern auch Tauwasserausfall durch Abkühlen der Raumluft.

Zum anderen muss bei der Anordnung der Heizquellen die Durchströmung mit warmer Luft im Raum (Konvektion) gewährleistet sein. Diese ist z. B. bei sehr breiten Fensterbänken oberhalb von Heizkörpern z. T. stark eingeschränkt.

Der längenbezogene Wärmedurchgangskoeffizient [W/mK] wird wie folgt ermittelt:

$$\varphi = L_{2D} - \sum_{j=1}^{Nj} U_j \cdot l_j$$

mit:

$L_{2D}$ thermischer Leitwert aus 2-D-Berechnung [W/mK] gem. DIN EN ISO 10211

$N_j$ Anzahl von 2-D-Bauteilen

$U_j$ Wärmedurchgangskoeffizient eines trennenden 1-D-Bauteils [W/m²K]

$l_j$ Länge, für die $U_j$ gilt [m]

Bilanzierungen sind jedoch nicht nur nach DIN 4108, sondern auch nach DIN 18599 und dem Passivhaus-Projektierungspaket (PHPP) möglich, die allerdings unterschiedliche Systemgrenzen festlegen. Bspw. muss der unterschiedliche Bezugspunkt Oberkante Rohdecke bzw. Unterkante Dämmung berücksichtigt werden. Dies wird durch die folgende Berechnung berücksichtigt:

$$\varphi_{OKR} = \varphi_{UKD} + \Delta l \cdot U \text{ [W/mK]}$$

mit $\Delta l$ [m] = Differenz zwischen OKR und UKD.

Die Formel für den punktförmigen Wärmedurchgangskoeffizienten [W/mK] lautet:

$$\chi = L_{3D} - \sum_{i=1}^{N_i} U_i \cdot A_i - \sum_{j=1}^{N_j} \varphi_j \cdot l_j$$

mit:

$L_{3D}$ thermischer Leitwert aus 3-D-Berechnung [W/mK] gem. DIN EN ISO 10211

$N_i$ Anzahl von 1-D-Bauteilen

$U_i$ Wärmedurchgangskoeffizient eines trennenden 1-D-Bauteils [W/m²K]

$A_i$ Fläche, für die $U_i$ gilt [m²]

$N_j$ Anzahl von 2-D-Bauteilen

$\varphi_j$ längenbezogener Wärme-Durchgangskoeffizient gem. DIN 4108 Beiblatt 2 [W/m²K]

$l_j$ Länge, über die $\varphi_j$ gilt [m]

Aus diesen Berechnungen werden die Wärmeverluste durch Wärmebrücken [W/m²K] ermittelt:

$$H_{WB} = \Sigma F_j \cdot \psi_j \cdot l_j + \Sigma F_k \cdot \chi_k$$

Der Temperatur-Korrekturfaktor $f_x$ [-] bzw. $F_j$ und $F_k$ berücksichtigt Temperaturdifferenzen der angrenzenden Räume; er beträgt 1,0 bei Außenbauteilen gegen Außenluft, für andere Bauteile ist er < 1,0 und wird Tabelle 3 der DIN V 4108-6:2003-06 entnommen. Damit ergeben sich die Transmissionswärmeverluste [W/K]:

$H_T = (f_x \, x \cdot U \, x \, A) + H_{WB}$

Beim **Neubau** ist der Spielraum der Planung wesentlich größer als bei Bestandsbauten. Werden hier alle Risiken der Wärmeverluste und damit der Tauwasserbildung und in Folge Feuchteschäden berücksichtigt, kann wesentlicher Einfluss auf den Energiebedarf des Gebäudes genommen werden.

Zur Vermeidung konvektiver Wärmebrücken ist die Luftdichtheit ein entscheidender Faktor. Wird für die Luftwechselrate bei 50 Pa Druckdifferenz ein Wert von < 0,6 $h^{-1}$ erreicht, entspricht die Konstruktion dem Passivhaus-Standard.

Neben DIN 4108 Beiblatt 2 geben zahlreiche Wärmebrückenkataloge von Baustoff-Herstellern wertvolle Hinweise.

Bei Gebäudeecken (geometrischen Wärmebrücken) ist ein Wechsel der Materialien mit unterschiedlichen Wärmeleitfähigkeiten zu vermeiden bzw. mit zusätzlichen Dämm-Maßnahmen zu versehen, da es hier zur Überlagerung mit materialbedingten Wärmebrücken kommt.

Ähnlich sind lineare Wärmebrücken zu betrachten. Hierzu gehören im Wesentlichen in die Außenwände einbindende Massivdecken und Übergänge der Bodenplatte in den Sockelbereich. Im letzten Fall sind die Höhenlagen sowie Unterkellerung bzw. Nichtunterkellerung und die Beheizungsart der Räume (Keller beheizt/nicht beheizt) zu berücksichtigen.

Fenster und Fensteranschlüsse bilden sowohl in horizontaler wie auch vertikaler Richtung immer Schwachstellen in der wärmedämmenden Gebäudehülle. Hier ist neben der Durchgängigkeit der Dämmebene ebenso auf die Luftdichtheit und insbesondere die erforderliche Feuchtigkeitsabdichtung zu achten, damit eine Durchfeuchtung der Dämmung vermieden wird.

Vorhangfassaden erfordern eine Befestigung an der Tragkonstruktion des Gebäudes, wodurch zwangsläufig punktförmige Wärmedurchgangskoeffizienten entstehen. Insbesondere Stahl hat eine hohe Wärmeleitfähigkeit, sodass die Auswahl der Befestigungselemente entscheidend zur Verringerung von Wärmebrücken beiträgt.

Bei **Bestandsgebäuden** sind im unsanierten Zustand häufig nur geringe Wärmebrückenanteile vorhanden, da die gesamte Konstruktion nicht nach Wärmeschutz-Kriterien ausgerichtet ist. Erfolgt eine energetische Sanierung einzelner Bauteile, kann sich der Wärmebrückenanteil massiv erhöhen, wenn die Anschlusspunkte außer Acht gelassen werden. Werden bspw. Dach- und Fassadendämmung verbessert und neue Fenster eingebaut, auskragende Balkonplatten ohne thermische Trennung und die Einbauebene der Fenster jedoch beibehalten und die Sockeldämmung vernachlässigt, kann sich der Wärmebrückenanteil durchaus auf 25 % und ggf. wesentlich mehr erhöhen. Wärmebrückenoptimierung gehört also stets zur energetischen Sanierung von Bestandsbauten.

Auskragende Balkonplatten ohne thermische Trennung können im Extremfall nur abgebrochen und durch vorgesetzte Konstruktionen ersetzt werden. Hier sind jedoch bei der Befestigung an der Fassade wiederum die entsprechenden punktförmigen Wärmebrücken zu berücksichtigen.

Werden bei Fassadensanierungen entweder die Fenster gar nicht ausgetauscht oder in gleicher Ebene (im Bereich des tragenden Mauerwerks, ggf. Anschlag) wieder eingebaut, entsteht durch die fehlende Dämmung in den Laibungen eine Unterbrechung der durchgängigen Dämmebene der Außenhaut. An diesen Stellen kann die Temperatur weit unter die Taupunkttemperatur von 12,6 °C sinken und somit zu Feuchte und letztlich zu Schimmelbildung führen.

Auch die Sockeldämmung reduziert die Wärmebrücken maßgeblich. Je nach Höhenlage des Erdgeschoss-Fußbodens sollte sie min. 80 cm nach unten geführt werden.

Ein weiterer Schwachpunkt sind Attiken von Flachdächern. Auch hier gilt das Prinzip des „Rundherum-Einpackens“ mit Dämmung.

Rollladenkästen in Bestandsbauten sollten bei Fensteraustausch in jedem Fall stillgelegt werden, da in den meisten Fällen eine ausreichende nachträgliche Dämmung nicht möglich ist, und ggf. durch Vorsatzjalousien ersetzt werden.

Mit Hinweis auf den Mindestwärmeschutz gem. DIN 4108 lässt das GEG einen pauschalierten Wärmebrückenzuschlag zu. Dieser beträgt im Regelfall für die gesamte wärmeübertragende Umfassungsfläche 0,10 W/m²K auf die vorhandenen Wärmedurchgangskoeffizienten (einfache Methode).

Bei innen liegender Dämmung der Außenwände und einbindenden Massivdecken erhöht sich der Zuschlag auf 0,15 W/m²K (einfache Methode).

DIN 4108 Beiblatt 2 umfasst über 350 Details zu Wärmebrücken; wird die Gleichwertigkeit des jeweiligen Details mit diesen „Musterlösungen” nachgewiesen, kann ein reduzierter Wärmebrückenzuschlag von 0,10 W/m²K ohne Nachweis angesetzt werden. Der Wärmebrückenzuschlag beträgt 0,05 W/m²K bei überwiegender Übereinstimmung gem. Kategorie A und bei überwiegender Übereinstimmung mit Kategorie B 0,03 W/m²K (vereinfachte Methode).

Bei der Ermittlung der tatsächlichen Wärmebrücken ergeben sich häufig Wärmebrücken-Werte von ≤ 0,02 $W/m^2K$ (detaillierte Methode). Dies gilt sowohl für Wohn- wie für Nichtwohngebäude.

Im Folgenden wird anhand einer auf der Außenwand aufliegenden Stahlbetondecke unter verschiedenen Konditionen, die sowohl den Neubau als auch das Bauen im Bestand berücksichtigen, der Einfluss teilweise auf den ersten Blick geringfügig erscheinender Varianten dargestellt.

Für Fall A bis D gelten die Innentemperatur von 20 °C, die Außentemperatur von -5 °C und eine lichte Raumhöhe von 2,50 m.

Die Wärmeflussdichte [$W/m^2K$] stellt die Wärmemenge [Ws], auf den Querschnitt des Bauteils [$m^2$] bezogen, über die Zeit [s] dar. In der grafischen Darstellung geben Länge und Farbe der Vektoren den Wert der Wärmeleistung pro Flächeneinheit an, die in Pfeilrichtung fließt. Die Wärmeflussdichte ist proportional zum U-Wert:

$$U \approx \frac{q}{\Delta\Theta}\left[W/m^2K\right]$$

**Fall A**

OKFF = + 2,76 m

Wandaufbau: Außenputz, d = 1,5 cm, $\lambda$ = 0,87 W/mK, Mauerwerk, d = 49 cm, $\lambda$ = 0,81 W/mK, Innenputz, d = 1 cm, $\lambda$ = 0,87 W/mK

Deckenaufbau: Stahlbetondecke, d = 18 cm, $\lambda$ = 2,10 W/mK, Dämmung, d = 4 cm, $\lambda$ = 0,04 W/mK, Estrich, d = 4 cm, $\lambda$ = 2,10 W/mK

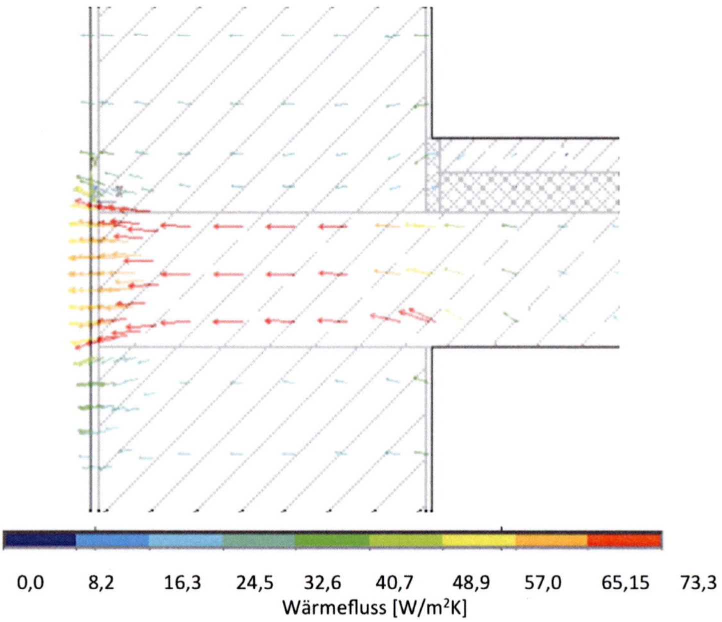


***Bild 11:*** *Wärmeflussdichte Fall A (Quelle: Dr. Norbert Götschmann (FEM-Berechnung und Darstellung))*

Die roten Vektoren in Bild 4 im Bereich der Betondecke weisen gem. Skala eine Flussdichte auf, die größer ist als 65 W/m². Im Wandbereich ohne Wärmebrücke liegt der Wert zwischen 16 und 30 W/m², im Deckenbereich im Mittel bei 33 W/m². Durch die laterale Wärmeleitung verteilt sich die Wärme im Außenputz gleichmäßiger und deshalb ist das Maximum der Wärmeflussdichte an der Außenfläche kleiner als 60 W/m² (s. Abb. 13).

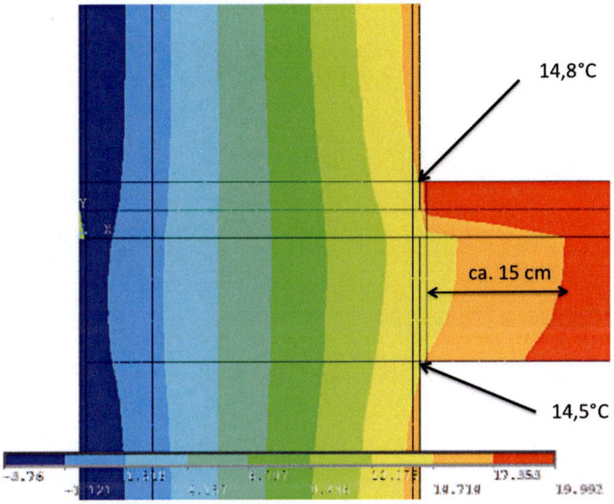


***Bild 12:*** *Temperaturverlauf Fall A (Quelle: Dr. Norbert Götschmann (FEM-Berechnung und Darstellung))*

Im Temperaturverlauf zeigt sich die Gefahr der geringen Oberflächentemperaturen im Anschluss des Deckenaufbaus an die Außenwand, insbesondere an der Unterkante der Stahlbetonecke. In der Berechnung wurden Innentemperaturen von 20 °C angesetzt; aus der Nutzung resultierende geringere Temperaturen führen hier zur Erreichung oder sogar Unterschreitung der Taupunkttemperatur von 12,6 °C.

**Fall B**

OKFF = + 2,76 m

Wandaufbau: Wärmedämmputz, d = 3 cm, $\lambda$ = 0,065 W/mK, Mauerwerk, d = 49 cm, $\lambda$ = 0,81 W/mK, Innenputz, d = 1 cm, $\lambda$ = 0,87 W/mK

Deckenaufbau: Stahlbetondecke, d = 18 cm, $\lambda$ = 2,10 W/mK, Dämmung, d = 4 cm, $\lambda$ = 0,04 W/mK, Estrich, d = 4 cm, $\lambda$ = 2,10 W/mK

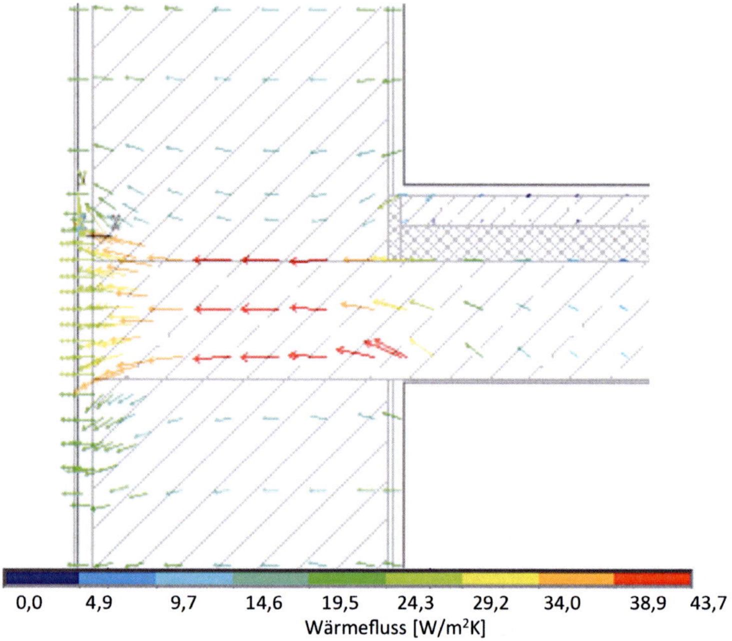


***Bild 13:*** *Wärmeflussdichte Fall B (Quelle: Dr. Norbert Götschmann (FEM-Berechnung und Darstellung))*

Wird der normale Außenputz durch 3 cm Wärmedämmputz ersetzt, wird die Wärmeflussdichte auf 20 W/m$^2$ i. M. reduziert.

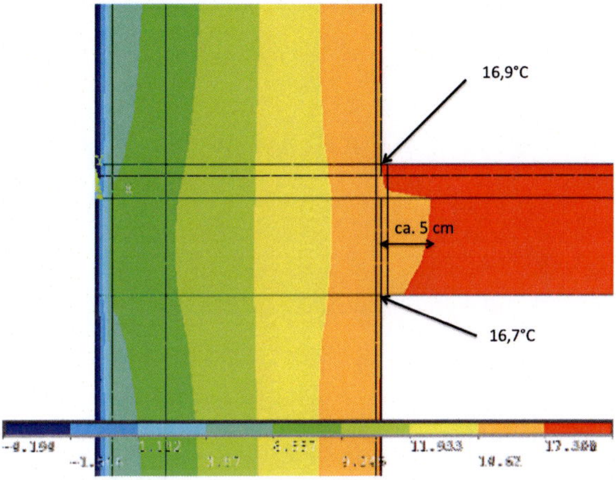


***Bild 14:*** *Temperaturverlauf Fall B (Quelle: Dr. Norbert Götschmann (FEM-Berechnung und Darstellung))*

Durch die Verringerung der durchschnittlichen Wärmeflussdichte erhöhen sich die Temperaturen an den Anschlusspunkten des Deckenaufbaus an die Außenwand um ca. 2 °C.

**Fall C**

OKFF = + 2,80 m

Wandaufbau: Außenputz, d = 1,5 cm, λ = 0,87 W/mK, Mauerwerk, d = 49 cm, λ = 0,81 W/mK, Innenputz, d = 1 cm, λ = 0,87 W/mK

Deckenaufbau: Stahlbetondecke, d = 18 cm, λ = 2,10 W/mK, Dämmung, d = 8 cm, λ = 0,04 W/mK, Estrich, d = 4 cm, λ = 2,10 W/mK

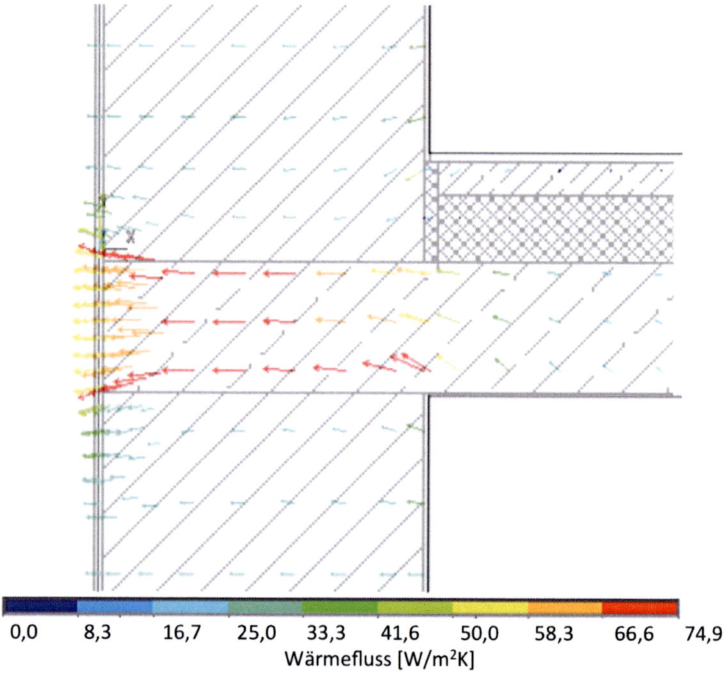


***Bild 15:*** *Wärmeflussdichte Fall C (Quelle: Dr. Norbert Götschmann (FEM-Berechnung und Darstellung))*

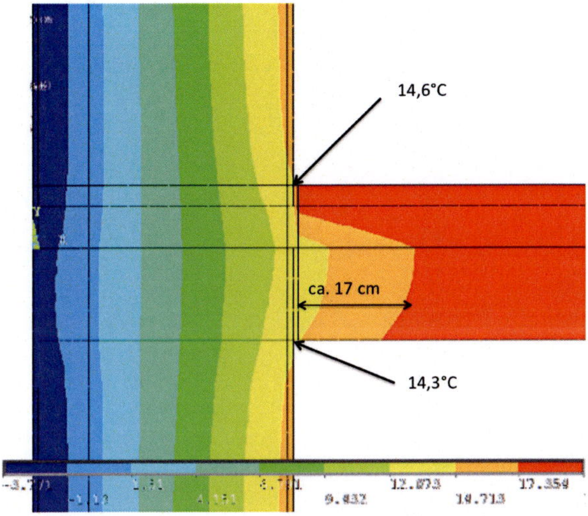


***Bild 16:*** *Temperaturverlauf Fall C (Quelle: Dr. Norbert Götschmann (FEM-Berechnung und Darstellung))*

Die Vergrößerung der Dämmschicht im schwimmenden Estrich im Vergleich zu Fall A bringt hingegen keine wesentliche Verbesserung des Wärmeflusses, im Gegenteil verringern sich die innenseitigen Oberflächentemperaturen sowie die Temperatur innerhalb der Decke.

**Fall D**

OKFF = + 2,80 m

Wandaufbau: Außenputz, d = 1,5 cm, λ = 0,87 W/mK, Dämmung, d = 10 cm, λ = 0,04 W/mK, Mauerwerk, d = 36,5 cm, λ = 0,81 W/mK, Innenputz, d = 1 cm, λ = 0,87 W/mK

Deckenaufbau: Stahlbetondecke, d = 18 cm, λ = 2,10 W/mK, Dämmung, d = 8 cm, λ = 0,04 W/mK, Estrich, d = 4 cm, λ = 2,10 W/mK

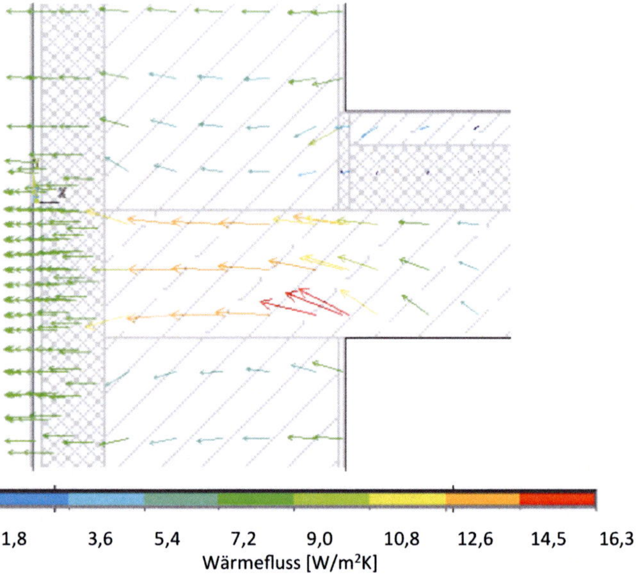


***Bild 17:*** *Wärmeflussdichte Fall D (Quelle: Dr. Norbert Götschmann (FEM-Berechnung und Darstellung))*

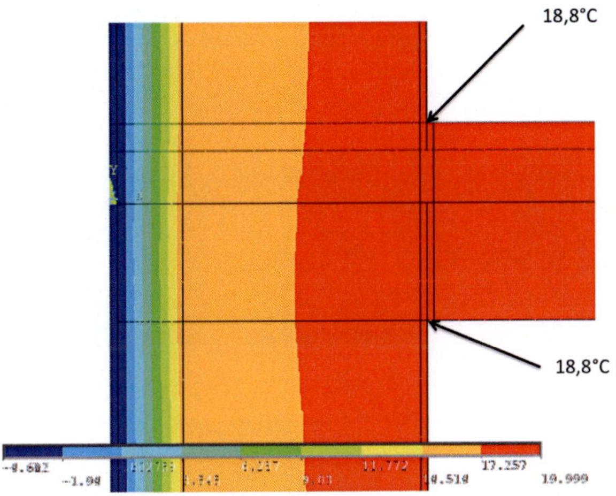


***Bild 18:** Temperaturverlauf Fall D (Quelle: Dr. Norbert Götschmann (FEM-Berechnung und Darstellung))*

Hier wird deutlich, dass durch die umlaufende Wärmedämmung die Verlustleistungsdichte gering ist (ca. 8 W/m²).

Der Vergleich der Varianten zeigt auf, wie die Wärmeflussdichte den Umfang der Wärmebrücken beeinflusst.

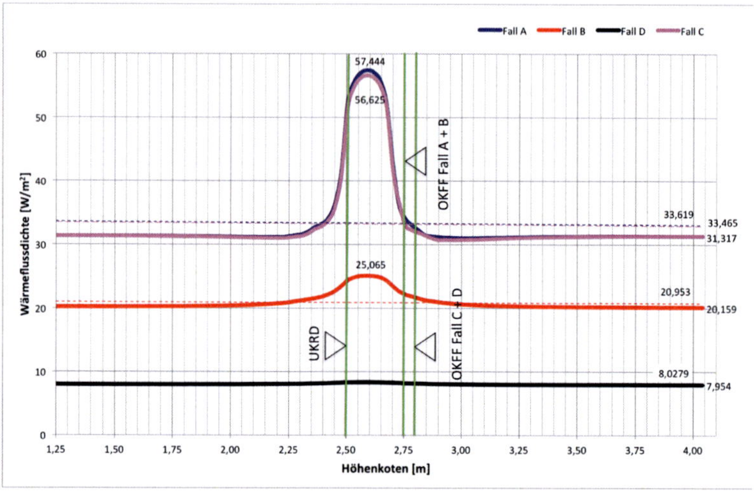


***Bild 19:** Wärmeflussdichte im Vergleich (Quelle: Dr. Norbert Götschmann (FEM-Berechnung und Darstellung))*

Relevant ist besonders die Oberflächentemperatur an den Innenseiten, auch im Hinblick auf den Anschluss an den Gebäudeecken, wo die dritte Dimension Einfluss nimmt.

Nicht nur die rein planerisch-konstruktive Betrachtung von Wärmebrücken, sondern insbesondere die rechnerische Berücksichtigung wirken sich u. U. stark auf die Energieeffizienz eines Gebäudes wie auch die feuchtetechnischen Konsequenzen – im Extremfall Schimmelbefall – aus und können fallweise eine Verringerung von Dämmstärken, d. h. Kosteneinsparung und Flächengewinn, zur Folge haben.

## 1.4.10 Feuchteschutz

Wärmeschutzmaßnahmen müssen insbesondere bei Innendämmung immer in Verbindung mit dem Feuchteschutz betrachtet werden.

Die Feuchteschutzberechnungen erfolgen nach DIN 4108-3, die inzwischen durch die Weiterentwicklung der Innendämmsysteme bei vielen Bauphysikern als überholt gilt.

Der Verschiebung des Taupunkts und der dadurch entstehenden Feuchtigkeit im Bauteil wirken die Innendämmsysteme auf unterschiedliche Art entgegen.

Kondensatverhindernde Innendämmung wirkt der Tauwasserbildung durch diffusionsdichte Schichten entgegen. Hierzu sind dampfdichte Dämmstoffe erforderlich. Allerdings besteht keine Möglichkeit der Austrocknung zur Innenseite.

Kondensatbegrenzende Systeme schränken die Tauwasserbildung durch Diffusionshemmung ein. In Kauf genommen werden unkritische Feuchteeinträge durch kühle Außentemperaturen, die bei warmen Außentemperaturen entsprechend verdunsten können.

Durch Einsatz diffusionsoffener bzw. kapillaraktiver Baustoffe wirkt die Innendämmung kondensattolerierend. Um die Austrocknung in beiden Richtungen zu ermöglichen, ist auf eine exakte Ausführung nach Herstellerangaben zu achten. Anfallende Feuchte wird kapillar an die Innenseite der Außenwand zurücktransportiert, sodass die relative Luftfeuchte im Raum reguliert wird.

Diffusionsoffene Materialien nehmen Feuchtigkeit auf, sie haben einen geringeren Widerstand gegen den Dampfdruck, können aber dennoch luftdicht sein (Beispiel: Innenputz).

Die Einteilung der Baustoffe nach ihrer Diffusionsdichtheit erfolgt durch die wasserdampfdiffusionsäquivalenten Luftschichtdicken $s_d$ [m], die der Bauteilschicht eine Luftschicht mit gleichem Wasserdampf-Diffusionswiderstand gegenüberstellen:

| | |
|---|---|
| diffusionsoffen | $s_d \leq 0{,}5$ m |
| diffusionshemmend | $0{,}5$ m $< s_d <$ 1.500 m |
| diffusionsdicht | $s_d \geq$ 1.500 m |

Ermittelt wird $s_d$ aus der Wasserdampf-Diffusions-Widerstandszahl des Baustoffs und seiner Schichtdicke:

$$s_d = \mu\,[-] \times d\,[m]$$

Eine 2 mm dicke PE-Folie hat beispielsweise mit einem $s_d$-Wert von 20,00 m einen ungefähr zehnmal größeren Widerstand als ein 1,5 cm dicker Kalkputz mit 0,23 m.

Der mittlere Wassergehalt einer Außenwand beträgt ohne Schlagregenbelastung ca. 2 bis 3 kg/m², bei Einbau einer Dampfbremse (diffusionshemmende Schicht) ca. 1 kg/m². Fällt Schlagregen an, erhöhen sich die Werte ohne Dampfbremse auf ca. 7 – 8 kg/m², mit Dampfbremse auf ca. 6 kg/m².

Der Schlagregenschutz ist damit ebenfalls ein wesentlicher Bestandteil der energetischen Sanierung. Bei Sichtmauerwerk kann er, besonders an Nord- bis Westfassaden, durch eine wasserabweisende Oberflächenbehandlung, bei sonstigem Mauerwerk durch eine entsprechende intakte Putzschicht gewährleistet werden.

Weiterhin sind bei der Innendämmung die entstehenden Wärmebrücken durch einbindende Wände und Decken zu berücksichtigen bzw. ebenfalls zu dämmen (Flankendämmung, Dämmkeile etc.).

Als Grundlage zum Nachweis des Mindestwärmeschutzes nach DIN 4108-2 dient der Oberflächentemperaturfaktor:

$$f_{Rsi} = \frac{(\theta_{si} - \theta_e)}{(\theta_i - \theta_e)} \leq 0,7$$

$\Theta_{si}$ – Innenoberflächentemperatur

$\Theta_e$ – Außenlufttemperatur

$\Theta_i$ – Innenlufttemperatur

Bei einem Oberflächentemperaturfaktor von 0,7 liegt die Innenoberflächentemperatur bei 12,6 °C, wobei eine relative Luftfeuchte von 80 % erreicht wird. Oberhalb dieses Feuchtewerts ist mit Schimmelpilzbildung zu rechnen.

Weiterhin ist besonderes Augenmerk auf die Laibungsdämmung (Transmissionswärmeverluste) und den Anschluss an die Fenster zu richten. Durch die Verschiebung der Mittelachse der Wandkonstruktion muss ggf. die Einbauebene der Fenster ebenfalls verschoben werden, was im Rahmen des Denkmalschutzes häufig problematisch ist.

### 1.4.11 Hygrothermie

Gem. DIN EN 15026 können hygrothermische Simulationen durchgeführt werden. Hierbei werden alle Faktoren der Feuchteentstehung berücksichtigt:

- Äußere Einflüsse
  - Raum- und Außenlufttemperatur
  - Raum- und Außenluftfeuchte
  - Wind und Niederschlag
  - Sonneneinstrahlung
- Innere Einflüsse
  - Wärmespeicherung und -leitung
  - zeitweilige Strahlungswärme (Sonneneinstrahlung)
  - Feuchtespeicherung und -transport

Diese Simulation wird alternativ zum Glaser-Verfahren (DIN 4108) angewandt, da hier alle Wärme- und Feuchteverhältnisse sowie ihre gegenseitigen Einflüsse berücksichtigt werden. Hierdurch können die Feuchteeinträge ebenso wie die Trocknungsbedingungen ermittelt werden.

## 1.4.12 Übersicht Dämmstoffe

***Tabelle 7:*** *Eigenschaften gängiger Wärmedämm-Materialien (Ingrid Kaiser)*

| Dämmstoff | Eigenschaften allgemein | Wärmeleitfähigkeit λ W/(mK) | Brandverhalten |
|---|---|---|---|
| Glaswolle | - Schallschutz-geeignet<br>- resistent gegen Schimmel, Fäulnis und Ungeziefer | 0,030 bis 0,040 | A1, A2 |
| Steinwolle | - Resistenz gegen Fäulnis, Ungeziefer und Schimmel<br>- unverrottbar<br>- leicht zu verarbeiten (Staubmaske verwenden!)<br>- diffusionsoffen<br>- deponiefähig<br>- sehr feuchtigkeitsempfindlich<br>- nicht kompostierbar | 0,030 bis 0,040 | A1, A2 |
| EPS | - einfach zu verarbeiten<br>- feuchtebeständig<br>- unverrottbar<br>- resistent gegen Ungeziefer<br>- starke Rauchbildung bei Brand<br>- nicht UV-beständig<br>- relativ diffusionsdicht | 0,020 bis 0,040 | B1, B2 |
| Holzfasern | - guter Schallschutz<br>- gute Wärmespeicherung<br>- diffusionsoffen<br>- Schadstoffabgabe bei bitumierten Platten | 0,040 bis 0,055 | B2 |

***Tabelle 7:*** *Eigenschaften gängiger Wärmedämm-Materialien (Ingrid Kaiser)*

| Dämmstoff | Eigenschaften allgemein | Wärmeleitfähigkeit $\lambda$ W/(mK) | Brandverhalten |
|---|---|---|---|
| Kork | - diffusionsoffen<br>- schädlingsresistent<br>- gute Schalldämmung<br>- gute Wärmespeicherfähigkeit<br>- sehr belastbar<br>- unempfindlich gegen Feuchtigkeit<br>- alterungsbeständig<br>- verrottungsresistent<br>- fäulnisresistent<br>- nicht kompostierbar<br>- unterliegt Setzungen | 0,045 | (B2) |
| Kokosfasern | - bruch- und reißfest<br>- hochelastisch<br>- guter Schallschutz<br>- diffusionsoffen<br>- resistent gegen Verrottung<br>- feuchtigkeitsausgleichend und feuchtebeständig<br>- fäulnissicher<br>- formbeständig<br>- elektrostatisch nicht aufladbar | 0,045 | B2 |
| Baumwolle | - elastisch<br>- leicht zu verarbeiten<br>- nicht feuchtebeständig<br>- nicht sehr schimmelpilzresistent | 0,040 bis 0,54 | B1, B2 |
| (Bläh-)Perlit | - unverrottbar<br>- leicht<br>- feuchtigkeitsregulierend<br>- als verdichtete Schüttung hoch belastbar<br>- gute Rieselfähigkeit<br>- hoch temperaturbeständig | 0,050 bis 0,055 | A1 |

***Tabelle 7:*** *Eigenschaften gängiger Wärmedämm-Materialien (Ingrid Kaiser)*

| Dämmstoff | Eigenschaften allgemein | Wärmeleitfähigkeit λ W/(mK) | Brandverhalten |
|---|---|---|---|
| Blähton | - beständig gegen Feuchte und Frost<br>- Feuchtigkeits- und Wärmespeicherfähigkeit<br>- diffusionsoffen<br>- guter Schallschutz<br>- verrottungssicher und schädlingsresistent<br>- wenig Schimmelpilzresistenz | 0,07 bis 0,16 | A1 |
| Silikatschaum | - hydrophob, brand- und verrottungsbeständig | 0,034 bis 0,070 | A1, A2 |

# 1.5 Standsicherheit

Gem. § 3 Musterbauordnung (MBO) sind Eigentümer von baulichen Anlagen verpflichtet, diese *„so anzuordnen, zu errichten, zu ändern und instand zu halten, dass die öffentliche Sicherheit und Ordnung, insbesondere Leben, Gesundheit und die natürlichen Lebensgrundlagen, nicht gefährdet werden; …“*. Im Weiteren wird auf die Verordnung (EU) Nr. 305/2011, Anhang I „Grundanforderungen an Bauwerke“, verwiesen. Hierin steht die Standsicherheit an erster Stelle:

*„… 1. Mechanische Festigkeit und Standsicherheit*

*Das Bauwerk muss derart entworfen und ausgeführt sein, dass die während der Errichtung und Nutzung möglichen Einwirkungen keines der nachstehenden Ereignisse zur Folge haben:*

a) *Einsturz des gesamten Bauwerks oder eines Teils*
b) *größere Verformungen in unzulässigem Umfang*
c) *Beschädigungen anderer Teile des Bauwerks oder Einrichtungen und Ausstattungen infolge zu großer Verformungen der tragenden Baukonstruktion*
d) *Beschädigungen durch ein Ereignis in einem zur ursprünglichen Ursache unverhältnismäßig großen Ausmaß. …“*

## 1.5.1 Einwirkende Lasten

Zu den ständigen Lasten zählen zunächst die **Eigenlasten**. Als ständige Last muss die Gewichtskraft (Masse x Erdbeschleunigung ≈ 9,81 m/s$^2$) aller Bauteile berücksichtigt werden. Sie bildet die Grundlagen für die statische Berechnung aller Lasten am leer stehenden Gebäude, von oben nach unten, zur Abtragung der Lasten auf den Baugrund. Hierzu wird für alle Bauteile und deren unterschiedliche Schichten die Druckskraft in kN/m$^2$ aus Tabellen ermittelt und für jedes Bauteil addiert.

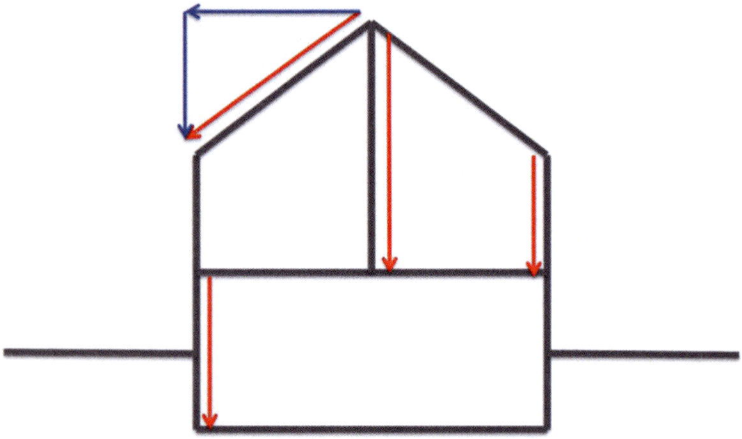

***Bild 1:*** *Eigen- und Schneelasten (Quelle: Ingrid Kaiser)*

Hinzu kommen die sich aus der Nutzung ergebenden **Nutzlasten** (früher Verkehrslasten), die durch den jeweiligen Gebrauch des Gebäudes entstehen. Hierzu zählen zunächst alle Einrichtungsgegenstände, weiterhin die Gewichtskraft der Nutzer als sog. ruhende Lasten. Maschinen, Fahrzeuge, Gabelstaplerbetrieb, Hoch- und Schwerlastregale etc. müssen gesondert berücksichtigt werden. Gehen bspw. von Maschinen durch ihren Betrieb Schwingungen aus, gehen sie mit entsprechenden Beiwerten als dynamische Lasten in die Berechnung ein. Horizontale Lasten treten insbesondere durch Fahrzeuge auf; die hier einzukalkulierenden Anpralllasten müssen, z. B. in Parkhäusern, durch Schutzmaßnahmen am gefährdeten Bauteil abgefangen werden können.

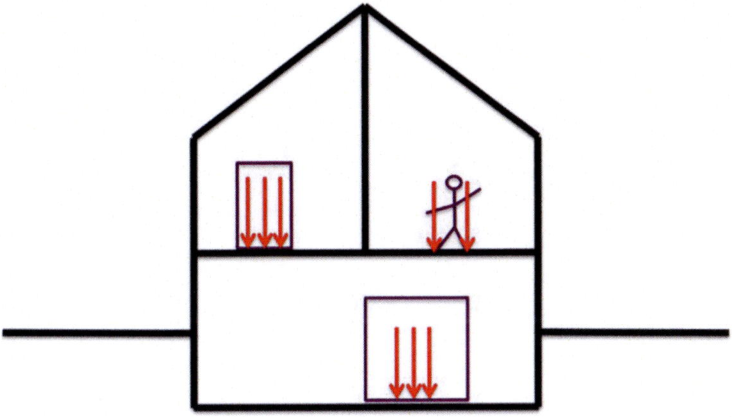

***Bild 2:** Nutzlasten (Quelle: Ingrid Kaiser)*

***Tabelle 1:** Verkürzte Darstellung der Nutzlasten (Ingrid Kaiser gem. EC 1, DIN EN 1991-1-1)*

<table>
<tr><th>Kategorie</th><th>Nutzung</th><th>Nutzlast (lotrecht, gleichmäßig verteilt) [kN/m²]</th></tr>
<tr><td>A</td><td>Spitzböden (begehbar, nicht nutzbar), Wohn- und Aufenthaltsräume</td><td>1,0 bis 2,0</td></tr>
<tr><td>B</td><td>Büro-, Arbeitsflächen, Flure</td><td>2,0 bis 5,0</td></tr>
<tr><td>C</td><td>Versammlungsräume</td><td rowspan="2">3,0 bis 5,0</td></tr>
<tr><td>D</td><td>Verkaufsräume</td></tr>
<tr><td>E</td><td>Fabriken, Werkstätten, Lagerräume, Ställe</td><td>5,0 bis 7,5</td></tr>
<tr><td>T</td><td>Treppen inkl. Podeste</td><td>3,0 bis 7,5</td></tr>
<tr><td>Z</td><td>Zugänge, Podeste, Balkone u. Ä.</td><td>4,0</td></tr>
</table>

**Wind- und Schneelasten** sind witterungsbedingte Lasten und damit regional unterschiedlich, daher existieren für Deutschland Windzonen- und Schneelastzonenkarten.

Für die Windlast sind vier Zonen festgelegt; zusätzlich müssen die Windgeschwindigkeit und der Geschwindigkeitsdruck nach der topografischen Lage berücksichtigt werden. Hierzu stehen vier Geländekategorien zur Verfügung, die die Rauigkeit der Landschaft berücksichtigen. Je mehr freie Fläche zur Verfügung steht, desto höher die Windgeschwindigkeit.

Geländekategorien für die Bemessung der Windlast in Deutschland:

- Geländekategorie I: offene See, Seen mit min. 5 km freier Fläche in Windrichtung, glattes flaches Land ohne Hindernisse
- Geländekategorie II: Gelände mit Hecken, einzelnen Gehöften, Häusern oder Bäumen, z. B. landwirtschaftliche Gebiete
- Geländekategorie III: Vorstädte, Industrie- oder Gewerbegebiete, Wälder
- Geländekategorie IV: Stadtgebiete, bei denen min. 15 % der Fläche mit Gebäuden bebaut sind, deren mittlere Höhe 15 m überschreitet

Entsteht auf der Windseite Druck, so ergibt sich auf der dem Wind abgewandten Seite Sogwirkung, da durch den Unterdruck Luft aus dem Gebäude gesaugt wird.

Für Schneelasten spielt neben den deutschen Schneelastzonen die Geländehöhe über Normal-Null eine Rolle, da Schneefälle in höheren Regionen früher und ausdauernder einsetzen und länger andauern. Abhängig von den Witterungsverhältnissen und der Topografie besteht weiterhin die Gefahr, dass Bauteile vereisen.

Versprünge und Aufkantungen der waagerechten oder geneigten Gebäudeflächen sind höheren Anforderungen ausgesetzt, da sich hier durch Verwehungen größere Schnee- und damit auch Eismengen ansammeln können.

Eine besondere Gefahr für die Verkehrssicherheit bilden Schneeüberhänge am Dachrand, die bei Vereisung oder zunächst einsetzendem Tauwetter mit anschließend erneutem Frost z. T. große und schwere Eiszapfen bilden, die durch ihr Gewicht zu einem bestimmten Zeitpunkt abbrechen können.

**Erdlasten** sind naturgemäß die Kellerwände ausgesetzt, die die entstehenden Biegespannungen aufnehmen müssen. Das gesamte Gebäude kann aber auch durch Auftrieb des Bodens gefährdet sein. Auftrieb entsteht in Zusammenhang mit Wasser im Boden, entweder durch Grundwasser oder durch starke Regenfälle. Besonders in Moorgebieten macht die Bodeneigenschaft besondere Gründungsmaßnahmen erforderlich.

Die Lastverteilung erfolgt je nach Einwirkung auf die Bauteile auf unterschiedliche Art. Bei den anfallenden Lasten werden **Flächenlasten, Streckenlasten und Punktlasten** unterschieden. Flächenlast entsteht z. B. durch Beläge auf Flachdächern und Decken, die gleichmäßig auf die gesamte Fläche einwirken. Streckenlasten gehen von Wänden aus, die auf Decken aufstehen, während Punktlasten eine möglicherweise hohe Last – z. B. durch eine Stütze mit weiteren Lasten von oben – auf einem relativ geringen Querschnitt auf die darunterliegende Decke ausüben. Gleiches gilt für Ausstattungsgegenstände wie Regale mit hohen Lasten auf Einzelfüßen.

## 1.5.2 Einwirkende Kräfte

Auf Bauteile einwirkende Kräfte bewirken zunächst Spannungen, die dann zu Verformungen und nach Erreichen der Festigkeit des jeweiligen Baustoffs zum Bruch führen.

Dehnung bei Zugkraft und Stauchung bei Druckkraft und ihre Auswirkungen, z. B. Beulen, hängen von der Elastizität bzw. Plastizität der Baustoffe ab. Elastische Baustoffe gehen nach Beendigung der Belastungen in die ursprüngliche Form zurück, plastische dagegen bleiben dauerhaft verformt. Sprödigkeit bzw. Zähigkeit geben Aufschluss über die Bruchneigung von Baustoffen.

Balken, Decken, Stürze und Träger werden durch senkrechte Lasten auf Biegung beansprucht. Hierbei entstehen auf der Oberseite – Einwirkungsseite der Last – Druckkräfte, auf der Unterseite Zugkräfte. Zusätzlich wirken auf diese Bauteile Schubkräfte, besonders wenn sie aus mehreren Lagen bestehen, die sich dann gegeneinander verschieben können.

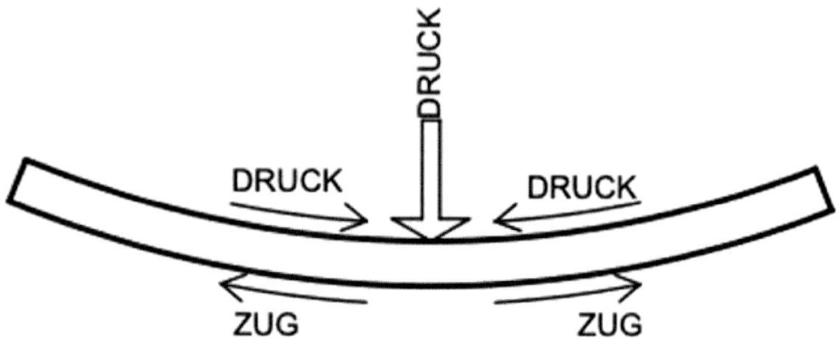


***Bild 3:** Biegung (Quelle: Ingrid Kaiser)*

Knickbeanspruchung sind schlanke Bauteile wie Pfeiler und Stützen bei senkrechter Lasteinwirkung ausgesetzt. Die Knickfestigkeit ist vom Baustoff, dem Querschnitt, der Art der Lagerung und der Knicklänge abhängig.

Auf Verbindungsteile waagerechter Bauteile mit senkrechtem Lastanfall wirken Scherkräfte senkrecht auf die Längsachse des Bauteils.

Wirkt eine Drehkraft auf ein Bauteil, entsteht ein Drehmoment senkrecht zur Längsachse. Hierdurch entsteht Torsionsbeanspruchung.

Bei waagerecht auf Wände oder Stützen einwirkenden Kräften besteht entweder die Gefahr des Kippens oder des Gleitens. Sobald die angreifende Kraft und damit das Kippmoment größer ist als das Standmoment, kann das Bauteil nicht standhalten. Ähnlich ist die Auswirkung des Gleitens, wobei hier der kraftschlüssige Verbund mit den darüber- und darunterliegenden Bauteilen eine zusätzliche Rolle spielt.

### 1.5.3 Tragelemente und -systeme

Auch wenn häufig von der „Statik“ gesprochen wird, ist diese nur Teilbereich der physikalischen Bedingungen.

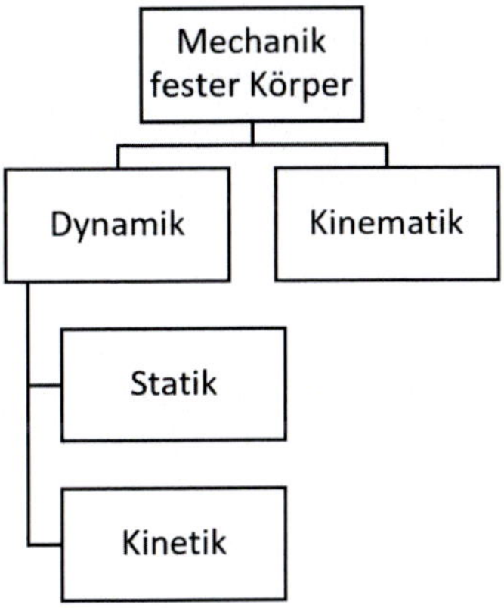


***Bild 4:*** *Systematik der Lehre von Kräften und Bewegung (Quelle: Ingrid Kaiser)*

Unter Dynamik wird die Lehre von den Kräften verstanden, wobei die Statik die Lehre vom Gleichgewicht der Kräfte und die Kinetik die Lehre von der Bewegung unter Kraft-Einfluss ist. Die Kinematik hingegen ist als Lehre von den Bewegungen definiert.

Grundsätzlich werden folgende Elemente und Systeme unterschieden:

- Nach der Geometrie und Belastung
  - Flächentragwerke – Seitenlängen wesentlich größer als die Dicke
    - Scheibe – Belastung in ihrer Ebene
    - Platte/Schale (gekrümmte Platte) – Belastung senkrecht zur Achse
    - Faltwerk – starr miteinander verbundene Scheiben oder Platten

  - Stabtragwerke
    - Stab – Zug- und Druckbelastung in Achsrichtung
    - Balken/Bogen (= gekrümmter Balken) – Belastung quer zur Achse und Biegerichtung
    - Rahmen – biegesteif miteinander verbundene Stäbe und Balken
    - Fachwerk – mit reibungsfreien Gelenken verbundene Stäbe und Balken
- Nach der Lage
  - Tragwerke in der Ebene
  - Tragwerke im Raum

Flächentragwerke finden sich im klassischen Massivbau im Zusammenspiel von flächigen Tragkonstruktionen wie Wänden und Decken, Stab- und Balkentragwerke beispielsweise im Fachwerk und Skelettbau.

### 1.5.4 Baugrund – Kostengruppe 310 gem. DIN 276

Alle Lasten aus dem Gebäude werden über die Gründung in den Baugrund abgeleitet, der unterschiedlich tragfähig sein kann. Bauwerke aller Art belasten den Baugrund, die jeweilige Bodenpressung muss vom vorhandenen Baugrund aufgenommen werden können. Baugrund ist gewachsener Boden aus nichtbindigen Böden (Kiese, Sande, Steine), bindigen Böden (Lehm, Ton, Mergel) oder organischen Böden (Schlamm, Torf), Fels als dichtes, festgelagertes Gestein oder leichter Fels, geschütteter Boden als unverdichtete oder verdichtete Schüttung.

Nach dem zum Lösen erforderlichen Arbeitsaufwand wurden bis 2015 gem. DIN 18300 die Boden- und Felsarten in sieben Klassen eingeteilt:

***Tabelle 2:*** *Bodenklassen (Ingrid Kaiser gem. DIN 18300 alt [außer Kraft!])*

| Bodenklasse | Bezeichnung | Beispiele |
|---|---|---|
| 1 | Oberboden | Humus mit Bodenlebewesen, Kies, Sand, Schluff, Ton |
| 2 | fließende Bodenarten | flüssig, breiig, wasserhaltend |
| 3 | leicht lösbare Bodenarten | nichtbindig, schwachbindig, Sand, Kies, Sand-Kies-Gemisch |
| 4 | mittelschwer lösbare Bodenarten | bindig; gemischter Sand, Kies, Schluff, Ton |
| 5 | schwer lösbare Bodenarten | wie Klasse 3 + 4, jedoch größere Korngrößen, plastische Tone, weich, halbfest |
| 6 | leicht lösbarer Fels u. Ä. | mineralisch gebundener Fels, stark klüftig, brüchig, weich, verwittert |
| 7 | schwer lösbarer Fels | Fels mit hoher Festigkeit, wenig klüftig, wenig verwittert |

Die seit 2015 geltende DIN 18300 geht über die Eigenschaften hinsichtlich des Lösens der Böden beim Aushub hinaus und unterscheidet zunächst nach nicht einheitlich definierten Untergruppen zu den beiden Obergruppen A und B (Homogenbereiche), die jeweils für den vorgefundenen Boden differenziert werden. Im nächsten Schritt werden die Bodeneigenschaften individuell hinsichtlich geplanter Baumaßnahmen unterteilt:

- BA – Bohrarbeiten
- DA – Düsenstrahlarbeiten
- EA – Erdarbeiten
- HBA – Horizontalspülarbeiten
- LA – Landschaftsbauarbeiten
- NA – Nassbaggerarbeiten
- RA – Ramm-, Rüttel- und Pressarbeiten
- RVA – Rohrvortriebsarbeiten
- SA – Schlitzwandarbeiten
- UA – Untertagebauarbeiten

Die physikalischen Eigenschaften der Böden hängen hauptsächlich von der Korngröße ab. Bei bindigen Böden ist die Tragfähigkeit vom Wassergehalt abhängig. Höhere Wassergehalte vermindern die Tragfähigkeit; sie ist abhängig von der inneren Reibung: Je höher die innere Reibung, desto höher die Tragfähigkeit. Bindige Böden setzen sich langsam, aber um große Setzungsbeträge. Nichtbindige Böden setzen sich schnell und nur wenig, sie sind kapillar und deshalb frostgefährdet. Saubere nichtbindige Bodenarten dagegen sind frostsicher.

Über die Gründung werden die gesamten Lasten aus dem Gebäude und der Nutzung auf den Baugrund übertragen. Hierdurch wird der Boden zusammengedrückt und verformt sich, das Gebäude senkt sich damit ab. Ist diese Setzung gleichmäßig, entsteht keine Gefährdung; bei ungleichmäßigen Setzungen durch unterschiedliche Baugrundschichten werden Setzungsrisse hervorgerufen, die im Extremfall zu Schäden am gesamten Gebäude führen. Vor Beginn jeder Baumaßnahme sollte der Baugrund erkundet werden, das Baugrundrisiko trägt immer der Bauherr! Grundlage für die Beurteilung des Baugrunds können zunächst vergleichende Beobachtungen und Kartenwerke sein, ergänzt durch örtliche Schürfe und Bohrungen.

Durch Abtreppung von Schürfgruben ist das Erkennen der Schichten und deren Bodenarten durch In-Augenschein-Nahme möglich. Diese Baugrunduntersuchung ist i. d. R. bis zu einer Tiefe von 6 m wirtschaftlich. Ist eine Bodenuntersuchung im Grundwasserbereich oder in größeren Tiefen erforderlich, werden Probebohrungen durchgeführt. Durch Sondierungen wird die Lagerungsdichte des Bodens und damit auch die Bodenart ermittelt. Sie werden meist in Verbindung mit anderen Verfahren eingesetzt. Je nach Umgebungsvariablen, z. B. bei Wasserläufen, muss der Abstand der Aufschlüsse sehr eng, beispielsweise 5,00 m, gewählt werden, während der übliche Abstand, je nach Größe der zu bebauenden Fläche, bis ca. 25,00 m beträgt.

Ist der Baugrund insgesamt nicht tragfähig, wird zunächst die Möglichkeit des Bodenaustauschs untersucht; hierbei werden die nicht tragfähigen Schichten entfernt und durch tragfähige, z. B. Kies, ersetzt. Der Boden kann auch durch Verringerung des Porenanteils mittels Rüttel- oder Fallgeräten verdichtet werden. Alternativ können die Poren durch Einbringen von Injektionen (Mörtel, Pasten, Emulsionen u. Ä.) unter Druck geschlossen werden. Sind die genannten Maßnahmen bei nicht tragfähigem Baugrund nicht sinnvoll/möglich, sind an Stelle der klassischen Flachgründung (Einzelfundamente, Streifenfundamente, Bodenplatten) Pfahlgründungen o. ä. Maßnahmen erforderlich. Wird z. B. aus Kosteneinsparungsgründen auf ein Baugrundgutachten verzichtet, drohen zum einen bei Beginn der Aushub-Arbeiten mit Erkennen von nicht ausreichend tragfähigem Baugrund z. T. extreme Bauzeit-Verzögerungen, zum anderen ohne Erkennung von Gefahren aus dem Baugrund kurz- oder längerfristige Setzungen von Teilen des Gebäudes bis hin zum Extrem-Fall des Einsturzes. Gleichzeitig werden bei der Baugrund-Untersuchung eventuelle Kontaminationen („Altlasten“) des Bodens festgestellt.

Neben der Tragfähigkeit des Baugrunds als Grundlage für die statische Berechnung für das Gebäude liefert das Gutachten auch Hinweise zu den Wasserverhältnissen auf dem Grundstück. Hierzu gehören der Grundwasserspiegel und die Versickerungsfähigkeit des Bodens. Sind beispielsweise wasserundurchlässige Schichten vorhanden, kann bei Starkregen das Niederschlagswasser nicht versickern, staut sich an der Geländeoberfläche und schädigt den Sockelbereich bzw. dringt in das Gebäude ein. Dementsprechend sind die erforderlichen Abdichtungsmaßnahmen erforderlich (siehe Kapitel 1.2 Feuchteschutz). Gleichzeitig müssen während der Bauzeit entsprechende Wasserhaltungsmaßnahmen ergriffen werden.

### 1.5.5 Gründung – Kostengruppe 320 gem. DIN 276

Die Gründung oder Fundamentierung von Gebäuden kann wie folgt unterteilt werden:

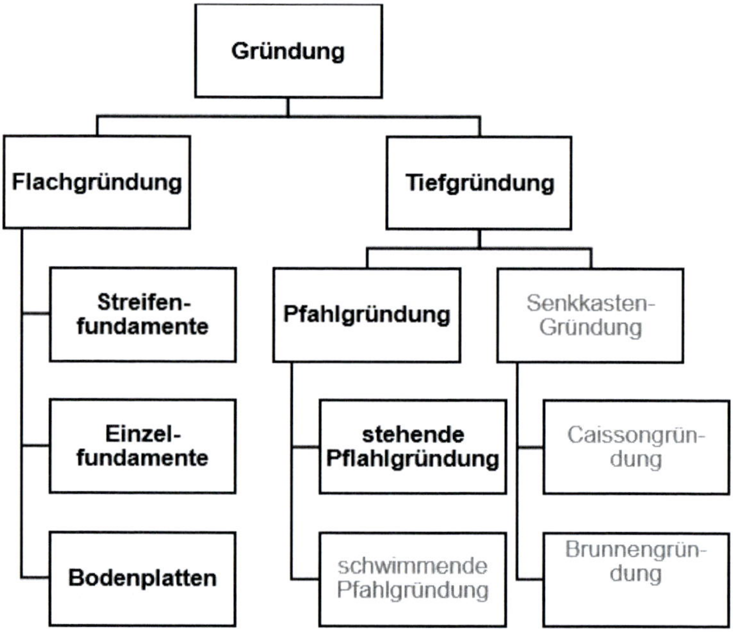


***Bild 5:** Gründungsarten (Quelle: Ingrid Kaiser)*

Nach Einstufung des Bauvorhabens nach DIN 1054 in die Geotechnischen Kategorien (GK) erfolgt die Festlegung der erforderlichen Gründung.

***Tabelle 3:** Geotechnische Kategorien (Ingrid Kaiser gem. DIN 1054)*

| GK | Bauwerk | Baugrund | Grundwasser |
|---|---|---|---|
| 1 | geringe Lasten, setzungs-unempfindlich | einfach, bekannt | ohne Einfluss |
| 2 | durchschnittliche Lasten und Verformungen | durchschnittlich | kontrollierbar |
| 3 | hohe Lasten, setzungsgefährdete Tragkonstruktion | schwierig, nicht bekannt | mit Einwirkung |

Zum einen ergibt sich die Dimensionierung aus den Lasten, die auf die Gründung wirken, zum anderen aus der Tagfähigkeit des Baugrunds. Je nach Lastanforderungen werden die Flachgründungen aus unbewehrtem oder bewehrtem Beton ausgeführt.

Aus der Anforderung an eine frostfreie Gründung ergibt sich das Mindestmaß für die Unterkante von Fundamenten unter Geländeoberkante von generell 0,80 m; in den Mittelgebirgen und den Alpen bzw. am Alpenrand kann die Frostgrenze jedoch bis zu 1,20 m liegen. Informationen hierzu geben das Baugrundgutachten oder örtliche Bauämter. Gleiches gilt für die Bemessung von Einzelfundamenten (Bewehrung meist erforderlich) und Frostschürzen (unbewehrt) bei einer Gründung mittels Bodenplatte.

Die Breite von **Streifenfundamenten** ist abhängig von der anfallenden Last und der zulässigen Bodenpressung (Sohlwiderstand) des jeweiligen Baugrunds:

$$A_{erf} = \frac{F}{\sigma_{R,d}} \left[ m^2 \right]$$

$A_{erf}$ – erforderliche Fundamentfläche
F – Krafteinwirkung/Last [kN]
$\sigma_{R,d}$ – Sohlwiderstand [kN/m$^2$]

Bindige Böden haben den geringsten Sohlwiderstand über nicht bindige Böden bis zu Fels mit dem höchsten Sohlwiderstand. Unabhängig von der Anforderung an die Frostfreiheit muss bei der Fundamenthöhe der seitliche Überstand der einwirkenden Last mit h ≥ 2 x Überstand e (Randabstand des Fundaments zur aufgehenden Wand) berücksichtigt werden.

**Einzelfundamente** unter lastabtragenden Stützen werden häufig als Köcherfundamente ausgebildet, d. h., sie haben mittig eine konische, nach unten verjüngte Aussparung, in die z. B. Beton-Fertigteil- oder Stahl-Stützen eingesetzt, ausgerichtet und mit Vergussmörtel mit entsprechender Betongüte verbunden werden. Einzelfundamente sollten möglichst quadratisch und mit einer gleichmäßigen Dicke bzw. abgetreppt ausgeführt werden. Als Faustformel für die Seitenlänge gilt

$$a = \sqrt{\frac{F}{\sigma}}\left[m^2\right]$$

Für die Dicke (zusätzlich zur Berücksichtigung der Frostfreiheit) d ≈ 0,3 x a [m].

**Boden- bzw. Sohl-/Fundamentplatten** aus Stahlbeton werden bei ungünstig tragfähigem Baugrund ausgebildet, um die Lasten großflächig auf den Baugrund ableiten zu können. Die Wannengründung ist eine Spezialform, die bei Wassereinwirkung, z. B. durch Grundwasser, zu berücksichtigen ist (siehe Kapitel 1.6.1).

Bei der stehenden **Pfahlgründung** werden die Lasten über Ortbeton- oder Fertigteil-Pfähle bis in die tieferen, tragenden Schichten des Baugrunds abgeleitet. Ortbeton-Pfähle (Bohrpfähle) werden mittels eines Stahlrohrs mit einem Durchmesser ≤ 2,50 m und ≤ 50,00 m Tiefe vor Ort betoniert. Das Stahlrohr dient der Standort-Sicherung und wird anschließend wieder gezogen. Fertigteil-Pfähle aus Stahl- oder Spannbeton, Stahl oder Holz werden in ein Bohrloch eingelassen oder eingerammt.

Schwimmende Pfahlgründungen und Senkkasten-Gründungen sind extrem aufwendig und werden nur bei besonders schwierigen Baugrund-Situationen durchgeführt.

# 1.6 Baustoffe für tragende Baukonstruktionen

## 1.6.1 Beton und Stahlbeton

Betone werden zunächst nach ihrer Rohdichte, die vorwiegend von den Gesteinskörnungen abhängt, unterteilt:

| | |
|---|---|
| Leichtbeton | 0,8 bis 2,0 t/m$^3$ |
| Normalbeton | 2,0 bis 2,6 t/m$^3$ |
| Schwerbeton | ≥ 2,6 t/m$^3$ |

Weiterhin erfolgt eine Einstufung nach Druckfestigkeitsklassen. Für Normal- (C) und Schwerbeton (HC) sind diese Klassen gem. DIN EN 206 abgestuft von C(HC) 8/10 bis C(HC) 100/115 festgelegt. Der erste Wert gibt die charakteristische Mindestdruckfestigkeit [N/mm$^2$] von Probewürfeln mit einer Kantenlänge von 0,15 m, der zweite Wert dies von zylindrischen Prüfkörpern mit einem Durchmesser von 0,15 m und einer Länge von 0,30 m nach 28 Tagen Wasserlagerung an. Die Druckfestigkeitsklassen von Leichtbeton reichen von LC8/9 bis LC80/88 nach gleichen Kriterien.

Ab der Druckfestigkeitsklasse C55/67 handelt es sich um hochfesten Beton bzw. ab LC55/60 um hochfesten Leichtbeton, für die Verwendung von C90/105 und C100/115 sowie LC70/77 und LC80/88 ist eine allgemeine bauaufsichtliche (abZ) oder eine Zustimmung im Einzelfall (ZiE) erforderlich. Beide Bedingungen sind in den Bauordnungen der Bundesländer geregelt.

Je nach örtlichen Einflüssen auf die Beton-Bauteile inkl. Bewehrung gelten nach DIN 1045 für die jeweiligen Expositionsklassen Anforderungen an die Druckfestigkeit, den Mindestzementgehalt und den Wasser-Zement-Wert (w/z-Wert = Verhältnis von Zugabewasser zu Bindemittel).

***Tabelle 1:*** *Expositionsklassen Beton (Ingrid Kaiser gem. DIN EN 206-1/ DIN 1045-2)*

| **Expositionsklassen** | **Umgebungsbedingungen** | **Beispiele** | **Mindestdruckfestigkeitsklasse** | **Mindestzementgehalt [kg/m³]** | **Maximaler w/z-Wert** |
|---|---|---|---|---|---|
| **X0: Kein Korrosions- oder Angriffsrisiko** | | | | | |
| Bauteile ohne Bewehrung oder eingebettetes Metall in nicht Beton angreifender Umgebung | | | | | |
| X0 | Beton ohne Bewehrung und alle Umgebungsbedingungen außer XF, XA, XM | Füllbeton, Sauberkeitsschichten etc.<br>Fundamente ohne Bewehrung ohne Frost, Innenbauteile ohne Bewehrung | C8/10<br>C12/15 | - | - |
| **XC: Bewehrungskorrosion durch Karbonatisierung** | | | | | |
| Beton, der Bewehrung oder anderes eingebettetes Metall enthält und Luft sowie Feuchtigkeit ausgesetzt ist | | | | | |
| XC1 | trocken oder ständig nass | Bauteile in Innenräumen mit üblicher Luftfeuchte, Beton, der ständig unter Wasser ist | C16/20 | 240 | 0,75 |
| XC2 | nass, selten trocken | Teile von Wasserbehältern, Gründungsbauteile | C16/20 | | |
| XC3 | mäßige Feuchte | Bauteile, zu denen die Außenluft häufig oder ständig Zugang hat, z. B. offene Hallen, Innenräume mit hoher Luftfeuchtigkeit, Dachflächen mit flächiger Abdichtung,<br>Verkehrsflächen mit flächiger unterlaufsicherer Abdichtung | C20/25 | 260 | 0,65 |

***Tabelle 1:*** *Expositionsklassen Beton (Ingrid Kaiser gem. DIN EN 206-1/ DIN 1045-2)*

| Expositionsklassen | Umgebungsbedingungen | Beispiele | Mindestdruckfestigkeitsklasse | Mindestzementgehalt [kg/m³] | Maximaler w/z-Wert |
|---|---|---|---|---|---|
| XC4 | wechselnd nass und trocken | Außenbauteile mit direkter Beregnung | C25/30 | 280 | 0,60 |
| **XD: Bewehrungskorrosion durch Chloride, ausgenommen Meerwasser** | | | | | |
| Beton, der Bewehrung oder anderes eingebettetes Metall enthält und Chlorid-haltigem Wasser, einschließlich Taumitteln, ausgenommen Meerwasser, ausgesetzt ist | | | | | |
| XD1 | mäßige Feuchte | mäßig feuchte Bauteile im Sprühnebelbereich von Verkehrsflächen, Einzelgaragen, befahrene Verkehrsflächen mit vollflächigem Oberflächenschutz | C30/37 | 300 | 0,55 |
| XD2 | nass, selten trocken | Solebäder, Bauteile, die Chlorid-haltigen Industrieabwässern ausgesetzt sind | C35/45 | 320 | 0,50 |
| XD3 | wechselnd nass und trocken | Teile von Brücken mit häufiger Spritzwasserbeanspruchung, Fahrbahndecken, befahrene Verkehrsflächen mit rissvermeidenden Bauweisen ohne Oberflächenschutz oder ohne Abdichtung, befahrene Verkehrsflächen mit dauerhaftem lokalem Schutz vor Rissen (mit zus. Maßnahmen) | C35/45 | | 0,45 |

***Tabelle 1:*** *Expositionsklassen Beton (Ingrid Kaiser gem. DIN EN 206-1/ DIN 1045-2)*

| **Expositionsklassen** | **Umgebungsbedingungen** | **Beispiele** | **Mindestdruckfestigkeitsklasse** | **Mindestzementgehalt [kg/m³]** | **Maximaler w/z-Wert** |
|---|---|---|---|---|---|
| **XS: Bewehrungskorrosion durch Chloride aus Meerwasser** | | | | | |
| Beton, der Bewehrung oder anderes eingebettetes Metall enthält und Chloriden aus Meerwasser oder salzhaltiger Seeluft ausgesetzt ist | | | | | |
| XS1 | salzhaltige Luft, aber kein unmittelbarer Kontakt mit Meerwasser | Außenbauteile in Küstennähe | C30/37 | 300 | 0,55 |
| XS2 | unter Wasser | ständig unter Wasser liegende Bauteile in Hafenanlagen | C35/45 | 320 | 0,50 |
| XS3 | Tidebereiche, Spritzwasser- und Sprühnebelbereiche | Kaimauern in Hafenanlagen | C35/45 | | 0,45 |
| **XF: Betonangriff durch Frost mit und ohne Taumittel** | | | | | |
| Durchfeuchteter Beton, der einem erheblichen Angriff durch Frost-Tau-Wechsel ausgesetzt ist | | | | | |
| XF1 | mäßige Wassersättigung, ohne Taumittel | Außenbauteile | C25/30 | 280 | 0,60 |
| XF2 | Mäßige Wassersättigung, mit Taumitteln | Bauteile im Sprühnebel- oder Spritzwasserbereich von taumittelbehandelten Verkehrsflächen (soweit nicht XF4), Betonbauteile im Sprühnebelbereich von Meerwasser | C35/45<br>C25/30 (LP) | 320<br>300 | 0,50<br>0,55 |

***Tabelle 1:*** *Expositionsklassen Beton (Ingrid Kaiser gem. DIN EN 206-1/ DIN 1045-2)*

| **Expositionsklassen** | **Umgebungsbedingungen** | **Beispiele** | **Mindestdruckfestigkeitsklasse** | **Mindestzementgehalt [kg/m³]** | **Maximaler w/z-Wert** |
|---|---|---|---|---|---|
| XF3 | hohe Wassersättigung, ohne Taumittel | offene Wasserbehälter, Bauteile in der Wasserwechselzone von Süßwasser | C35/45<br>C25/30 (LP) | 320<br>300 | 0,50<br>0,55 |
| XF4 | hohe Wassersättigung, mit Taumitteln | mit Taumitteln behandelte Verkehrsflächen, überwiegend horizontale Bauteile im Spritzwasserbereich von taumittelbehandelten Verkehrsflächen, Betonschutzwände, Räumerlaufbahnen von Kläranlagen, Meerwasserbauteile in der Wasserwechselzone | C30/37 (LP) | 320 | 0,50 |
| **XA: Betonangriff durch aggressive chemische Umgebung** | | | | | |
| Beton, der chemischen Angriffen durch natürliche Böden, Grundwasser, Meerwasser oder Abwasser ausgesetzt ist | | | | | |
| XA1 | chemisch schwach angegriffene Umgebung | Behälter von Kläranlagen, Güllebehälter | C25/30 | 280 | 0,60 |

***Tabelle 1:*** *Expositionsklassen Beton (Ingrid Kaiser gem. DIN EN 206-1/ DIN 1045-2)*

<table>
<tr><th>Expo-siti-ons-klas-sen</th><th>Umge-bungsbe-dingungen</th><th>Beispiele</th><th>Min-dest-druck-festig-keits-klasse</th><th>Min-dest-zement-gehalt [kg/m³]</th><th>Maxi-maler w/z-Wert</th></tr>
<tr><td>XA2</td><td>chemisch mäßig angreifende Umgebung und Meeres-bauwerke</td><td>Betonbauteile, die mit Meerwasser in Berührung kommen, Bauteile in Beton angreifenden Böden</td><td>C35/45</td><td rowspan="2">320</td><td>0,50</td></tr>
<tr><td>XA3</td><td>chemisch stark angreifende Umgebung (Schutz-maßnahmen i. d. R. erfor-derlich)</td><td>Industrieabwasseran-lagen mit chemisch angreifenden Abwäs-sern, Futtertische in der Landwirtschaft, Kühltürme mit Rauch-gasableitung</td><td>C35/45</td><td>0,45</td></tr>
<tr><td colspan="6">XM: Betonangriff durch Verschleißbeanspruchung</td></tr>
<tr><td colspan="6">Beton, der einer erheblichen mechanischen Beanspruchung ausgesetzt ist</td></tr>
<tr><td>XM1</td><td>mäßige Ver-schleißbean-spruchung</td><td>tragende und ausstei-fende Industrieböden mit Beanspruchung durch luftbereifte Fahrzeuge</td><td>C30/37</td><td>300</td><td>0,55</td></tr>
<tr><td>XM2</td><td>starke Ver-schleißbean-spruchung</td><td>tragende und ausstei-fende Industrieböden mit Beanspruchung durch luft- oder vollgummibereifte Gabelstapler</td><td>C35/45<br>C30/37 (+ Ober-flächen-behand-lung)</td><td>320<br>300</td><td>0,45<br>0,55</td></tr>
</table>

***Tabelle 1:*** *Expositionsklassen Beton (Ingrid Kaiser gem. DIN EN 206-1/ DIN 1045-2)*

| Expositionsklassen | Umgebungsbedingungen | Beispiele | Mindestdruckfestigkeitsklasse | Mindestzementgehalt [kg/m³] | Maximaler w/z-Wert |
|---|---|---|---|---|---|
| XM3 | sehr starke Verschleißbeanspruchung | tragende oder aussteifende Industrieböden mit Beanspruchung durch elastomer- oder stahlrollenbereifte Gabelstapler, mit Kettenfahrzeugen häufig befahrene Oberflächen, Wasserbauwerke in geschiebebelasteten Gewässern, z. B. Tosbecken | C35/45 (Hartstoffe bauseitig) | 320 | 0,45 |

Daneben müssen die Feuchtigkeitseinflüsse berücksichtigt werden, da Feuchte und Alkali-empfindliche Kieselsäure der Gesteinskörnungen reagiert und zu Rissbildung und Abplatzungen führen kann:

***Tabelle 2:*** *Feuchtigkeitsklassen Beton (Ingrid Kaiser gem. DIN EN 206-1/ DIN 1045-2/Alkali-Richtlinie)*

| Betonkorrosion infolge Alkali-Kieselsäure-Reaktion | | | |
|---|---|---|---|
| **Feuchtigkeitsklasse** | **Bezeichnung** | **Umgebungsbedingungen** | **Beispiele** |
| WO | trocken | Beton, der nach normaler Nachbehandlung nicht länger feucht und nach Austrocknen während der Nutzung weitgehend trocken bleibt | Innenbauteile<br>Außenbauteile ohne Einwirkung von Niederschlags-, Oberflächenwasser, Bodenfeuchte |

***Tabelle 2:*** *Feuchtigkeitsklassen Beton (Ingrid Kaiser gem. DIN EN 206-1/ DIN 1045-2/Alkali-Richtlinie)*

| **Betonkorrosion infolge Alkali-Kieselsäure-Reaktion** | | | |
|---|---|---|---|
| **Feuchtigkeitsklasse** | **Bezeichnung** | **Umgebungsbedingungen** | **Beispiele** |
| WF | feucht | Beton, der während der Nutzung häufig oder für längere Zeit feucht ist | ungeschützte Außenbauteile, Innenbauteile in Feuchträumen |
| WA | feucht + Alkalizufuhr von außen | Beton wie WF, der häufig oder für längere Zeit Alkalizufuhr ausgesetzt ist | Betonbauteile mit Meerwasser-, Tausalz-Einwirkung |

**Stahlbeton** als Verbundbaustoff aus Beton und Bewehrung hat sich bewährt, da durch die Bewehrung die Zugkräfte aufgenommen, die Druckfestigkeit erhöht und die Rissbildung verringert werden. Der Beton nimmt die Druckkräfte auf, gewährleistet den Brandschutz und schützt die Bewehrung vor Korrosion. Damit Letzteres sichergestellt ist, muss die Dicke der Betondeckung folgende Maße einhalten:

***Tabelle 3:*** *Betondeckung in Abhängigkeit von den Expositionsklassen (Ingrid Kaiser gem. DIN EN 1991-1-1/DIN EN 1991-11-1/NA)*

| **Expositionsklasse** | **Mindestmaß $c_{min}$ [mm]** | **Nennmaß $c_{nom}$ [mm]** |
|---|---|---|
| XC1 | 10 | 20 |
| XC2 | 20 | 35 |
| XC3 | | |
| XC4 | 25 | 40 |
| XD1 | 40 | 55 |
| XD2 | | |
| XD3 | | |
| XS1 | | |
| XS2 | | |
| XS3 | | |

Ein Spezial-Fall der Betonanwendung ist die Ausführung im Bereich von Wasserangriff, z. B. Grundwasser, als **wasserundurchlässiger Beton** (WU-Beton). An die Beton-Rezeptur für „Wasserundurchlässige Bauwerke" stellt insbesondere die WU-Richtlinie hohe Anforderungen. Fugen und deren Ausbildung sind, neben Rissbildung, dabei immer Schwachstellen, die eine enge Zusammenarbeit zwischen Auftraggebern, Objektplanern, Fachingenieuren und Bauleitern – vor und während der Ausführung – erfordern. Wesentliche Grundlage für Planung und Ausführung ist die WU-Richtlinie des Deutschen Ausschusses für Stahlbeton e. V. (DAfStb).

Auf Basis der Bedarfsplanung des Auftraggebers wird zunächst die Nutzungsklasse festgelegt:

Nutzungsklasse A (NKL A)

- kein Wasserdurchtritt in flüssiger Form
- keine Feuchtestellen an der Oberfläche (nutzungsseitig)
- keine wasserführenden Risse und Fugen

Bei hochwertiger Nutzung können die Anforderungen detaillierter definiert werden, wobei die Anforderungen an das Raumklima durch entsprechende bauphysikalische Maßnahmen angepasst werden müssen.

- Nutzungsklasse A0 – untergeordnet, z. B. einfache Technikräume
- Nutzungsklasse A* – einfach, z. B. Räume zum zeitweiligen Aufenthalt von Menschen
- Nutzungsklasse A** – normal, z. B. Räume zum dauerhaften Aufenthalt von Menschen
- Nutzungsklasse A*** - anspruchsvoll, z. B. Lager-/Technikräume mit feuchte-/temperaturempfindlichen Gütern
- Nutzungsklasse B (NKL B)
  - Feuchtestellen zulässig

- Wasserdurchtritt in flüssiger Form bedingt zulässig: temporär bis zur Selbstheilung[1] wasserführende Risse zulässig (Dunkelfärbung/Wasserperlen nutzungsseitig)

Aus dem Bemessungswasserstand und geotechnischen Gegebenheiten ergeben sich die Beanspruchungsklassen:

- Beanspruchungsklasse 1 (BKL 1)
  - ständig oder zeitweise drückendes Wasser
  - WU-Dächer
- Beanspruchungsklasse 2 (BKL 2)
  - Bodenfeuchte
  - an der Wand ablaufendes Wasser

Im nächsten Schritt erfolgen die Festlegung der Bauart und der Bauteilabmessungen sowie die detaillierte Fugen-Planung. Hieraus ergeben sich unter Berücksichtigung der Ablaufplanung die Festlegung der Betonier-Abschnitte und damit der Arbeitsfugen und die Auswahl des Abdichtungssystems.

Die klassische Ausbildung der Weißen Wanne erfolgt durch Ortbeton-Konstruktionen, bei denen besonderes Augenmerk auf die Arbeitsfugen und damit deren sorgfältige Planung und entsprechende Ausführung gerichtet werden muss.

Zunehmend werden (Voll-)Fertigteile, z. B. auch in Einfamilienhaus-Kellern, zur rationellen Errichtung eingesetzt. Elementwände gelten als Halbfertigteile, da die vorgefertigten Betonplatten, die mit Gitterträgern verbunden sind, auf die Baustelle geliefert werden und vor Ort ausbetoniert werden.

Das Fugensystem muss – innen oder außen liegend – durchgängig, also ohne Unterbrechungen, und dauerhaft wasserdicht ausgeführt werden. Hierbei greifen Planung und Ausführung sehr eng ineinander. Während bei anderen Planungsbereichen örtlich häufig Änderungen im Bauablauf integriert werden können, muss die Fugenplanung sich einerseits an den örtlichen Gegebenheiten und

[1] "Zeitliche Verringerung des Wasserdurchtritts durch Trennrisse in Abhängigkeit von Rissbreite und Wasserdruckhöhe" (Quelle: WU-Richtlinie).

Leistungskapazitäten orientieren, andererseits muss in der Umsetzung vor Ort die vorgegebene Abfolge- und Zeitplanung exakt eingehalten werden. Das Fugensystem muss in sich geschlossen sein, um die Wasserundurchlässigkeit zu gewährleisten. Generell wird unterschieden zwischen innen liegender, d. h. im Bauteil liegender Abdichtung, und außen liegender, d. h. auf der Wasserseite liegender Abdichtung.

## 1.6.2 Mauerwerk aus künstlichen Steinen

Mauerwerk wird im tragenden System hauptsächlich für Wände und Stützen verwendet und muss dementsprechend tragfähig sein, d. h. Druck- und Zugkräfte, Schubbeanspruchung aus Querkräften und Biegemomente aufnehmen. Die Aufnahme der Druckkräfte ist zum einen vom Steinmaterial (Steindruckfestigkeitsklasse (SFK) 2 bis 60 N/mm$^2$), zum anderen von der Mörtelklasse (M1 bis M20 N/mm$^2$) abhängig und ergibt die Mauerwerk-Druckfestigkeit $f_k$. Bei den Mörtelarten wird unterteilt in Normalmörtel (NM), Leichtmörtel (LM) und Dünnbettmörtel (DM).

***Tabelle 4:*** *Mauerwerk-Druckfestigkeit mit Normalmörtel (Ingrid Kaiser gem. DIN 1053/DIN EN 998-2)*

| SFK [N/mm$^2$] Vollziegel, Kalksand-Vollsteine, Blocksteine | Mörtelgruppe/-klasse Druckfestigkeit N/mm$^2$ | | | |
|---|---|---|---|---|
| | NM I / M2,5 | NM Ia / M5 | NM II / M10 | NM IIa / M20 |
| 2 | - | - | - | - |
| 4 | 2,8 | 3,2 | 3,5 | 4,0 |
| 6 | 3,6 | 4,0 | 4,5 | 5,0 |
| 8 | 4,2 | 4,7 | 5,3 | 5,9 |
| 10 | 4,8 | 5,4 | 6,0 | 6,8 |
| 12 | 5,4 | 6,0 | 6,7 | 7,5 |
| 16 | 6,4 | 7,1 | 8,0 | 8,9 |
| 20 | 7,2 | 8,1 | 9,1 | 10,1 |
| 28 | 8,8 | 9,9 | 11,0 | 12,4 |

***Tabelle 4:*** *Mauerwerk-Druckfestigkeit mit Normalmörtel (Ingrid Kaiser gem. DIN 1053/DIN EN 998-2)*

| **SFK [N/mm²] Vollziegel, Kalksand-Vollsteine, Blocksteine** | **Mörtelgruppe/-klasse** | | | |
|---|---|---|---|---|
| | **Druckfestigkeit N/mm²** | | | |
| | **NM I / M2,5** | **NM Ia / M5** | **NM II / M10** | **NM IIa / M20** |
| 36 | 10,2 | 11,4 | 12,7 | 14,3 |
| 48 | | | 15,1 | 16,9 |
| 60 | | | | |

***Tabelle 5:*** *Mauerwerk-Druckfestigkeit mit Leichtmörtel (Ingrid Kaiser gem. DIN 1053/DIN EN 998-2)*

| **SFK [N/mm²] Mauerziegel** | **Mörtelgruppe/-klasse** | |
|---|---|---|
| | **Druckfestigkeit N/mm²** | |
| | **LM 21 / M5** | **LM 36 / M5** |
| 2 | 1,4 | |
| 4 | 2,3 | |
| 6 | 3,0 | |
| 8 | 3,6 | |

***Tabelle 6:*** *Mauerwerk-Druckfestigkeit mit Dünnbettmörtel (Ingrid Kaiser gem. DIN 1053 / DIN EN 998-2)*

| **SFK [N/mm²] Porenbeton** | **Druckfestigkeit N/mm²** |
|---|---|
| | **Mörtelklasse M10** |
| 2 | 1,8 |
| 4 | 3,0 |
| 6 | 4,1 |
| 8 | 5,1 |

Die Fugendicke ist bei der Lagerfuge (waagerecht) abhängig von den Angaben der Maßordnung im Hochbau und beträgt i. d. R. 12 mm bei Normalmörtel. Da zunehmend großformatige Steine mit Versetzgeräten und im Dünnbett, 1 bis 3 mm Dicke, verwendet werden, spielt die Maßordnung kaum noch eine Rolle. Eine Ausnahme bildet Sichtmauerwerk, bei dem die Fugenstruktur sichtbar bleibt. Die Stoßfugen werden i. d. R. mit einer Dicke von 10 mm ausgeführt. Da die Druckfestigkeit des Mörtels geringer ist als die des Mauersteins, muss hier zusätzlich das Überbindemaß berücksichtigt werden, damit die Drucklasten gleichmäßig nach unten verteilt werden können. Das Überbindemaß ist der waagerechte Abstand der Stoßfugen in der übereinanderliegenden Mauerwerksschicht. Optimal ist es, wenn sie mittig über dem darunterliegenden Stein liegt, also das Überbindemaß lol 0,5 x Steinlänge beträgt. Das Überbindemaß ist im Regelfall in Abhängigkeit von der Steinhöhe mit 0,4 x Steinhöhe festgelegt, wobei Mindestmaße zulässig sind:

***Tabelle 7:*** *Mindestüberbindemaße*
*(Ingrid Kaiser gem. DIN EN 1996-1.1/NA)*

| Steinhöhe [m] | Mindestüberbindemaß [m] |
|---|---|
| < 0,113 | ≥ 0,045 |
| 0,113/0,123 | ≥ 0,05 |
| 0,248 | ≥ 12,5 |
| 0,623 | |

Damit Wände als tragende Wände in der Konstruktion angesetzt werden können, müssen sie min. 0,115 m dick sein. Aussteifende Wände, die der Knickaussteifung tragender Wände dienen, müssen eine Länge von min. 20 % der lichten Rohbau-Höhe des jeweiligen Raums und eine Dicke von min. 33 % der auszusteifenden Wand, min. jedoch 0,115 m, haben. Mauerpfeiler müssen für eine tragende Funktion einen Querschnitt von min. 0,04 $m^2$ haben, sodass sich gem. üblicher Mauermaße Abmessungen von z. B. 0,175 x 0,24 m oder 0,115 x 0,365 m ergeben.

In alle Außenwände und in die Querwände, die als vertikale Scheiben der Abtragung horizontaler Lasten (z. B. Wind) dienen, sind Ringanker zu legen, wenn min. eines der folgenden Kriterien zutrifft:

- bei Bauten, die mehr als zwei Vollgeschosse haben oder länger als 18 m sind;
- bei Wänden mit vielen oder besonders großen Öffnungen, besonders dann, wenn die Summe der Öffnungsbreiten 60 % der

Wandlänge übersteigt, oder bei Fensterbreiten, die mehr als 2/3 der Geschosshöhe betragen und deren Breitenaddition 40 % der Wandlänge übersteigt;
- wenn die Baugrundverhältnisse es erfordern.

Die Ringanker sind in jeder Deckenlage oder unmittelbar darunter anzubringen. Sie können aus Stahlbeton, bewehrtem Mauerwerk, Stahl oder Holz ausgebildet werden und müssen unter Gebrauchslast eine Zugkraft von 30 kN aufnehmen können. In Gebäuden, in denen der Ringanker nicht durchgehend ausgebildet werden kann, ist die Ringankerwirkung auf andere Weise sicherzustellen.

Werden Decken ohne Scheibenwirkung verwendet oder aus Gründen der Formänderung der Dachdecke Gleitschichten unter den Deckenauflagern angeordnet, so ist die horizontale Aussteifung der Wände durch Ringbalken oder statisch gleichwertige Maßnahmen sicherzustellen.

Die Ringbalken und ihre Anschlüsse an die aussteifenden Wände sind für eine horizontale Last von 1/100 der vertikalen Last der Wände und gegebenenfalls zusätzlich aus der Windlast zu bemessen. Bei der Bemessung von Ringbalken unter Gleitschichten sind außerdem Zugkräfte zu berücksichtigen, die den verbleibenden Reibungskräften entsprechen.

## 1.6.3 Holz und Holzwerkstoffe

Der Holzbau wurde in den letzten Jahrzehnten hauptsächlich für geneigte Dächer als zimmermannsmäßige Tragkonstruktion verwandt, gewinnt aber u. a. im Rahmen der Nachhaltigkeit zunehmend an Bedeutung. Der Baustoff Holz als Naturbaustoff hat je nach Art des Holzes und der jeweiligen Feuchte-Einflüsse sehr unterschiedliche Eigenschaften hinsichtlich Rohdichte, Härte, Festigkeit und Dauerhaftigkeit. Für tragende Bauteile werden hauptsächlich Fichte und Tanne und teilweise auch Kiefer und Douglasie verwandt. Die weiteren europäischen wie auch die außereuropäischen Hölzer finden vorwiegend im Innenausbau Verwendung.

Die Dichte von Holz ist bei allen Holzarten mit ca. 1,56 kg/dm³ gleich, während die Rohdichte nach Holzart und Feuchtegehalt, auch innerhalb eines Holz-Bauteils, sehr unterschiedlich sein kann. Diese hat Einfluss auf die Elastizität, die Festigkeit und das Wärmedämm-Vermögen. Fichte/Tanne haben im lufttrockenen Zustand (≤ 20 % Feuchtegehalt) eine Rohdichte von ca. 0,43 bis 0,47 kg/dm³, Kiefer von ca. 0,49 bis 0,52 kg/dm³. Pro 1 % der Feuchteänderung schwindet das Holz i. M. um ca. 0,18 % in radialer und um ca. 0,35 % in tangentialer Richtung; das Schwindmaß in Faserrichtung (axial) ist dagegen zu vernachlässigen.

Da Holz ein natürlich gewachsener Baustoff ist, sind Unregelmäßigkeiten unvermeidlich. Daher erfolgt zunächst eine visuelle Sortierung (nach Augenschein) bzw. eine maschinelle Sortierung hinsichtlich Rissen, Verfärbungen, Krümmungen und Schädlingen. Nach der visuellen Sortierung werden nach DIN 4074-1 für Kanthölzer, Bohlen und Latten die Klassen S 7 – geringe Tragfähigkeit, S 10 – übliche Tragfähigkeit und S13 – überdurchschnittliche Tragfähigkeit unterschieden. Aus den maschinellen Sortierklassen nach DIN 4074-1 C 16 M bis C 40 M werden die Festigkeitsklassen nach DIN EN 338 abgeleitet: C 16, C 24, C 30, C 35 und C 40. Eine Besonderheit des Baustoffs Holz ist die unterschiedliche Festigkeit und Steifigkeit parallel zur Faser gegenüber derjenigen senkrecht zur Faser.

***Tabelle 8:*** *Festigkeit und Steifigkeit für Nadelvollholz (Ingrid Kaiser gem. DIN 1995, DIN EN 338)*

| Klasse | C 18 | C 24 | C 30 | C 35 | C 40 |
|---|---|---|---|---|---|
| | | | [N/mm²] | | |
| Biegung | 18 | 24 | 30 | 35 | 40 |
| Zug ⊥ | 11 | 14 | 18 | 21 | 24 |
| Zug II | | | 0,4 | | |
| Druck ⊥ | 18 | 21 | 23 | 25 | 26 |
| Druck II | 2,2 | 2,5 | 2,7 | 2,8 | 2,9 |

***Tabelle 8:*** *Festigkeit und Steifigkeit für Nadelvollholz (Ingrid Kaiser gem. DIN 1995, DIN EN 338)*

| Klasse | C 18 | C 24 | C 30 | C 35 | C 40 |
|---|---|---|---|---|---|
| E-Modul ⊥ | 300 | 370 | 400 | 430 | 470 |
| E-Modul II | 9.000 | 11.000 | 12.000 | 13.000 | 14.000 |

Mit zunehmender Holzfeuchte sowie größer werdendem Winkel zwischen Lasteinwirkung und Faserrichtung nimmt die Festigkeit ab.

Für tragende Konstruktionen aus Bauschnittholz und für tragende Elemente des Rahmen- und Tafelbaus muss min. die Festigkeitsklasse C 24 gem. DIN EN 338, für Brettschichtholz min. die Festigkeitsklasse GL 24 h gem. DIN 14080 verwendet werden.

Die Dauerfestigkeit hinsichtlich Druck- und Zugspannung nimmt logarithmisch ab, sodass sie nach ca. zehn Jahren noch 60 % der Kurzzeitfestigkeit erreicht.

Die Dauerfestigkeit gegen äußere Einflüsse wie mechanische Abnutzung, chemische Angriffe und Witterungseinfluss ist von der Holzart, der Rohdichte und der Härte abhängig.

Nach den Einsatzgebieten werden nach DIN 1995-1-1 folgende Nutzungsklassen unterschieden:

- NK 1 – Trockenbereich: beheizte Innenräume ≥ 20 °C, Luftfeuchte i. M. ≤ 65 %
- NK 2 – Feuchtbereich: überdachte, offene Bauwerke ≥ 20 °C, Luftfeuchte i. M. ≤ 85 %
- NK 3 – Außenbereich, frei der Witterung ausgesetzt

Der natürliche Wuchs bedingt auch Holzfehler, vorwiegend Harzgallen, Äste, Verfärbung und Risse, die sich auf die Festigkeit und/oder das optische Erscheinungsbild auswirken können.

Folgende Holzfehler sind bei Kanthölzern und hauptsächlich in Faserrichtung belasteten Brettern und Bohlen aus Nadelholz nach DIN 4074-1 zulässig:

***Tabelle 9:*** *Zulässige Holzfehler bei Nadelhölzern (Ingrid Kaiser gem. DIN 4074-1)*

| | **Sortierklassen** | | |
|---|---|---|---|
| Merkmale | S 7 | S 10 | S 13 |
| Ästigkeit | 3/5 | 2/5 | 1/5 |
| Faserneigung zur Achse | ≤ 16 % | ≤ 12 % | ≤ 7 % |
| Jahrringbreite | ≤ 6 mm | | ≤ 4 mm |
| Krümmung | ≤ 12 mm | ≤ 8 mm | |
| Verdrehung | 2 mm/25 mm Breite | 1 mm/25 mm Breite | |
| Befall mit Bläuepilzen (Bläue) | zulässig | | |

Die Ästigkeit bezieht sich auf das Verhältnis der Astgröße im Verhältnis zu Höhe bzw. Breite des Bauteils, wobei der jeweils ungünstigere Wert gewählt werden muss. Auch die Zulässigkeit von Schwindrissen wird als Verhältniszahl angegeben: Risstiefe im Querschnitt zur entsprechenden Querschnittsseite. Die Krümmung wird durch den Messwert [mm] an der größten Krümmungsstelle bezogen auf eine Länge des Bauteils von 2,00 m angegeben. Fraßgänge von Frischholzinsekten sind bis zu 2 mm Durchmesser zulässig.

Generell bietet Holz sowohl einen guten winterlichen als auch sommerlichen Wärmeschutz. Die Wärme-Speicherfähigkeit ist mit 1260 kJ/m$^3$K ca. 40-mal höher als die von Polyurethan und ca. 60-mal höher als die von Polystyrol.

Zimmermannsmäßige Holzverbindungen (ohne Befestigungsmittel) rücken aufgrund des hohen zeitlichen Aufwands (Lohnkosten) immer mehr in den Hintergrund. Auch bei klassischen Dachkonstruktionen werden i. d. R. Verbindungsmittel aus feuerverzinktem Stahlblech oder Edelstahl verwendet, die eine bauaufsichtliche Zulassung (baZ) benötigen, z. B. Balkenschuhe, Winkelbeschläge,

Nagelplatten, Sparren-Pfetten-Anker etc. Im konstruktiven Holzbau kommen Stabdübel- und Bolzenverbindungen zum Einsatz. Hierbei werden unterschiedliche Konstruktionsarten unterschieden. Der Holzrahmenbau wird im Geschossbau als flexibles System eingesetzt. Die Rahmen können individuell bzw. in bestimmten Rastermaßen vorgefertigt und dann in kurzer Zeit auf der Baustelle montiert werden. Die Rahmen werden dabei mit Dämmstoffen ausgefüllt und innen meist mit Grobspanplatten (OSB-Platten) oder Gipsfaserplatten, außen mit Holzfaserplatten mit gewünschter Fassadengestaltung beplankt.

Einen noch höheren Vorfertigungsgrad bietet der Holzmassivbau, bei dem Wand-, Decken- und Dachbauplatten im Werk erstellt und dann vor Ort montiert werden. Verwendet werden neben tragenden Holzbauteilen auch Holzwerkstoffe. Die Platten bilden zum einen das Tragwerk, zum anderen fungieren sie als raumbildendes Element.

Der Holzständerbau (Holzskelettbau) basiert auf dem klassischen Fachwerk-System aus Pfosten, Riegeln und diagonalen Streben. Die Gefache können, angelehnt an alte Bauweisen, mit Lehmziegeln ausgemauert, aber auch mit transluzenten Materialien ausgefüllt werden, da sie keine Tragfunktion übernehmen. Alternativ können sie von außen mit allen Fassaden-Systemen versehen werden.

### 1.6.4 Stahl

Unlegierter Stahl besteht nur aus Eisen und Kohlenstoff, legierter enthält weitere Metalle, die die Eigenschaften des Stahls verbessern. Das endgültige Produkt wird aus Stahlblöcken (Brammen) gewalzt.

Stahl wird zum einen für Tragkonstruktionen verwendet, zum anderen dient er als Bewehrung von Betonen. Hierfür werden alternativ auch Glas- und Stahlfasern bzw. verstärkte Kunststoffe verwendet.

Im Industriebau werden Gebäude in Stahlfachwerk-Bauweise aus gewalzten Profilen erstellt. Die Gefache werden mit Mauerziegeln,

Kalksandsteinen oder Hüttensteinen im DF, NF oder 2 DF mit Zementmörtel ausgemauert. Meist ordnet man die Ausfachung zwischen die Flansche der Stützen und Riegel an. Sie wird verfugt oder verputzt.

Statt der Ausfachung mit kleinformatigen Steinen können auch 3,00 bis 6,00 m lange und 62,5 cm breite Wandplatten aus Porenbeton zwischen die Flansche der Stützen versetzt werden.

Auch wenn Stahlbau-Konstruktionen Lasten gut aufnehmen können, haben sie den Nachteil, dass bei entsprechenden Anforderungen zusätzliche Brandschutz-Maßnahmen ergriffen werden müssen. Hierzu werden i. d. R. Mineralfaser- und Vermiculite-Putze oder Gipskarton-Verkleidungen eingesetzt. Um die Zerstörung des Brandschutzes, z. B. durch Flurförder-Fahrzeuge, zu vermeiden, wird im Industriebau häufig der untere Bereich bis ca. 1,50 m einbetoniert. Bei der Außenluft ausgesetzten Bauteilen ist zum Korrosionsschutz Feuerverzinkung erforderlich.

Die Verbindungen, Verbindungsmittel und Umformungen, die z. T. nur vor dem Feuerverzinken ausgeführt werden dürfen, werden nach folgenden Oberbegriffen unterschieden:

- Fügen
  - Schrauben
  - Nieten
  - Schweißen (hierzu sind je nach statischen Anforderungen besondere Nachweise der ausführenden Unternehmen erforderlich)
- Trennen
  - Schneiden
  - Sägen
  - Bohren
  - Feilen
- Umformen
  - Biegen
  - Walzen
  - Ziehen

Die Konstruktionen sind i. d. R. als Skelettbau ausgeführt – Stützen und Träger –, die häufig mit Trapezblechen als Fassaden und Dachdeckungen bekleidet werden. Bei beheizten Räumen werden Sandwich-Elemente aus Trapezblech mit einem Kern aus Polyiso-Hartschaum (PIR) oder Polyurethan-Hartschaum (PUR) verwendet. Ähnlich wie beim Holzbau sind auch Rahmen-Konstruktionen oder Fachwerke möglich.

# 1.7 Vertiefende Anforderungen an Gebäude gemäß VDI 6200

## 1.7.1 Wiederkehrende Bauwerksprüfungen

Über die Anforderungen an die Standsicherheit gem. MBO und Verordnung (EU) Nr. 305/2011 (Bauproduktenverordnung), Anhang I (siehe Kapitel 1.5) hinaus hat die Konferenz der für Städtebau, Bau- und Wohnungswesen zuständigen Minister und Senatoren der Länder (Bauministerkonferenz) bereits 2006 „Hinweise für die Überprüfung der Standsicherheit von baulichen Anlagen durch den Eigentümer/Verfügungsberechtigten" erarbeitet. Vertiefend hat der Verein Deutscher Ingenieure (VDI) 2010 die VDI 6200 „Standsicherheit von Bauwerken – Regelmäßige Überprüfung" veröffentlicht. Beide Werke beziehen sich auf Planung, Errichtung und Nutzung der Bauwerke bzw. erforderliche Überprüfungsarten/-intervalle.

Anzuwenden sind die Hinweise der Bauministerkonferenz auf zwei Kategorien von Bauwerken, sie empfehlen sich jedoch auch für alle anderen Gebäude.

***Tabelle 1:*** *Anwendungsbereich nach Gefährdungspotenzial und Schadensfolgen (Ingrid Kaiser gem. „Überprüfung Standsicherheit“, Bauministerkonferenz)*

| Kategorien | Gebäudetypen/exponierte Bauteile | Beispiele |
|---|---|---|
| 1 | Versammlungsstätten > 5.000 Personen (s. a. Versammlungsstättenverordnung (VStättV)) | Stadien |
| 2 | Bauliche Anlagen, Höhe H > 60,00 m | Fernsehtürme, Hochhäuser |
| | Stützweiten > 12,00 m und/oder Auskragungen > 6,00 m, großflächige Überdachungen | Hallenbäder, Einkaufsmärkte, Mehrzweck-, Sport-, Eislauf-, Reit-, Tennis-, Passagierabfertigungs-, Pausen-, Produktionshallen, Kinos, Theater, Schulen |
| | exponierte Bauteile mit besonderem Gefährdungspotenzial | große Vordächer, angehängte Balkone, vorgehängte Fassaden, Kuppeln |

Die Arten der Überprüfung durch die jeweiligen Personenkreise und die Intervalle sowie die Dokumentation der Prüfungen werden in der VDI 6200 modifiziert und konkretisiert.

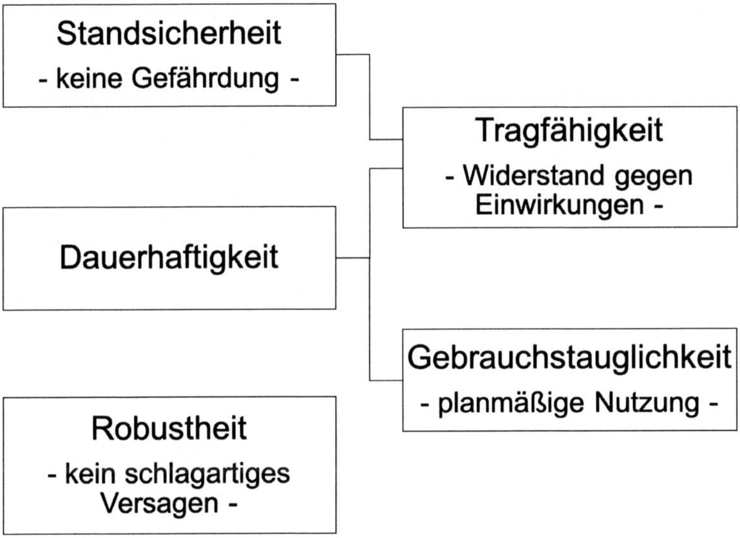


***Bild 1:** Anforderungen an Gebäude*
*(Quelle: Ingrid Kaiser gem. VDI 6200)*

Zunächst wird die **Standsicherheit** wie folgt definiert: „Standsicherheit ist die Eigenschaft eines Bauwerks oder einzelner Bauteile, derart tragfähig zu sein, dass keine Gefährdung der öffentlichen Sicherheit und Ordnung unter Beachtung des Sicherheitsniveaus besteht." Und weiter die **Tragfähigkeit**: „Tragfähigkeit ist die Eigenschaft eines Bauwerks oder einzelner Bauteile, allen auftretenden Einwirkungen zu widerstehen, denen sie während der Errichtungs- und Nutzungsdauer planmäßig standhalten sollen." (Siehe Kapitel 1.5)

Weitere Kriterien sind die **Gebrauchstauglichkeit**, d. h., das Bauwerk hat die für die Nutzung erforderlichen Eigenschaften, die **Dauerhaftigkeit**, also der Erhalt der Tragfähigkeit und Gebrauchstauglichkeit während der gesamten Nutzungszeit. Die Anforderung an die **Robustheit** ist erfüllt, wenn das Tragwerk oder Teile davon nicht plötzlich ohne Ankündigung versagen, sondern sich Einschränkungen zuvor durch Rissbildungen, Verformungen etc. andeuten.

***Tabelle 2:*** *Robustheitsklassen (Ingrid Kaiser gem. VDI 6200)*

| Robustheits-klasse | Tragwerk-Beispiele | System-Beispiele |
|---|---|---|
| RC 1 | statisch bestimmte Tragwerke ohne Systemreserven | Einfeldträger |
| | Fertigteilkonstruktionen ohne redundante[1] Verbindungen | stützenstabilisierte Hallentragwerke ohne Kopplungen |
| | imperfektionsempfindliche[2] Systeme | schlanke Schalentragwerke |
| | Tragwerke mit sprödem Verformungsverhalten | Tragwerke aus Glas, mit Gussbauteilen |
| RC 2 | statisch unbestimmte Konstruktionen mit Systemreserven | Durchlaufträger, eingeschossige Rahmenkonstruktionen |
| | elastisch-plastisches Tragverhalten | Stahlkonstruktionen |
| RC 3 | Konstruktionen mit großer Systemredundanz | mehrgeschossige Rahmenkonstruktionen |
| | Tragwerksverhalten und/oder Konstruktionen mit großen plastischen Systemreserven | vielfach statisch unbestimmte Systeme |
| | fehlerunempfindliche Systeme | seilverspannte Konstruktionen überschüttete Bogentragwerke |

[1] Redundanz = Höhere Anzahl funktionsfähiger Komponenten vorhanden als tragsicherheitstechnisch erforderlich.
[2] Versagen ohne Vorankündigung (= Duktilität).

***Tabelle 2:*** *Robustheitsklassen (Ingrid Kaiser gem. VDI 6200)*

| Robustheits-klasse | Tragwerk-Beispiele | System-Beispiele |
|---|---|---|
| RC 4 | Tragwerke, bei denen alternativ berücksichtigte Gefährdungsszenarien und Versagensanalysen ausreichende Robustheit zeigen | Bemessung für Stützenausfall, Bemessung auf Lastfall Flugzeugabsturz |

Auf Basis des von der Bauministerkonferenz definierten Anwendungsbereichs unterscheidet die VDI 6200 Schadensfolgeklassen. Die Folgen eines Schadensereignisses werden wie folgt definiert:

- Hohe Folgen
  - Schäden an Leben und Gesundheit für sehr viele Menschen
  - Große Umweltschäden
- Mittlere Folgen
  - Schäden an Leben und Gesundheit für viele Menschen
  - Spürbare Umweltschäden
- Mittlere Folgen
  - Risiken für einzelne Menschen
  - Geringe Umweltschäden
  - Sach- und Vermögensschäden

***Tabelle 3:*** *Schadensfolgeklassen (Ingrid Kaiser gem. VDI 6200)*

| Schadens-folgeklasse | Merk-male | Gebäudetypen/ exponierte Bau-teile u. a. | Beispiele |
|---|---|---|---|
| CC 3 | hohe Folgen | insbesondere:<br>Versammlungsstätten > 5.000 Personen | Stadien, Kongresshallen, Mehrzweckarenen |

***Tabelle 3:*** *Schadensfolgeklassen (Ingrid Kaiser gem. VDI 6200)*

| **Schadens-folgeklasse** | **Merk-male** | **Gebäudetypen/ exponierte Bau-teile u. a.** | **Beispiele** |
|---|---|---|---|
| CC 2 | mittlere Folgen | Bauliche Anlagen, Höhe H > 60,00 m | Fernsehtürme, Hochhäuser |
| | | Stützweiten > 12,00 m und/ oder Auskragungen > 6,00 m, groß-flächige Über-dachungen | Bürogebäude, Industrie- und Gewerbebauten, Kraftwerke, Produktionsstätten, Bahn-hofs- und Flughafengebäude, Hallenbäder, Einkaufsmärkte, Museen, Krankenhäuser, Kinos, Theater, Schulen, Diskotheken, Sporthallen aller Art, z. B. für Eislauf, Reiten, Tennis, Radfahren, Leicht-athletik |
| | | exponierte Bauteile mit besonderem Gefährdungspo-tenzial | große Vordächer, angehäng-te Balkone, vorgehängte Fassaden, Kuppeln |
| CC 1 | geringe Folgen | robuste und erfahrungsgemäß unkritische Bau-werke, Stützweiten < 6,00 m | Ein- und Mehrfamilienhäuser |
| | | Gebäude mit nur vorübergehendem Aufenthalt einzelner Menschen | landwirtschaftlich genutzte Gebäude |

Die regelmäßigen Prüfungen werden von verschiedenen Personenkreisen, an die entsprechende Anforderungen gestellt werden, in unterschiedlichen Zeitabständen in Abhängigkeit von den Schadensfolgeklassen durchgeführt. Zunächst führt der Eigentümer im Rahmen der Betreiberverantwortung Begehungen durch und nimmt augenscheinliche Mängel oder Schäden auf. Diese betreffen vor allem:

- Tragwerkszustand (siehe Kapitel 1.5 und 1.6)
  - Verformungen
  - Risse
  - Durchfeuchtungen
  - Korrosion
- äußere und zustandsbedingte Veränderungen (siehe Kapitel 1.1 bis 1.4)
  - Witterungseinflüsse
  - bauphysikalische Unzulänglichkeiten

Diese Begehungen sollen für die Schadensfolgeklasse CC 3 alle ein bis zwei Jahre, für CC 2 alle zwei bis drei Jahre und für CC 1 alle drei bis fünf Jahre durchgeführt werden.

Im nächsten Schritt erfolgt die eingehende **Überprüfung** durch eine fachkundige Person, ebenfalls durch In-Augenschein-Nahme. Bauingenieure und Architekten mit min. fünf Jahren Berufserfahrung in der Aufstellung von Standsicherheitsnachweisen, technischer Bauleitung u. Ä. oder min. drei Jahren Erfahrung in der Überprüfung gleichartiger Baukonstruktionen gelten als **fachkundige Personen**. Anhang D der VDI 6200 listet exemplarisch Schadensindizien aus Veränderungen am Gebäude, die sich häufig aus der Änderung der Nutzung und/oder Umbauten ergeben, an Bauarten (z. B. Betonkonstruktionen, Mauerwerkskonstruktion etc.) und Baukonstruktionen (z. B. Dächer, Decken etc.) auf.

Diese Überprüfung/Inspektion wird für die Schadensfolgeklasse CC 3 alle zwei bis drei Jahre durchgeführt, für CC 2 alle vier bis fünf Jahre und für CC 1 nach Erfordernis, d. h. entsprechend der jeweiligen Gegebenheiten und des Bauzustands.

Die dritte Stufe stellt die **eingehende Prüfung** durch eine besonders fachkundige Person dar. Die Eignung als **besonders fachkundige Person** erfordert min. zehn Jahre Berufserfahrung in der Aufstellung von Standsicherheitsnachweisen, der technischen Bauleitung o. Ä., min. davon in der Aufstellung von Standsicherheitsnachweisen und min. ein Jahr in der technischen Bauleitung sowie spezifische Erfahrung in der jeweiligen Fachrichtung – Massivbau, Metallbau, Holzbau – des Gebäudes sowie Prüfingenieure oder mit einer Eintragung in die entsprechende Liste einer Ingenieurkammer.

Bei dieser handnahen Prüfung handelt es sich um umfangreiche Untersuchung der Bausubstanz durch zerstörungsfreie, zerstörungsarme und zerstörende Prüfungen und Auswertung der Materialprüfungen im Labor. Weiterhin können aufgrund der Ergebnisse zusätzlich Standsicherheitsnachweise erforderlich werden.

Die Intervalle der eingehenden Prüfung liegen bei der Schadensfolgeklasse CC 3 alle drei bis fünf Jahre, bei CC 2 und CC 1 nach Erfordernis, d. h. entsprechend der jeweiligen Gegebenheiten und des Bauzustands.

**Hinweis**

Wurden noch keine wiederkehrenden Bauwerksprüfungen durchgeführt, bildet die eingehende Prüfung den Start für die folgenden, sich zyklisch wiederholenden, weiteren Überprüfungen.

Eine Bewertung der vorgefundenen Mängel und Schäden sieht die VDI 6200 nicht vor, diese bleibt dem jeweiligen Begutachter vorbehalten.

### 1.7.2 Auswertung und Dokumentation von Überprüfungen

Das Bauwerksbuch bildet als Bestandsdokumentation einen Kernbereich der VDI 6200 durch die Sammlung aller gebäudespezifischen Unterlagen und die Dokumentation der durchgeführten Überprüfungen. Anhang B der VDI 6200 enthält ein Muster für die Gliederung des Bauwerksbuchs. Grundlage bilden alle Bestandsunterlagen wie die Baugenehmigung, die statische Berechnung und ausführungsrelevante Planunterlagen.

Ebenfalls dokumentiert werden sollten alle baulichen und nutzungsspezifischen Änderungen sowie außergewöhnliche Einflüsse von außen, z. B. extreme Witterungseinflüsse (starker Schneefall, Sturm, Hochwasser etc.), Veränderungen im Baugrund (Bautätigkeiten in direkter Umgebung, Veränderungen des Grundwasserstands etc.), Brand und nicht planmäßige Lasteinwirkungen. Letztere treten häufig in Produktionsbereichen durch Aufstellung oder Umsetzung von Maschinen, ggf. mit dynamischen Lasten, auf, die nicht innerbetrieblich abgestimmt wurden. Nach solchen Einwirkungen sollte auch außerhalb der vorgesehenen Zyklen eine Überprüfung durchgeführt und dokumentiert werden.

## 1.7.3 Sanierungsfahrpläne

Aus der jeweiligen Überprüfung müssen entsprechende Maßnahmen-Pläne erstellt werden, um Gefahren zu vermeiden. Zur Sicherung bzw. Wiederherstellung der Eigenschaften von Gebäuden werden drei unterschiedliche Strategien benannt:

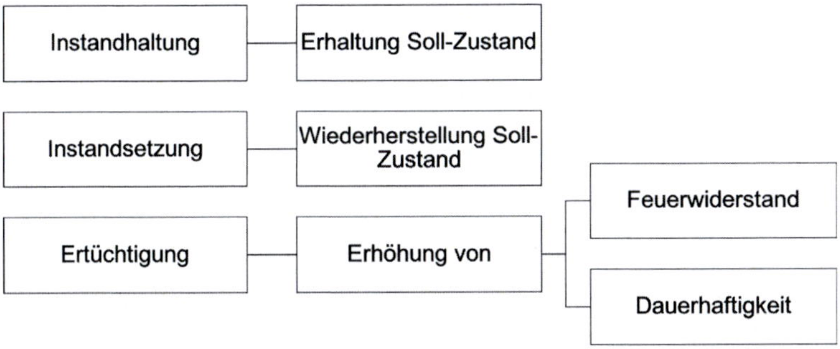


***Bild 2:** Maßnahmen zur Erhaltung der geforderten Eigenschaften (Quelle: Ingrid Kaiser gem. VDI 6200)*

Die VDI 6200 sieht keine Klassifizierung der Mängel und Schäden vor, die jedoch von vielen Gutachtern als sinnvoll angesehen wird. Alternativ wird unterschiedliche Software zu diesem Thema angewandt. Eine einfache Alternative ist eine eigene Entwicklung, die im Folgenden dargestellt wird.

| Begehungsdatum | | 01.06.24 | | | | | | | | | | | |
|---|---|---|---|---|---|---|---|---|---|---|---|---|---|
| Schaden | Schadensumfang | Standsicherheit | Dauerhaftigkeit | Robustheit | Gefahrenklasse | | Prio | | Schadensbeseitigung | | fällig | Bearbeitungsstand | Bemerkungen |
| | | 1,4 | 2,2 | 3,1 | 2,5 | | | | Beginn | Ende | | | |
| abc | klein | 1 | 3 | 3 | 2,2 | potenziell | 3 | 1-4 J. | 02.06.23 | 10.06.23 | 30.05.28 | erledigt | |
| def | mittel | 4 | 2 | 3 | 4,0 | dringend | 1 | sofort | 03.06.22 | | 15.06.24 | in Bearbeitung | |
| ghi | groß | 4 | 3 | 3 | 4,0 | dringend | 1 | sofort | | | 15.06.24 | überfällig | |
| jkl | mittel | 1 | 2 | 4 | 4,0 | dringend | 1 | sofort | 03.06.22 | 04.10.22 | 15.06.24 | erledigt | |
| mno | mittel | 1 | 3 | 3 | 2,3 | potenziell | 3 | 1-4 J. | | | 30.05.28 | | |
| pqr | groß | 1 | 3 | 4 | 4,0 | dringend | 1 | sofort | 20.01.23 | 31.01.23 | 15.06.24 | erledigt | |
| stu | klein | 3 | 3 | 3 | 2,9 | real | 3 | 1-4 J. | 02.06.23 | 10.06.23 | 30.05.28 | erledigt | |
| vwx | mittel | 1 | 1 | 3 | 1,7 | keine | 4 | 5-10 J | | | 29.05.34 | | |

***Bild 3:** Beispiel Schadensbewertung (Quelle: Ingrid Kaiser)*

Aus der Bewertung des Schadensumfangs je festgestelltem Schaden und einer Bewertung (Schulnoten-System) in den Kategorien Standsicherheit, Dauerhaftigkeit und Robustheit ergibt sich die Gefahrenklasse und damit die Priorität und Fälligkeit für die Beseitigung. Gleichzeitig können die Eigentümer/Betreiber den Stand der Bearbeitung eingeben und einen Überblick über die Fälligkeit erhalten.

### 1.7.4 Vorgehensweise beim Neubau

Während bei Bestandsgebäuden die erste Erstellung des Bauwerksbuchs häufig aufgrund fehlender/unvollständiger Unterlagen schwierig ist, können bei Neubauten alle Dokumente von Beginn an in die Systematik der Dokumentation eingeordnet werden. In der Praxis wird dies bisher eher selten umgesetzt. Insbesondere die Zugänglichkeit und Kontrollmöglichkeit beanspruchter Bauteile im Gebäude werden häufig vernachlässigt. Der Bautenschutz (siehe Kapitel 1.1 bis 1.4) sollte nicht nur sach- und fachgerecht geplant, sondern auch ausgeführt werden, da insbesondere die Hüll- und Schutzfunktion der Gebäudehülle dem Schutz der Bauteile dient.

Dem Eigentümer und damit i. d. R. den von ihm beauftragten Objekt- und Fachplanern, insbesondere Tragwerksplanern, obliegen damit entsprechende Pflichten hinsichtlich der Festlegung von erforderlichen Instandhaltungsmaßnahmen und der Dokumentation aller Veränderungen am Gebäude.

# 1.8 Regelmäßige Begehungen und Inspektionen

Während die VDI 6200 die Prüfungen hinsichtlich Standsicherheit, Dauerhaftigkeit und Robustheit in den Vordergrund stellt, sind regelmäßige Überprüfungen des Gesamtzustands von Gebäuden und Außenanlagen zur Werterhaltung empfehlenswert. Je eher beginnende Schäden erkannt werden, desto einfacher und damit wirtschaftlicher können sie beseitigt und Folgeschäden vermieden werden.

Im ersten Schritt werden Sicht- und Funktionsprüfungen durchgeführt, bei denen bereits hinreichend Hinweise auf Schäden gewonnen werden können. Besonders bei älteren Gebäuden, bei welchen längere Zeit keine Begehungen stattgefunden haben, müssen zum einen die Überprüfungen besonders intensiv durchgeführt werden, zum anderen Bestandsunterlagen zusammengestellt werden. Eventuell können Unterlagen auch aus den Bauarchiven der Gemeinden hinzugezogen werden. Häufig liegen keine bzw. keine aktuellen Pläne vor; in diesem Fall ist es hilfreich, wenn ein örtliches Aufmaß und die Erstellung von bemaßten Grundrissen (mit aktueller Nutzung der jeweiligen Räume) und Schnitten durchgeführt werden. In den Plänen können dann auch die aufgefundenen Schäden verortet, d. h. zeichnerisch dargestellt werden.

Zur Vorbereitung der Begehung werden zunächst die Objektdaten erfasst, die Folgendes enthalten sollten:

- Anschrift
- Eigentümer/Objektverantwortlicher und Nutzer
- Nutzungsart, ggf. frühere Nutzungen
- Ursprüngliches Baujahr und Baujahre von Veränderungen
  - Um- und Anbauten
  - Modernisierungen und energetische Sanierungen
  - Nutzungsänderungen

- Angaben zur Gebäude-Größe
  - Bruttogrundfläche
  - Nutz-/Wohnfläche
  - Bruttorauminhalt
- Ggf. Besonderheiten des Objekts, z. B. Leerstände
- Begutachtungsdatum und Begutachter

Als Checkliste für die Begehung können Listen der einzelnen Bauteile analog DIN 276 „Kosten von Hochbauten" dienen, die im Weiteren dann auch Grundlage einer Kostenermittlung erforderlicher Maßnahmen sind. Weiterhin ist ein Schadenkataster hilfreich, das bspw. folgende Elemente enthält:

***Tabelle 1:*** *Teil 1 Exemplarisches Schadenkataster (Ingrid Kaiser)*

| **Schadenkataster Gebäude: XYZ** | | | | |
|---|---|---|---|---|
| **Schadens-beschreibung** | **Lage** | | | |
| | **außen/innen** | **Himm els-richtung** | **Geschoss** | **Raum-bezeichnung** |
| Stufenrisse im Sichtmauer-werk | Außen | SO | 3.-5. OG | |
| Schimmel-bildung | innen | | DG | Dachboden |

Die Begehung selbst wird anhand der Checkliste und nach einem gleichbleibenden Schema durchgeführt, z. B. von außen nach innen und von oben nach unten. Zur späteren Orientierung und der jeweils aufgenommenen Fotos wird zunächst das gesamte Gebäude von der Eingangsseite aus aufgenommen und dann im Uhrzeigersinn das Gebäude umlaufen. Anschließend erfolgt die Begehung von der höchstgelegenen zugänglichen Ebene, ebenfalls im Uhrzeigersinn.

Bei geneigten Dächern ist von hier aus in der Regel über Fensteröffnungen ein Blick auf die Dachflächen möglich, bei Flachdächern ggf. über einen Dachausstieg. In anderen Fällen sind Flachdächer durch Steigleitern erreichbar.

**Hinweis**

Bei Ausstiegen auf die Dachfläche müssen die erforderlichen Sicherungsmaßnahmen berücksichtigt werden, damit sich die Begutachtenden nicht in Gefahr begeben:

- Persönliche Schutzausrüstung gegen Absturz (PSAgA)
- Gewährleistung, dass Sekuranten (Anschlagpunkte) vorhanden und funktionsfähig sind
- u. U. Nachweis der Höhentauglichkeit der Begutachtenden

Häufig werden inzwischen Drohnen zur Befliegung der Dachflächen eingesetzt; hier sind die einschlägigen Vorschriften für den Einsatz zu beachten.

Hilfreich bei der Begehung der einzelnen Ebenen sind Fotos von Fluchtwegplänen oder sonstige Angaben zum jeweiligen Geschoss, bevor die einzelnen Räume begangen werden. Sind an den einzelnen Räumen Raumnummern oder -bezeichnungen angebracht, unterstützen Fotos davon ebenfalls die spätere Orientierung bzw. Zuordnung der Fotos zur Lage. Unterstützend können auch Video-Aufnahmen mit Sprach-Aufzeichnung zu den jeweiligen Schadensfällen herangezogen werden.

Darüber hinaus sollten die Nutzer kontinuierlich dafür sensibilisiert werden, Schadensquellen und entstehende Beschädigungen den Eigentümern bzw. Objektverantwortlichen mitzuteilen. Sind die Nutzer Mieter, sind sie rechtlich gem. BGB dazu verpflichtet (§ 536c BGB).

Zur weiteren Auswertung werden die Fotos der jeweils vorgefundenen Schäden im Schadenkataster zugeordnet:

***Tabelle 2:*** *Teil 2 Exemplarisches Schadenkataster mit Verweisen auf aufgenommene Bilder (Ingrid Kaiser)*

| Schadenskataster Gebäude XYZ | | | | | |
|---|---|---|---|---|---|
| **Schaden-beschrei-bung** | **Lage** | | | | |
| | **außen/ innen** | **Himmels-richtung** | **Geschoss** | **Raumbe-zeichnung** | **Bild** |
| Stufenrisse im Sicht-mauerwerk | außen | SO | 3.-5. OG | | 01_Risse. jpg 02_Risse. jpg |
| Schimmel-bildung | Innen | | DG | Dachbo-den | 03_Schim-mel.jpg |

Im nächsten Schritt wird die Bewertung der festgestellten Schäden im entsprechend erweiterten Schadenkataster vorgenommen. Dieser Bewertung liegt das Prinzip der Risiko-Analyse zugrunde. Die Beurteilung von Risiken basiert auf der Gewichtung bzw. Einschätzung von Eintrittswahrscheinlichkeit und Auswirkungsintensität in der Zukunft eintretender Ereignisse.

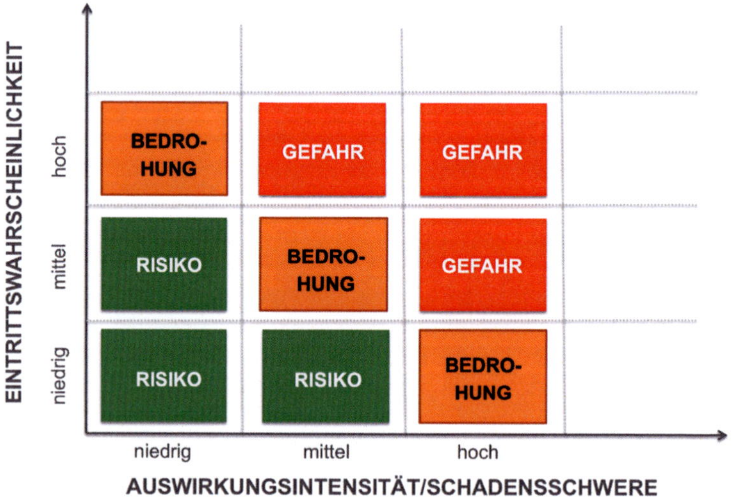


***Bild 1:*** *Systematik der Risiko-Bewertung (Quelle: Ingrid Kaiser)*

Beispiel: Defektes Dach mit augenscheinlich eingeschränkter Tragfähigkeit

***Bild 2:** Durchfeuchtung und Schäden am Auflager Dachkonstruktionen (Quelle: Ingrid Kaiser)*

Ansatz der Bewertung des Risikos:

- Auflager geschädigt
- Feuchteeinflüsse durch mangelnde Dichtheit der Dachdeckung (unzureichende Abdichtung)

## Risikobewertung[1]

***Tabelle 3:** Beispiel Risikobewertung (Ingrid Kaiser)*

| Risiko-Faktor | Eintrittswahr-scheinlichkeit | Auswirkungsin-tensität | Auswertung |
|---|---|---|---|
| Einsturz der Dachkonstruktion | Mittel | Hoch | → Gefahr |
| Durchfeuchtung des gesamten Gebäudes | hoch | hoch | → Gefahr |

Das Schadenkataster wird mit der Zuordnung und diesen Einschätzungen nach dem „Ampel-Prinzip" erweitert:

***Tabelle 4:** Teil 3 Exemplarisches Schadenkataster (Ingrid Kaiser)*

| | Schadenskataster Gebäude: XYZ | | | | | | |
|---|---|---|---|---|---|---|---|
| **Kosten-gruppe** | | **...** | **In Ord-nung** | **Schaden** | **Gefahr** | **nicht vor-handen** | **nicht bewert-bar[2]** |
| 331 | Tragende Außenwände | ... | | X | | | |
| 361 | Dachkons-truktionen | ... | | | X | | |

Zur weiteren Bearbeitung (Teil 4 Schadenkataster) wird eine Priorisierung vorgenommen, daraus Terminierungen abgeleitet (analog Kap. 1.7, Bild 3), die erforderlichen Maßnahmen beschrieben und Intervalle nachfolgender Begehungen nach Beseitigung festgelegt. Sollten bei der Begehung akute Gefahren bzw. Gefährdungen festgestellt werden, müssen sie als Sofort-Maßnahmen unmittelbar an die Verantwortlichen zur Beseitigung weitergeleitet oder entsprechende Schutz-Maßnahmen, z. B. Absperrungen, Abstützungen o. Ä., vorgenommen werden.

[1] Die Einschätzungen sind exemplarisch gewählt und können in vergleichbaren Konstellationen abweichen.
[2] z.B. nicht zugänglich

**Hinweis**

Anfang 2025 wurde der Norm-Entwurf zur DIN 94681 „Verkehrssicherheitsüberprüfung für Wohngebäude – Regelmäßige Prüfroutinen im Rahmen von Sichtprüfungen und Zustandsbewertungen, Grundlagen und Prüflisten" veröffentlicht, jedoch im Mai 2025 auf Druck von Institutionen und Gremien wieder zurückgezogen. Der Norm-Entwurf ist ähnlich wie beschrieben aufgebaut, die hier dargestellten Vorgehensweisen können daher auch zur Prüfung der Verkehrssicherheit in allen Arten von Gebäuden angewandt werden. WICHTIG: Die Verkehrssicherungspflicht ist eine gesetzliche Anforderung an Eigentümer, abgeleitet aus dem Grundgesetz, Art. 14 (2) und dem Bürgerlichen Gesetzbuch, § 823 (1).

# 1.9 Bedeutung der allgemeinen Regeln der Technik

Die allgemein anerkannten Regeln der Technik (a. a. R. d. T., a. R. d. T., aRdT) werden als „Richtschnur" für technisch richtiges Planen und Bauen herangezogen (s. Kap. 2.1.1.). Spätestens seit der Diskussion um den Gebäudetyp E (E = einfach, experimentell) zur schnelleren und kostengünstigeren Schaffung von Wohnraum wird die absolute Gültigkeit jedoch in letzter Zeit infrage gestellt. Das Bundesministerium für Justiz (BMJ) beschränkt im November 2024 in seinem Informationspapier „Das Gebäudetyp-E-Gesetz" ausdrücklich Abweichungen von den anerkannten Regeln der Technik auf fachkundige Auftraggeber, also solche, die die fachlichen Kenntnisse zur Beurteilung besitzen. Für gewerbliche und öffentliche wie auch private Bauherren (Verbraucher), die nicht über die entsprechende Sachkenntnis verfügen, besteht dagegen eine Aufklärungspflicht. Dem schließt sich das Bundesministerium für Wohnen, Stadtentwicklung und Bauwesen (BMWSB) in seiner „Leitlinie und Prozessempfehlung – Einfaches Bauen Gebäudetyp E", ebenfalls im November 2024, an.

Die Anwendung der anerkannten Regeln der Technik geht auf eine Entscheidung des Reichsgerichts aus dem Jahr 1910 nach dem Rechtsstand von 1871 (§ 330 StGB) zurück, wonach sie sich in der Anwendung bewährt haben und von Fachleuten als richtig und praktisch nutzbar angesehen werden.

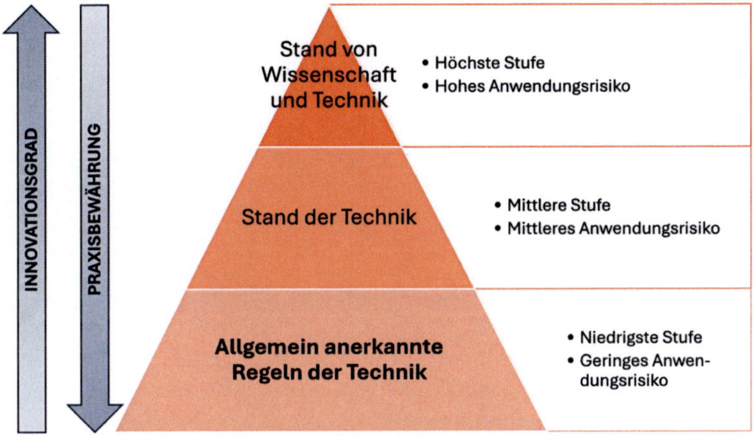


***Bild 1:** Technologiestufen (Quelle: Ingrid Kaiser)*

Zu den anerkannten Regeln der Technik gehören u. a.:

- Normen (nationale, europäische und internationale)
- Vorschriften, Richtlinien (Verband Deutscher Elektrotechniker e. V. – VDE, Verein Deutscher Ingenieure – VDI, Verband Deutscher Maschinen- und Anlagenbau – VDMA etc.)
- Einheitliche technische Baubestimmungen (ETB)
- Technische Regeln für Arbeitsstätten (ASR)
- Herstellerrichtlinien zur Verarbeitung von Baustoffen
- mündlich überlieferte Regeln (z. B. im Zimmerer-Handwerk)

Grundsätzlich sind diese Regeln einerseits lediglich Empfehlungen, andererseits wird davon ausgegangen, dass bei ihrer Einhaltung alle Leistungspflichten der Planer und Ausführenden erfüllt sind. Jedoch steht dem der Innovationsaspekt entgegen, der für die Weiterentwicklung des Bauens erforderlich ist. Im Umkehrschluss ist es gängige Rechtsprechung, dass es sich um einen Mangel handelt, wenn der geschuldete Erfolg auch bei Einhaltung aller Regeln nicht erreicht wird, es sei denn, Auftraggeber und Auftragnehmer haben ausdrücklich etwas anderes vereinbart.

Im ersten Schritt ist es hilfreich, die jeweiligen Regeln hinsichtlich von Schutzzielen, soweit sie nicht über gesetzliche Vorschriften geregelt sind, wie:

- Standsicherheit
- Brandschutz
- gesunde Lebens- und Arbeitsverhältnisse
- Barrierefreiheit
- Umweltschutz

zu untersuchen. Diese einzuhalten ist zur Vermeidung von Schäden auch an den Gebäuden unabdingbar. Allerdings existieren eine ganze Reihe von Regeln, die Komfort- und Ausstattungsstandards beschreiben, hierzu werden immer wieder die Anzahl der erforderlichen Steckdosen, Raumhöhen (z. B. in den ASR, für Aufenthaltsräume jedoch in den Bauordnungen der Länder festgelegt), Minimierung der Deckenstärken mit Reduzierung des Schallschutzes, Raumtemperaturen in Bädern von Wohnungen von 24 °C etc. genannt.

Die bisherigen Betrachtungen bezogen sich lediglich auf die aktuelle Situation und damit auf Neubauten. Bei Betrachtung des Gebäudebestands entstehen jedoch andere Blickwinkel:

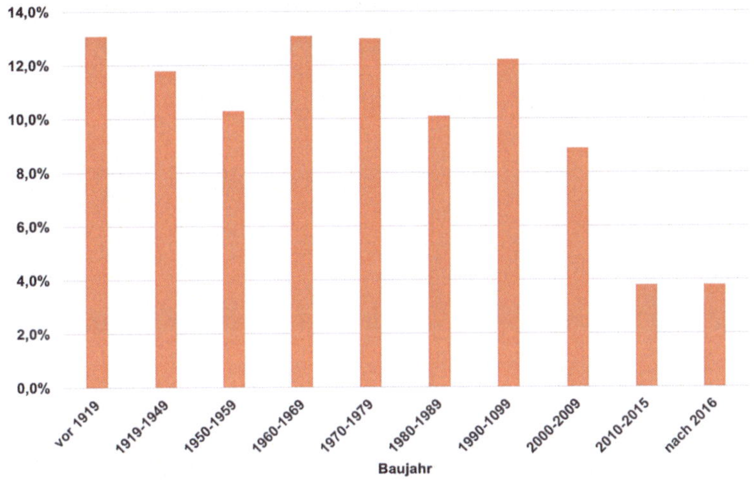


***Bild 2:*** *Anteil der Gebäude mit Wohnnutzung nach Baujahr (Quelle: Ingrid Kaiser gem. Zensusdatenbank, mit Erhebung v. 15.05.2022)*

Hieraus ergibt sich für diese Gebäudeart ein mittleres Alter von knapp 50 Jahren, also mit einer Restnutzungsdauer von ca. 30 Jahren. Instandhaltungs- und Instandsetzungsmaßnahmen sind nicht erfasst. Trotz dieser lückenhaften Datenlage kann davon ausgegangen werden, dass min. 30 % der Bestandsgebäude nicht den aktuellen Anforderungen der anerkannten Regeln der Technik entsprechen, ohne dass gravierende Schäden aufgetreten sind.

Die zwingende Anwendung der anerkannten Regeln der Technik bleibt dabei spannend und sicher auch kontrovers. Vorrangig wird sie sich auf Neubauten und Um- und Erweiterungsbauten beziehen. Dazu hat das Deutsche Institut für Normung 2024 die Civey GmbH, Berlin, mit einer Befragung von ca. 300 Fachleuten (nicht näher definiert!) zur Bedeutung von DIN-Normen beauftragt.

Danach konnten sich 21,3 % vorstellen, ganz ohne DIN-Normen zu bauen, gegenüber 69,0 %, die das nicht für möglich hielten. Dem gegenüber schätzen 40,6 % als Ursache für gestiegene Baukosten die Anforderungen durch Baunormen an[1].

[1] Die Umfrage kann unter https://www.din.de/resource/blob/1180260/d21467855367bb65e44e221c82b6eca0/baukampagne-umfrage-data.pdf heruntergeladen werden.

# 2 Häufige Ursachen von Bauschäden an Baukonstruktionen

**Begriffsdefinitionen**

Generell wird ein (Bau-)Schaden als Verschlechterung des Zustands durch ein schädigendes Ereignis definiert. Umgangssprachlich wird der Bauschaden häufig mit einem Baumangel, der nur eine Ursache für einen Bauschaden ist, gleichgesetzt. Juristen sprechen von Schäden häufig ausschließlich im Zusammenhang mit finanziellen Verlusten (Schadensersatz), Baufachleute teilweise auch von irreparablen Beeinträchtigungen, d. h. solchen, die nur mit einem unverhältnismäßig hohen Aufwand beseitigt werden können, z. B. nicht bis in das Fundament durchgehende Schalldämmung zwischen zwei Gebäuden. Tatsächlich sind Bauschäden auf folgende Ursachen, die sich überlagern und damit steigern können, zurückzuführen:

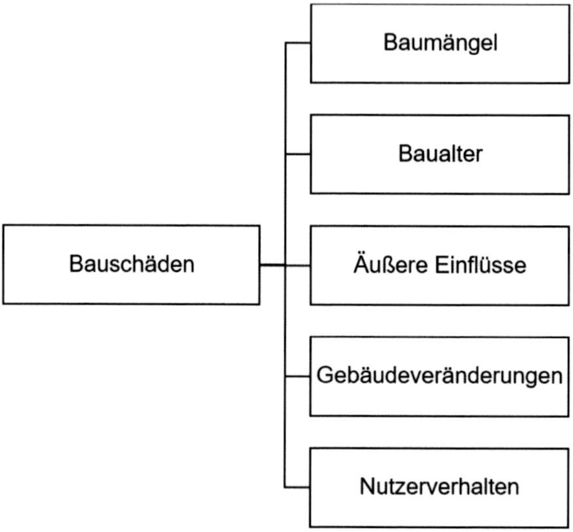


***Bild 1:*** *Ursachen für Bauschäden (Quelle: Ingrid Kaiser)*

Die Verteilung der Bauschäden nach dem Auslöser zeigt deutlich, dass fast die Hälfte auf die konstruktiven Teile des Gebäudes entfallen, gefolgt von ca. einem Drittel (inkl. Wasserschäden) durch Feuchte:

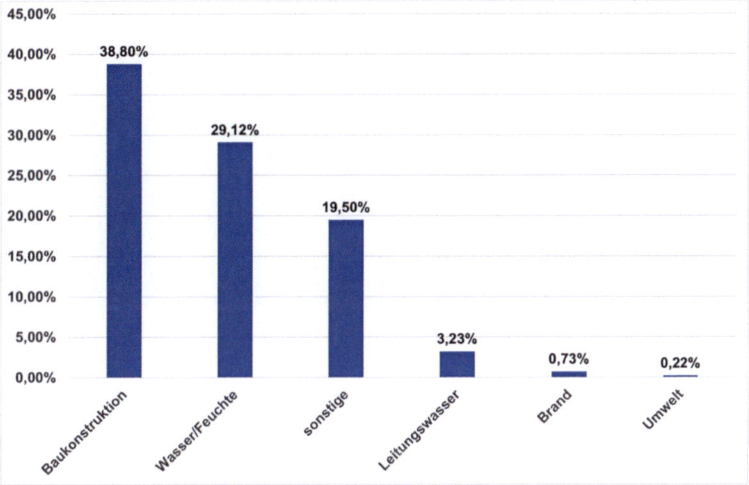


***Bild 2:*** *Schadensursachen nach Auslöser 2018–2022 (Quelle: Ingrid Kaiser gem. VHV[1]-Bauschadenbericht Hochbau 2013–2024)*

Nach den Schadenstellen macht der größte Anteil Schäden aus, von denen mehrere Bauteile betroffen sind. Dies ist auf das Übergreifen von Schäden an Anschlüssen und Übergängen der einzelnen Elemente zurückzuführen. Damit sind insgesamt ebenfalls knapp die Hälfte (46,7 %) der Schäden an den konstruktiven Bauteilen aufgetreten.

[1] VHV Allgemeine Versicherung AG, Hannover.

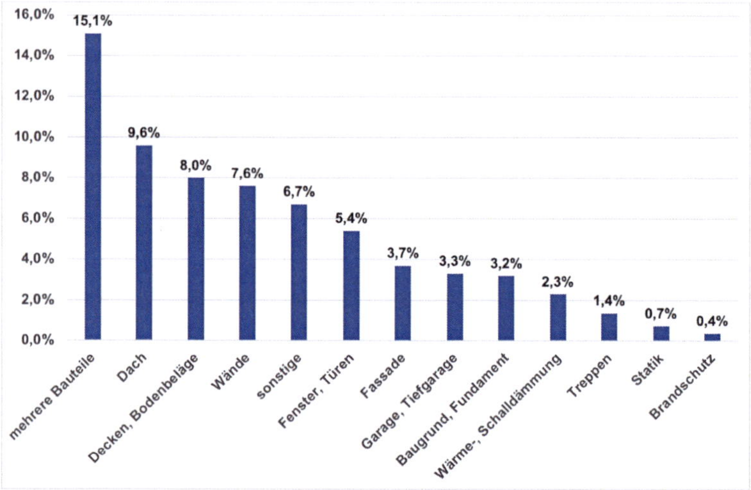


***Bild 3:** Schadensursachen nach Schadenstellen 2002 bis 2021 (Quelle: Ingrid Kaiser gem. Entwicklung der Bauschäden und Bauschadenkosten – Update 2022, im Auftrag des Bauherren-Schutzbundes e.V.)*

# 2.1 Baumängel und Baufehler

Mangelhaft ausgeführte Leistungen sind häufige Ursache für daraus entstehende Schäden, insbesondere wenn sie zunächst nicht erkannt und beseitigt werden. Die Auswirkungen als Schäden zeigen sich dann häufig erst in der Nutzungsphase.

## 2.1.1 Planungsfehler

Gemäß Günter Wöhe[1] ist „Planung die gedankliche Vorwegnahme von Handeln“, d. h., mit der Planung wird der Grundstein für die Umsetzung eines Bauprojekts gelegt. Damit kommt den Objekt- und Fachplanern nicht nur die Verantwortung einer fehler-, mangel- und letztlich schadenfreien Planung zu, sondern auch die Beratungs- und Informationspflicht gegenüber dem Auftraggeber.

**Exkurs: Honorarordnung für Architekten und Ingenieure (HOAI)**

*Entsprechend § 631 (2) BGB gehören zum Werkvertragsrecht nicht nur die klassischen Bauleistungen, sondern auch die Planungs- und Überwachungsleistungen.*

*§ 631 Vertragstypische Pflichten beim Werkvertrag*

*(1) Durch den Werkvertrag wird der Unternehmer zur Herstellung des versprochenen Werkes, der Besteller zur Entrichtung der vereinbarten Vergütung verpflichtet.*

*(2) Gegenstand des Werkvertrags kann sowohl die Herstellung oder Veränderung einer Sache als auch ein anderer durch Arbeit oder Dienstleistung herbeizuführender Erfolg sein.*

*Mit Inkrafttreten des neuen Werkvertragsrecht zum 01.01.2019 wurde zur Festlegung der Vertragspflichten der neue Paragraph 650p ergänzt:*

[1] Deutscher Wirtschaftswissenschaftler, 1924 bis 2007.

*§ 650p Vertragstypische Pflichten aus Architekten- und Ingenieurverträgen*

*(1) Durch einen Architekten- oder Ingenieurvertrag wird der Unternehmer verpflichtet, die Leistungen zu erbringen, die nach dem jeweiligen Stand der Planung und Ausführung des Bauwerks oder der Außenanlage erforderlich sind, um die zwischen den Parteien vereinbarten Planungs- und Überwachungsziele zu erreichen.*

*(2) Soweit wesentliche Planungs- und Überwachungsziele noch nicht vereinbart sind, hat der Unternehmer zunächst eine Planungsgrundlage zur Ermittlung dieser Ziele zu erstellen. Er legt dem Besteller die Planungsgrundlage zusammen mit einer Kosteneinschätzung für das Vorhaben zur Zustimmung vor.*

Alle weiteren Regeln des Werkvertragsrechts hinsichtlich Mängeln, Abnahmen, Verjährungsfristen der Gewährleistung, Zahlungen etc. sind auf Architekten- und Ingenieurleistungen sinngemäß anzuwenden.

Auch wenn die HOAI im Wesentlichen der Ermittlung des Honorars dient, enthält sie ergänzend die Leistungen, die bei Beauftragung vereinbart und damit vom Planer geschuldet werden.

Die Teile 2 bis 4 beschreiben die konkrete Anwendung der Vorschriften auf die jeweiligen Leistungsbereiche und die zugehörigen Honorartabellen für die Grundleistungen:

- Flächenplanung
- Landschaftsplanung
- Objektplanung
  - Gebäude und Innenräume
  - Freianlagen
- Ingenieurbauwerke
- Verkehrsanlagen
- Fachplanung
  - Tragwerksplanung
  - Technische Ausrüstung

Dem Objektplaner obliegt die Empfehlung zur Einschaltung von Fachplanern gegenüber dem Auftraggeber ebenso wie die Integration der von ihnen erstellten Planungsleistungen in die eigene

Objektplanung. Diese umfasst gemäß HOAI folgende Leistungsphasen (LPH):

- LPH 1 – Grundlagenermittlung
- LPH 2 – Vorplanung
- LPH 3 – Entwurfsplanung
- LPH 4 – Genehmigungsplanung
- LPH 5 – Ausführungsplanung
- LPH 6 – Vorbereitung der Vergabe
- LPH 7 – Mitwirkung bei der Vergabe
- LPH 8 – Objektüberwachung – Bauüberwachung und Dokumentation
- LPH 9 – Objektbetreuung

In Anlage 10.1 HOAI sind die zu erbringenden Leistungen für jede Leistungsphase für die Planungs- und Überwachungsleistungen inkl. Termin- und Kostenplanung und -überwachung detailliert beschrieben.

Für die Fachplaner gelten in den entsprechenden Teilen der HOAI analoge Anforderungen.

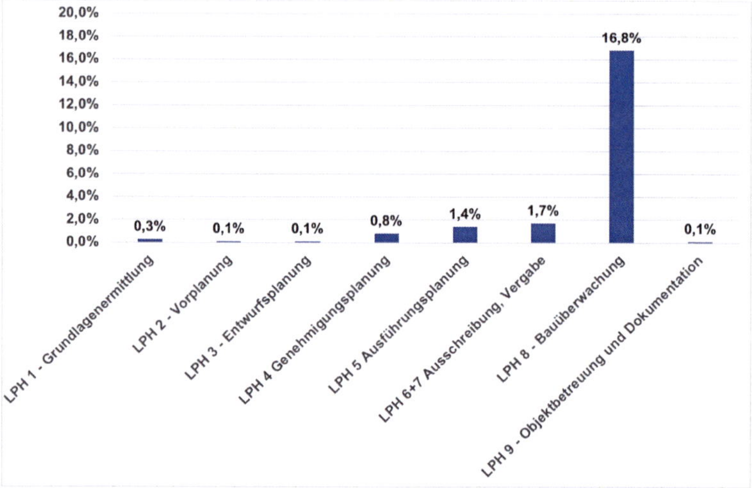


***Bild 1:*** *Analyse der Schadensursachen 2002-2021 (Quelle: Ingrid Kaiser gem. Entwicklung der Bauschäden und Bauschadenkosten – Update 2022, im Auftrag des Bauherren-Schutzbundes e.V.)*

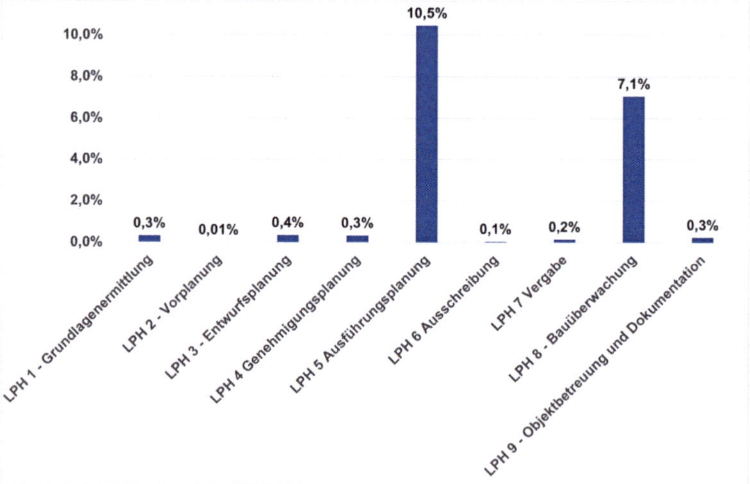


***Bild 2:*** *Schadenursachen 2018-2022 (Quelle: Ingrid Kaiser gem. VHV-Bauschadenbericht Hochbau 2018-2022)*

Die unterschiedliche Gewichtung resultiert zum einen aus den jeweils betrachteten Zeiträumen, zum anderen aus verschiedenen Datengrundlagen (ausführende Unternehmen <-> Architekten und Ingenieure) und Vergleichszahlen.

Planungsfehler können auf fehlerhaften oder fehlenden Annahmen, Nichtberücksichtigung der Nutzeranforderungen und/oder unzureichender Berücksichtigung der allgemein anerkannten Regeln der Technik (a. a. R. d. T.) beruhen. Zu den Annahmen zählen beim Neubau insbesondere der Baugrund inkl. der jeweiligen Wasserverhältnisse (siehe Kapitel 1.5.4).

***Bild 3:** Zu tief angeordnete Bodenplatte/Wasserstand nach Starkregen nicht berücksichtigt (Quelle: Ingrid Kaiser)*

Im Bestand, bei geplanten Umbaumaßnahmen, steht die Tragfähigkeit im Vordergrund. Oft sind die Bestandsunterlagen lückenhaft oder fehlen ganz. Werden hier nur „Annahmen" getroffen, besteht im Extremfall Einsturzgefahr, mindestens entstehen Risse und Verformungen. Hier ist eine eingehende Prüfung gem. VDI 6200 (siehe Kapitel 1.7.1) dringend empfehlenswert.

Die Nichtberücksichtigung der Nutzeranforderungen betrifft in der Regel die Wahl der Baumaterialien. Beispiel: Wahl eines textilen Bodenbelags in stark frequentierten Bereichen. Auch die Grundriss-Gestaltung kann fehlerhaft sein und damit am Bedarf vorbeigehen, beispielsweise im Geschoss-Wohnungsbau die Anzahl von Ein-, Zwei- und Mehrraum-Wohnungen. Dies führt nicht zu einem Bauschaden, sondern ggf. zu einem pekuniären Schaden durch erschwerte Vermarktung.

Viele Bauschäden entstehen durch die Nichteinhaltung der allgemein anerkannten Regeln der Technik. Dieser Begriff (= unbestimmter Rechtsbegriff!) wird häufig kontrovers interpretiert; außerdem existieren verwandte Begriffe wie Stand der Technik oder Stand von Wissenschaft und Technik. Die allgemein anerkannten Regeln der Technik werden i. A. definiert als Regeln (DIN-Normen, Richtlinien und Regeln von Fachverbänden etc.), die wissenschaftlich untermauert sind und sich in der Baupraxis bewährt haben.

Besonders im Bereich der Bauphysik bzw. des Bautenschutzes (siehe Kapitel 1.1.2 bis 1.1.4) sind Planungsfehler anzutreffen, wobei die Feuchteschäden einen Großteil ausmachen. Durch entstehende oder eindringende Feuchte werden die tragenden Baukonstruktionen nachhaltig geschädigt, insbesondere wenn die Durchfeuchtung zunächst nicht bemerkt wird. Weiterhin wirkt sich die Feuchte auf den Wärmeschutz aus, sodass die Planung der Feuchteabdichtung immer im Zusammenhang mit weiteren bauphysikalischen Gegebenheiten gesehen werden muss.

Nicht nur fehlerhafte, sondern insbesondere fehlende Planung führt zu Mängeln und letztlich Schäden. Beispielsweise wird bei Ein- und Zweifamilienhäusern oder bei energetischer Sanierung häufig auf eine Ausführungsplanung komplett verzichtet bzw. nach den Entwurfsplänen gebaut. Auch eine fehlende Detailplanung – besonders bei komplizierten Bauteil-Anschlüssen/-Übergängen – führt immer wieder zu Ausführungsfehlern und damit zu Bauschäden. Dies gilt auch für Widersprüche zwischen Plan- und Ausschreibungsunterlagen.

### 2.1.2 Ausführungs- und Materialfehler

In der Ausführung der erforderlichen Arbeiten ist generell dann von einem Mangel die Rede, wenn das Bau-Ist nicht dem Bau-Soll entspricht. Dies ist immer dann der Fall, wenn die vertragliche Leistung nicht erbracht wird und/oder die Ausführung nicht den allgemein anerkannten Regeln der Technik entspricht. Insgesamt sind Ausführungs- und Materialfehler zu ca. mind. einem Drittel Ursache für Bauschäden. Eine Chance, Bauschäden aus mangelhafter Ausführung zu vermeiden, besteht in der Früherkennung, d. h. während der Ausführung, spätestens jedoch während der Verjährungsfrist der Gewährleistung. Besonders in der Ausführungsphase können erkannte Mängel beseitigt und Folgeschäden ausgeschlossen werden.

Zu den häufigsten Ursachen für Schäden zählen Feuchte-Einflüsse. Im Gründungs- und Sockelbereich muss die Abdichtung an die Feuchteverhältnisse im Boden sowie Niederschlagseinflüsse angepasst werden (siehe Kapitel 1.2). Kritisch sind auch im Bereich der Feuchte-Abdichtung immer Anschlüsse und Übergänge an den unterschiedlichen Bauteilen, die sorgfältig ausgeführt werden müssen.

***Bild 4:*** *Unzureichende Sockelabdichtung (Quelle: Ingrid Kaiser)*

Ein weiterer kritischer Punkt sind Leckagen an Leitungen. Diese entstehen durch falsche Materialwahl oder unzureichend ausgeführte Anschlüsse.

***Bild 5:*** *Fehlender Anschluss bei Fallrohr führt zu Durchfeuchtung der Fassade (Quelle: Ingrid Kaiser)*

Im Neubau und bei umfangreichen Sanierungs- und/oder Modernisierungsmaßnahmen entstehen durch Verwendung von Beton, Estrich, Mörtel, Putz, Tapezierarbeiten und Anstriche hohe Feuchtekonzentrationen; beim Neubau eines Einfamilienhauses beispielsweise fallen zwischen 10.000 und 20.000 l Wasser an. Aufgrund des hohen Termindrucks bei vielen Bauvorhaben werden erforderliche Trocknungszeiten häufig nicht eingehalten, die Gebäudehülle wird inkl. Fenstereinbau zu früh geschlossen, die Nutzung beginnt möglichst schnell nach Fertigstellung. Durch Möblierung und Ausstattung, ggf. gepaart mit unzureichendem Lüftungsverhalten, kann die Feuchtigkeit nur eingeschränkt an die Luft abgegeben werden. Eine weitere Ursache für Baufeuchte sind zu hohe Feuchteanteile der eingebauten Stoffe oder mangelhafter Schutz vor Witterung bei der Lagerung.

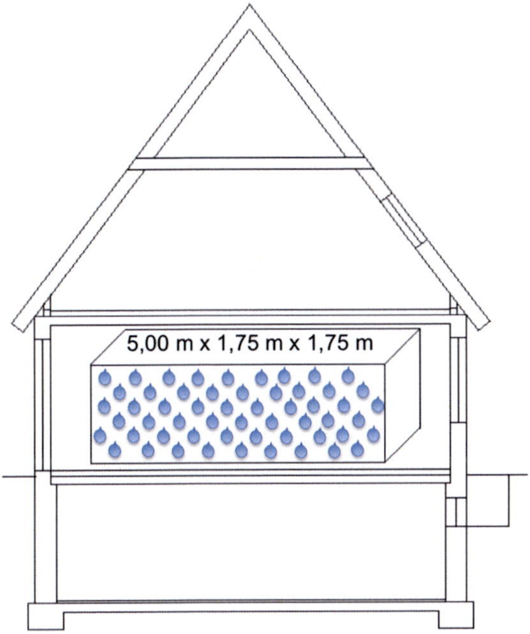


***Bild 6:** Wasservolumen des durchschnittlichen Feuchtegehalts im Neubau eines Einfamilienhauses (Quelle: Ingrid Kaiser)*

Auch an Dächern treten häufig Feuchteschäden aufgrund unzureichender Ausführung der Abdichtungen wie der Dampfsperren und daraus resultierender Durchfeuchtung der Dämmung auf. Auch ein zu hoher Feuchtegehalt der Holz-Dachkonstruktion (siehe Kapitel 1.6.3.) führt hier zu Bauschäden.

Die Abdichtungen an Flachdächern sind vielfältigen Beanspruchungen ausgesetzt: Feuchtigkeit (Oberflächen-, Sickerwasser, Wasserunterläufigkeit), mechanische (Durchbiegungen, Setzung, Dehnung, Hagel etc.) und thermische Beanspruchungen, UV-Einstrahlung, bei Begrünung zusätzlich biologische Anforderungen, bei Immissionen auch chemische Belastungen. Weiterhin spielt die Windsogsicherung eine wichtige Rolle, ebenso wie die Aufnahme horizontaler Kräfte.

**Risse** werden durch Längenänderungen oder Winkelverdrehungen verursacht, die dem Baustoff durch innere oder äußere Kräfte aufgezwungen werden, sobald die dadurch hervorgerufenen Spannungen zusammen mit den statischen Spannungen und den Eigenspannungen den für den jeweiligen Bauteil gegebenen Grenzwert übersteigen.

Als von außen einwirkende Ursachen für Spannungsänderungen in einem Bauwerk kommen im Besonderen in Betracht:

- Temperatur- und Feuchtigkeitsänderung
- lastabhängige Verformungen
- Setzungen des tragenden Untergrunds und Grundwasserspiegelschwankungen
- aufgezwungene Bewegungen angrenzender Bauteile
- sowie Erschütterungen

Materialmäßig sind dabei die spezifischen Ausdehnungskoeffizienten bei Temperatur- bzw. Feuchteänderung maßgeblich. Beispielsweise ergeben sich unvermeidbare Temperaturänderungen durch die Witterung (Sonneneinstrahlung) und durch die Nutzung (Heizung). Die stärkste Sonneneinstrahlung erhalten südseitige Fassaden, wobei die Oberflächentemperatur um bis zu 8 °C/Minute auf bis zu 70 °C im Sommer zunehmen kann, während im Winter Außentemperaturen von -20 °C durchaus möglich sind. Dabei bleiben die Innentemperaturen mit 15 bis 20 °C praktisch konstant. Herstellungsbedingt entstehen etwa Schwundrisse bei der Errichtung von längeren Bauteilen. Asymmetrisch angeordnete Baumassen können in darunter gelegenen Bauteilen ebenso wie auch Setzungsvorgänge Rissbildung verursachen.

Erschütterungen bewirken dynamische Spannungen, deren Größe eine Funktion der Erschütterung und der Ausbreitungsgeschwindigkeit der Erschütterungswelle bildet. Letztere hängt im Allgemeinen nur vom Wellentypus (Druck-, Scher-, Oberflächenwelle etc.) und den elastischen Materialeigenschaften ab. In plattenförmigen Bauwerksteilen (Wände, Decken etc.) treten vor allem Biegewellen auf, deren Ausbreitungsgeschwindigkeit davon abweichend von der Biegesteifigkeit und der Schwingungsfrequenz abhängt; sie ist immer deutlich kleiner als die von Raumwellen im gleichen Material.

Risse in Außen- und Innenwänden sind ebenfalls ein häufig auftretender Bauschaden, der auf mangelhafter Ausführung des Mauerwerks beruht (siehe Kapitel 1.6.2). Auch die falsche Auswahl der jeweiligen Mauersteine führt zu solchen Schäden.

**Weitere Gewerke und deren ordnungsgemäße Ausführung**

Wärmedämm-Verbundsysteme (WDVS) werden seit vielen Jahren als wärmedämmende Fassade sowohl im Neubau wie im Bestand eingesetzt. Grundlage für die Ausführung sind die DIN 55699 „Anwendung und Verarbeitung von außenseitigen Wärmedämm-Verbundsystemen mit Dämmstoffen aus expandiertem Polystyrol-Hartschaum (EPS) oder Mineralwolle (MW)“ sowie DIN EN 13499 „Wärmedämmstoffe für Gebäude – Außenseitige Wärmedämm-Verbundsysteme aus expandiertem Polystyrol – Spezifikation“ und DIN EN 13500 „Wärmedämmstoffe für Gebäude – Außenseitige Wärmedämm-Verbundsysteme aus Mineralwolle – Spezifikation“. Mitgeltende Normen: DIN EN 13163 „Wärmedämmstoffe für Gebäude – Werkmäßig hergestellte Produkte aus expandiertem Polystyrol (EPS) – Spezifikation“ und DIN 13162 „Wärmedämmstoffe für Gebäude – Werkmäßig hergestellte Produkte aus Mineralwolle (MW) – Spezifikation“. Zunehmend werden für die Dämmung auch Polyurethan-(PUR-)Schaumplatten und insbesondere natürliche Materialien, wie Holz, Zellulose, Kork, etc., verwendet.

Vor Anbringung des WDVS muss der Untergrund generell sauber, trocken und tragfähig sein. Besonders bei Bestandsbauten ist die Untergrundprüfung sorgfältig durchzuführen; hierzu gehören bei Feststellung von Rissen die Analyse und ggf. Beseitigung der Ursachen.

Zeigen sich beim Untergrund bspw. Ausblühungen, ist der Untergrund sehr glatt oder handelt es sich um Mischmauerwerk mit unterschiedlichen Saugeigenschaften, kann das ausführende Unternehmen Bedenken anmelden. Dies gilt ebenso bei größeren Unebenheiten, als die DIN 18202:2013-04 „Toleranzen im Hochbau

– Bauwerke“ zulässt, und bei nicht ausreichender Tragfähigkeit zur Befestigung des WDVS.

Die Art der Befestigung hängt vom Untergrund, von der Oberflächenbeschaffenheit des tragenden Untergrunds und dem Flächengewicht des WDVS ab. Die allgemeinen bauaufsichtlichen Zulassungen (abZ) unterscheiden folgende Systeme:

- Typ I geklebt, Polystyrol-Hartschaum
- Typ II Schienenbefestigung
- Typ III geklebt und gedübelt
- Typ IV geklebt, Mineralwolle

Die Verklebung ist bis zu einem Flächengewicht von 10 kg/$m^2$ zulässig; normalerweise erfolgt sie im Wulst-Punkt-Verfahren mit einem Flächenanteil von min. 40 %, abhängig vom gewählten System. Bei sehr glatten Untergründen und/oder dünnen EPS-Dämmungen ist eine vollflächige Verklebung mit Zahntraufel erforderlich.

Bei höherem Flächengewicht (> 10 kg/$m^2$) muss die Dämmung gedübelt werden. Bei größeren Unebenheiten des Untergrunds oder geringer Haftzugfestigkeit (Bestandsgebäude) ist eine zusätzliche Verdübelung sinnvoll. Hierbei ist auf eine geringe Wärmebrückenwirkung der Dübel zu achten.

Bei sehr großen Unebenheiten des Untergrunds erfolgt die Befestigung durch angedübelte Schienensysteme, in die die Dämmung mit Nut eingestellt wird.

Werden die Dämmplatten eines WDVS mechanisch über (Teller-) Dübel befestigt, stellen diese punktuellen Durchdringungen Wärmebrücken dar. Durch die höhere Temperatur an diesen Stellen trocknet der Putz schneller als in den anderen Flächen, sodass es zu den typischen hellen Flecken in der Fassadenfläche kommt. Zur Vermeidung dieser punktförmigen Wärmebrücken werden im Allgemeinen Kunststoffdübel mit geringer Wärmeleitfähigkeit verwandt.

***Bild 7:*** *WDVS mit unzureichend wärmedämmenden Dübeln (Quelle: Ingrid Kaiser)*

Die äußere Schicht des WDVS besteht aus einem armierten Unterputz und dem Oberputz, der als Kunstharz- oder Silikonharzputz (organisch) und Silikat- oder Kalk-Zement-Putz (mineralisch) ausgeführt werden kann.

Unterputze werden nach verschiedenen Kriterien unterschieden:

- Schichtdicke
  - Dünnschicht, d = ca. 2 – 3 mm
  - Mittelschicht, d = ca. 3 – 6 mm
  - Dickschicht, d = ca. 6 – 10 mm
- Baustoffe
  - organisch (Dünnschicht)
  - mineralisch (Normal- oder Dickschicht)

Bei der Verwendung von mineralischen Oberputzen auf organischem Unterputz und umgekehrt ist jeweils eine Grundierung als Zwischenanstrich erforderlich. Zur Oberflächengestaltung stehen unterschiedliche Strukturen wie Reibe-, Kratz-, Glatt- und Modellierputz zur Verfügung.

Zum Schutz des Oberputzes kann zusätzlich ein Schlussanstrich aufgebracht werden, der durch Verringerung der Porigkeit der Oberfläche Staub- und Schmutzablagerungen verringert. Je nach Standort und Klima verhindern algizide und/oder fungizide Bestandteile des Anstrichs Algen- und Pilzbefall.

Nach den verwendeten Bindemitteln werden folgende **Estrich-Arten** unterschieden gemäß DIN EN 13813:

- Zement-Estrich (CT)
- Calciumsulfat-Estrich (CA)
- Kunstharz-Estrich (SR)
- Magnesia-Estrich (MA)
- Gussasphalt-Estrich (AS)

Am häufigsten verwendet werden Zement-Estriche; sie sind für nahezu alle Nutzungsarten verwendbar, auch im Außenbereich. Verwendet wird i. d. R. Portlandzement CEM I 32,5 R oder CEM I 42,5 R mit Sanden der Korngruppe 0/4 und 0/8, bei 5 cm Nenndicke auch 0/16. Das Größtkorn soll generell bei einer Estrich-Nenndicke bis 4 cm max. 8 mm und bei einer Nenndicke ab 4 cm max. 16 mm betragen.

Durch Zugabe von Fließmitteln und Stabilisatoren entsteht Fließestrich, der sich leichter verarbeiten lässt und selbstnivellierend ist. Außerdem ist er schneller begeh- und belastbar.

Zementgebundene Hartstoff-Estriche (Industrie-Estriche) entstehen durch Zugabe von harten Stoffen wie bspw. Korund und werden häufig im Industriebau, in Parkbauten o. Ä. eingebaut. Gem. DIN 18560-7 unterliegen sie unterschiedlichen mechanischen Beanspruchungsgruppen:

- I (schwer) – Befahren mit Stahl- oder Polyamid-Bereifung; Schleifen und Kollern von Metallteilen etc.
- II (mittel) – Befahren mit Urethan- oder Gummi-Bereifung; Schleifen und Kollern von Holz, Papierrollen oder Kunststoffteilen etc.
- II (leicht) – Befahren mit Elastik- oder Luftreifen; Montage auf Tischen etc.

Werden als Gesteinskörnungen, mit einem Größtkorn von 16 mm, Marmor, Kalkstein oder Dolomit oder für höhere Belastungen Granitsplitt oder Flusskies verwendet, entsteht nach dem Schleifen der erhärteten Schicht Terrazzo, ein bereits in der Antike verwendeter Boden, der bis zu den 60er-Jahren des vergangenen Jahrhunderts häufig verwendet wurde und jetzt wieder häufiger eingebaut wird. Im Gegensatz zum ähnlichen Beton-Werkstein wird er auf der Baustelle fugenlos erstellt und zählt damit zu den Estrichen.

Ein aktueller Trend sind geschliffene Estriche ohne weitere Beläge. Je nach Anzahl der Schleifgänge und der Feinheit der Schleifstufen entstehen unterschiedliche Oberflächen-Bilder bis hin zu Terrazzoähnlichen.

Bei Calciumsulfat-Estrichen wird als Bindemittel Anhydrit, das aus Gipsstein, dem durch Brennen das Kristallwasser entzogen wird, besteht, verwendet. Dieser Estrich ist sehr schwindarm, sodass Rissbildung nur selten auftritt. Allerdings ist er hitze- und feuchtigkeitsempfindlich und kann nur in trockenen Innenräumen eingesetzt werden, ggf. müssen Abdichtungen und/oder Dampfsperren vorgesehen werden. Auch bei dieser Estrichart können Fließmittel zugesetzt werden, es entsteht Calciumsulfat-Fließestrich (CAF).

Mit synthetischen Reaktionsharzen, wie Epoxidharen (EP), Polyurethanen (PUR), Polymethylmethacrylaten (PMMA) oder ungesättigten Polyesterharzen (UP) als Bindemittel mit Gesteinskörnungen aus Quarzsanden oder Korund, entstehen Kunstharz-Estriche. Sie sind – abhängig von der Bauteil- und Umgebungstemperatur – schnell begeh- und belastbar und haben eine hohe Festigkeit und einen hohen Widerstand gegen Verschleiß, Feuchte und viele Chemikalien, außerdem sind sie schwindarm. Allerdings ist die

Verlegung relativ aufwendig und es können hierbei giftige Dämpfe entstehen.

Magnesia-Estrich kann auf nahezu allen Untergründen eingebaut werden, im feuchten Zustand darf er jedoch keinen Kontakt zu Metallen haben, sodass alle Metall-Konstruktionen beim Einbau von Magnesia-Estrich entsprechend geschützt werden müssen. Da er früher häufig als Steinholz-Estrich auf Holzbalken-Decken verlegt wurde, wird er heute häufig bei Instandsetzungen von Bestandsbauten verwendet.

Die Bestandteile der Gussasphalt-Estriche – Bitumen, Kalkstein oder Quarzsand und Gesteinskörnung – werden bei Temperaturen zwischen ca. 200 und 250 °C gemischt und eingebracht. Der große Vorteil sind Belegreife bereits nach einem Tag, die thermoplastischen Eigenschaften durch die Beifügung von Bitumen und die geringe Einbaudicke ab 2,5 cm. Zu beachten ist bei der Verarbeitung, dass die erforderliche Temperatur des Gemischs bis zum Einbauort gehalten werden muss.

Estriche können gemäß DIN 18560 als Verbundestriche (V) direkt auf den Untergrund, in der Regel die Betonplatte/-decke, aufgebracht werden. Sie werden vorwiegend im Industriebau bei hoher mechanischer Beanspruchung als Hartestriche mit oder ohne Belag bzw. Beschichtung eingesetzt. Der Untergrund muss sauber und frei von losen Bestandteilen, Ölen, Gips-, Mörtel- und Farbresten und Nachbehandlungsmitteln etc. sein, bevor die Haftbrücke abschnittsweise aufgebracht wird.

Sind größere Unebenheiten auszugleichen als gem. DIN 18202 (Toleranzen im Hochbau) oder Untergrund-Vorbereitungen durch Kugelstrahlen, Hochdruckstrahlen o. Ä. erforderlich, sind sie als Besondere Leistungen gesondert zu vereinbaren und zu vergüten. Bei der anschließenden Estrich-Verlegung muss auf eine einheitliche Dicke (2 bis 5 cm) und gleichmäßiges Verdichten geachtet werden.

Estriche auf Trennschicht (T) gewährleisten die Entkopplung des Estrichs von der Deckenplatte, sodass eine spannungsfreie Bewegung möglich ist. Hierzu müssen umlaufend an den Wandanschlüssen Randstreifen vorgesehen werden.

Die Trennschicht aus Bitumen-Papier, Polyethylen-Folien oder Rohglas-Vliesbahnen muss bei Zement-, Kunstharz- und Magnesia-Estrich zweilagig ausgeführt werden. Ist eine Feuchtigkeitsabdichtung erforderlich, kann eine der beiden Lagen als Abdichtung gegen aufsteigende Feuchtigkeit vorgesehen werden.

Estriche auf Dämmschichten (= schwimmende Estriche, S) gewährleisten sowohl den Schall- als auch den Wärmeschutz, wobei die Estrich-Schicht selbst die Aufgabe der Lastverteilung übernimmt. Weiterhin darf der Estrich zur Vermeidung von Schallübertragungen an keiner Stelle Kontakt zu aufgehenden Bauteilen haben. Der Randstreifen ist in ausreichender Höhe vorzusehen, bis zur Oberkante des späteren Belags.

Eine Sonderform der Estriche auf Dämmschichten sind die Heizestriche (Fußboden-Heizung, H, S-H). Nach Lage der Heizelemente als Warmwasser-Rohrsysteme oder Elektro-Systeme werden folgende Bauarten unterschieden:

- Bauart A – Heizelement in der Estrichschicht (Nassverlegung)
- Bauart B – Heizelement in der Dämmschicht
  (spezielle, profilierte Elemente, Trockenverlegung)
- Bauart C – Heizelement in einer Ausgleichsschicht
  (Ausgleichsestrich, Nassverlegung)

***Tabelle 1:*** *Richtwerte Estrich-Nenndicken nach Konstruktion und Bindemitteln (Ingrid Kaiser gemäß DIN 18560)*

| | Verbund-estrich | Estrich auf Trennschicht[2] | Estrich auf Dämmung[3] |
|---|---|---|---|
| CT (Zement-Estrich) | ≤ 5 cm | 3,5 bis ≥ 7 cm | 4 bis ≥ 7,5 cm |
| CA (Calciumsulfat-Estrich) | | 3,5 bis 7 cm | 3,5 bis ≥ 7,5 cm |
| SR (Kunstharz-Estrich) | | 3 bis ≥ 4,5 cm | 3 bis ≥ 6 cm |
| MA (Magnesia-Estrich) | | 3,5 bis ≥ 7 cm | 3,5 bis ≥ 7,5 cm |
| AS (Gussasphalt-Estrich) | ≤ 4 cm | 2 bis ≥ 3,5 cm | 2,5 bis ≥ 4 cm |

Weitere Einflüsse auf die Estrich-Nenndicke nehmen die Festigkeitsklasse, der Durchmesser des Größtkorns sowie Anforderungen an den Frostwiderstand bei Einbau im Freien.

Bei Heizestrichen können dieselben Werte zugrunde gelegt werden, besser sollten die o. g. Nenndicken als Rohrüberdeckung gewählt werden. Empfohlen wird eine Überdeckung von min. 4,5 cm, bei Bauart A wird die Estrich-Nenndicke um den Außendurchmesser der Rohre erhöht.

Bei Nenndicken > 8 cm greifen betontechnologische Grundsätze, sodass die Bemessung und Ausführung als Betonplatte gem. DIN EN 1992 erfolgen.

Sind größere Unebenheiten auszugleichen als gem. DIN 18202 (Toleranzen im Hochbau) oder Untergrund-Vorbereitungen durch Kugelstrahlen, Hochdruckstrahlen o. Ä. erforderlich, sind sie als Besondere Leistungen gesondert zu vereinbaren und zu vergüten. Bei

---

2 Abhängig von den Einzel- und Flächenlasten.
3 Abhängig von den Einzel- und Flächenlasten.

der anschließenden Estrich-Verlegung muss auf eine einheitliche Dicke (2 bis 5 cm) und gleichmäßiges Verdichten geachtet werden.

Risse sind allgemein im Hochbau häufig anzutreffende Schadens- und Mängelerscheinungen und treten insbesondere bei Zement-Estrichen häufig auf. Bei diesen und auch bei Calciumsulfat-Estrichen sind sie häufig auf eine ungenügende Estrich-Festigkeit, zu geringe oder unterschiedliche Dicken oder eine zu schnelle Austrocknung zurückzuführen.

Haarrisse, auch als Krakelee-Risse bezeichnet, sind gekennzeichnet durch eine sehr geringe Tiefe und kleine Maschenweite. Da hierdurch die Gebrauchstauglichkeit nicht beeinträchtigt wird, liegt hierbei kein Mangel vor. Ähnlich zu betrachten sind Netzrisse mit größerer Maschenweite, sofern die Tragfähigkeit nicht beeinträchtigt ist. Beide Rissarten entstehen durch zu schnelles Austrocknen und/oder Auskühlen kurz nach dem Einbau, dem mit Nachbehandlungsmaßnahmen entgegengewirkt werden kann.

Werden die Randstreifen zu aufgehenden Bauteilen unzureichend ausgeführt, z. B. durch Mörtel-Einschlüsse, wird die Ausdehnungsmöglichkeit behindert. Gleichzeitig kommt es zur Schalldämm-Reduzierung, die einen erheblichen Mangel darstellt.

Auch die Umgebungsbedingungen spielen eine nicht unerhebliche Rolle bei der Vermeidung von Mängeln. Das Gebäude sollte komplett geschlossen sein und die Einbau-Temperatur 5 °C, bei Magnesia-Estrich 10 °C, nicht unterschreiten. Auch bei Temperaturen über 25 °C müssen entsprechende Nachbehandlungsmaßnahmen analog zu den Betonarbeiten vorgenommen werden.

Bewegungsfugen sind je nach individuellen Gegebenheiten und Materialart des Estrichs besonders bei Zement- und Calciumsulfat-Estrichen, abhängig davon, ob die Räume beheizt oder unbeheizt sind, ebenfalls zu beachten.

***Tabelle 2:*** *Fugenanordnung in Estrichen (Ingrid Kaiser)*

| | **Zement-Estrich** | | **Calciumsulfat-Estrich** | |
|---|---|---|---|---|
| | **beheizt** | **unbeheizt** | **beheizt** | **unbeheizt** |
| Seitenläge ca. | 6,50 m | 8,00 m | 10,00 m | 20,00 m |
| Feldgröße ca. | 40 $m^2$ | 60 $m^2$ | 100 $m^2$ | |

**Hinweis**

Immer noch taucht auf Baustellen die Frage der Gewerke-Reihenfolge auf bzw. sie wird nicht eingehalten:

Die Estricharbeiten werden **nach** den Putzarbeiten ausgeführt!

Bei zweilagiger Dämmung muss die festere Dämmschicht, d. h. diejenige mit der geringeren Eindrückbarkeit, oben liegen. Werden die Dämmschichten zweilagig verlegt, muss auf den Versatz der Stöße geachtet werden.

Vor dem Verlegen der Bodenbeläge wird die Belegreife durch Feuchtemessung ermittelt. Die zerstörungsfreie Prüfung erfolgt mit elektrischen Verfahren, die auf Messung der Leitfähigkeit, die bei höheren Wassergehalten steigt, basiert. Für die CM-Methode und die Darrmethode müssen Estrichproben entnommen werden. Bei der CM-Methode wird der Wassergehalt nach Beimischung von Calciumcarbid durch den Druckanstieg ermittelt. Die Darrmethode wird bei Calciumsulfat-Estrichen bei einer Temperatur von 40 °C und bei Zementestrichen von 105 °C durchgeführt. Der Wassergehalt darf bei CT-Estrichen nicht mehr als 2 CM-% bzw. bei Verlegung von dampfdurchlässigen textilen Belägen oder keramischen und Steinbelägen im Dickbett nicht mehr als 3 CM-%, bei CAF-Estrichen nicht mehr als 0,5 CM-% bzw. bei dampfdurchlässigen textilen Belägen nicht mehr als 1 CM-% betragen.

Die nichttextilen Beläge werden in elastische und Hart-Böden unterteilt. Elastische Böden wie Polyvinylchlorid- (PVC-), Elastomer- und Linoleum-Beläge sind in der Regel mit einer Beschichtung als Oberflächenschutz versehen. Während PVC und Elastomere aus künstlichen Materialien bestehen, ist Linoleum ein Naturprodukt aus Leinöl, Harzen und Holzmehl auf einer Trägerschicht aus Jute. Dadurch ist Linoleum im Gegensatz zu den anderen elastischen Belägen kaum alkalibeständig.

Mineralische Beläge werden in natürliche und künstliche sowie keramische Beläge unterteilt. Zu den natürlichen Steinen zählen kalkhaltige wie Kalkstein, Marmor und Travertin, zu den siliziumhaltigen Granit, Schiefer und Sandstein.

Keramische Beläge werden nach dem Formen und Trocknen bei hohen Temperaturen gebrannt. Am häufigsten werden Steinzeugfliesen, glasiert oder unglasiert, verwendet. Terrakottafliesen, auch als Cotto bezeichnet, sind offenporige, unglasierte Steingutfliesen.

Holz ist generell empfindlich gegenüber Feuchtigkeit, Versiegelungen bestehen aus ein-, zwei- oder dreikomponentigen Acrylaten, bei mehreren Komponenten zusätzlich aus Härtern und gegebenenfalls UV-Schutz. Versiegelungen machen den Boden relativ unempfindlich gegenüber mechanischen Beschädigungen wie Kratzern o. Ä. Zunehmend wird auf die chemische Oberflächenbehandlung verzichtet und die  werden geölt und gewachst, wodurch die Oberfläche in der Regel weniger resistent gegen Feuchtigkeit und Abnutzung ist. Holzböden werden unterteilt in: Parkett, Dielen und Holzpflaster.

Textile Beläge unterscheiden sich zum einen durch die Materialfasern, zum anderen durch das Pol-Material (tierisch, pflanzlich, synthetisch) und die Pol-Form (Noppen, Schlingen). Weiterhin gibt es drei Arten der Herstellung: Tufting, Webverfahren und Nadelvlies. Auch die Verlegung spielt eine entscheidende Rolle; hier wird unterschieden in lose Verlegung, häufig auf vorhandenen glatten Untergründen, und solchen mit Klebstoffen und Spachtelmassen

Für die Beläge existieren unterschiedliche gestalterische und der Nutzung entsprechende Anforderungen:

Nutzungsklassen Bodenbeläge gem. DIN EN ISO 10874:

- Nutzungsklasse 2x – Private Räume
  - Nutzungsklasse 21 – geringe Nutzung
  - Nutzungsklasse 22 – mittlere Nutzung
  - Nutzungsklasse 23 – intensive Nutzung
- Nutzungsklasse 3x – öffentliche und gewerbliche Nutzung
  - Nutzungsklasse 31 – geringe/zeitweilige Nutzung
  - Nutzungsklasse 32 – mittelstarke Nutzung
  - Nutzungsklasse 33 – starke Nutzung
  - Nutzungsklasse 34 – sehr starke Nutzung
- Nutzungsklasse 4x – Leichtindustrie
  - Nutzungsklasse 41 – überwiegend sitzende Tätigkeiten, gelegentliche Nutzung durch leichte Fahrzeuge
  - Nutzungsklasse 42 – überwiegend stehende Tätigkeiten, Nutzung durch Fahrzeuge
  - Nutzungsklasse 43 – starke Nutzung, andere Bereiche

Abriebklassen:

- Fliesen
  - Abriebklasse 1 – sehr leichte Beanspruchung, kratzempfindlich, wenig abriebfest
  - Abriebklasse 2 – leichte Beanspruchung
  - Abriebklasse 3 – mittlere Beanspruchung
  - Abriebklasse 4 – stärkere Beanspruchung
  - Abriebklasse 5 – starke Beanspruchung

Rutschhemmung:

- R 9 – geringer Haftreibwert, trittsicher, Neigungswinkel 7 bis 10°
- R 10 – normaler Haftreibwert, trittsicher, Neigungswinkel 11 bis 19°
- R 11 – erhöhter Haftreibwert, trittsicher, Neigungswinkel 20 bis 27°
- R 12 – hoher Haftreibwert, trittsicher, Neigungswinkel 28 bis 35°
- R 13 – sehr hoher Haftreibwert, trittsicher, Neigungswinkel > 35°

### 2.1.3 Überwachungsfehler

Die in den vorhergehenden Bereichen Planung und Ausführung dargestellten Ursachen für Bauschäden können – wenigstens zum Teil – mit einer guten Bauüberwachung eliminiert werden. Im Gegenzug können in der Überwachung (zusätzliche) Fehler auftreten, die das Schadenspotenzial vergrößern. Im besten Fall wird die Planung überprüft, Fehler bzw. Fehlerhaftes aufgedeckt und nachgebessert. Gleichzeitig gewährleisten regelmäßige und ausreichende (!) Prüfung und Überwachung der vor Ort durchgeführten Leistungen auf Übereinstimmung mit der (korrekten) Planung und allen anderen Anforderungen ein mangelfreies Bauwerk. Hierzu gehört eine lückenlose und eindeutige Dokumentation in Wort und Bild zu den jeweils ausgeführten Arbeiten und der Umgebungsparameter (Witterung, andere auf der Baustelle tätige Unternehmen, besondere Vorkommnisse etc. = klassisches Bautagebuch).

Wie Bild 1 und 2 darstellen nimmt die Bauüberwachung einen hohen Anteil an der Schaden-Verursachung ein. In Gerichtsprozessen taucht häufig die Frage auf, welche Gewerke bzw. hierzu gehörende Aufgaben besonders überwachungsbedürftig sind bzw. wie oft der Bauüberwacher sich auf der Baustelle von der mangelfreien Ausführung überzeugen muss. Ein eindeutiges Schema bzw. eine eindeutige Handlungsanleitung können hieraus jedoch nicht abgeleitet werden, da jeweils im Einzelfall entschieden wird.

### 2.1.4 Überschneidungen der Verantwortlichkeit für Baumängel

Selten gibt es den einen Grund für das Entstehen von Baumängeln und daraus resultierende Schäden. Ist beispielsweise im Extrem-Fall die Planung mangelhaft, das jeweilige Unternehmen setzt sie 1:1 um und die Bauüberwachung stellt dies nicht fest, sind alle drei Beteiligten in der Verantwortung. Viele Auftraggeber beauftragen daher zusätzlich einen externen Projektsteuerer als Baubegleitung zur Qualitätskontrolle:

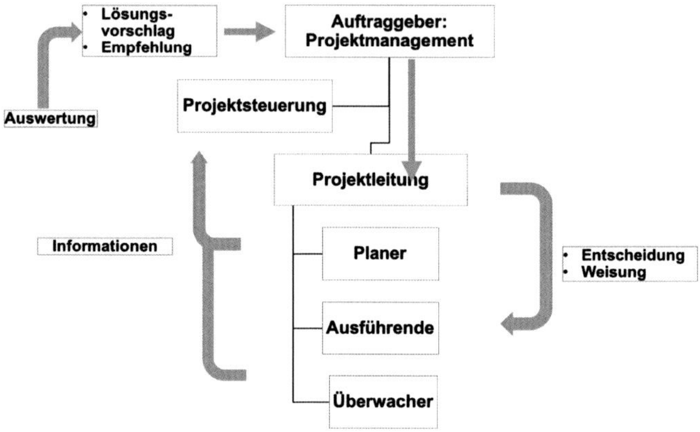


***Bild 8:*** *Einschaltung Projektsteuerung (Quelle: Ingrid Kaiser)*

Während der Auftraggeber – durch seine Projektleitung (intern) – Weisungen aufgrund von eigenen Entscheidungen an die Planer und Ausführenden weitergibt, sammelt der externe Projektsteuerer alle Informationen aus dem Planungs- und Bauablauf und wertet sie aus. Hieraus entwickelt er Strategien, auf deren Basis er den Auftraggeber hinsichtlich Lösungsmöglichkeiten beraten kann.

Durch die Darstellung in Bild 8 wird auch die Wichtigkeit von Kommunikation und Information deutlich. Dokumentation ist hierbei die Basis für das Zur-Verfügung-Stehen von Informationen, die an alle Beteiligten weitergegeben werden. Sind die Informationen unzureichend und/oder ist die Kommunikation zwischen den Beteiligten gestört, sind Mängel vorprogrammiert. Termindruck und Komplexität der Bauvorhaben, etwa durch die zunehmende Zahl von Vorschriften, verschärfen die Gefahr unzureichender Kommunikation.

Beispiel: Gerade im Bestandsbau treten auf der Baustelle Gegebenheiten auf, die nicht in die Planung eingeflossen sind. Durch den Zeitdruck wird direkt vor Ort entschieden, welche Lösung umgesetzt wird. Wird diese Information nicht an die Planenden weitergegeben, hat das zum einen zur Folge, dass bei Fertigstellung die vorhandenen Planunterlagen nicht dem tatsächlich Gebauten entsprechen, zum anderen kann nicht ausreichend überprüft werden, welche Konsequenzen die Änderung auf andere Abläufe, Anforderungen etc. hat. Ist umgekehrt die Planung zeitlich verzögert, fehlen erforderliche Informationen auf der Baustelle, Lösungen werden „auf Zuruf" umgesetzt, die Planung verkommt zur „baubegleitenden Planung".

Erfolgreich ist ein Projekt immer dann, wenn die vom Auftraggeber vorgegebenen Projektziele unter Einhaltung des Budgets und der Ressourcen zum vorgegebenen Termin mit der erwarteten Qualität und Funktion erreicht wurden. Voraussetzungen hierfür sind:

- Eindeutige, konkrete Formulierung von Zielen und Standards (Qualität)
- Klare Vereinbarungen von Zuständigkeiten, Aufgabenbereichen und Leistungsabgrenzungen (Schnittstellen!)
- Festlegung von Dokumentationsstruktur und Informationsfluss
- Risiko-Analyse
- Projektgliederung (Projektstrukturplan und Projektablaufplan)
- Termin-, Kosten- und Ressourcen-Planung
- Engmaschiges Controlling

Das Controlling wird in vielen Unternehmen lediglich auf den finanziellen Bereich bezogen, geht jedoch gerade bei Bauprojekten weit darüber hinaus. Auch eine Übersetzung mit „Kontrolle" trifft nicht den Kern, sondern ist ebenfalls nur ein Teilbereich.

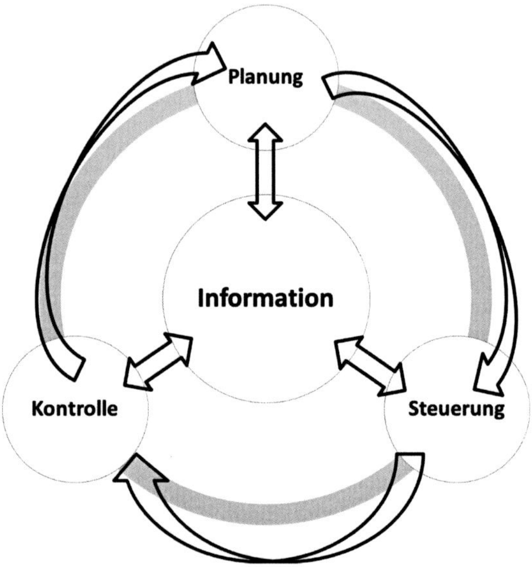


***Bild 9:*** *Controlling-Kreislauf (Quelle: Ingrid Kaiser)*

Mit bzw. vor der Planung erfolgt die Zielsetzung, die regelmäßigen Kontrollen stellen den jeweiligen Soll-Ist-Vergleich dar, aus dem bei Abweichungen Gegensteuerungsmaßnahmen abgeleitet werden. Alle aus den Aktionen gewonnenen Informationen bilden die Grundlage für die Dokumentation.

# 2.2 Baualter und Abnutzung

## 2.2.1 Lebens- und Nutzungsdauer von Gebäuden

Die Lebensdauer von Gebäuden unterscheidet sich von der Nutzungsdauer insoweit, als die technische Lebensdauer wesentlich länger sein kann als die wirtschaftliche Nutzungsdauer. Beide Zeiträume können durch entsprechende Maßnahmen wesentlich verlängert werden. Historische Gebäude z. B. sind seit Jahrhunderten erhalten. Hier spielt die Instandhaltung (s. u.) die größte Rolle. Sobald die Kosten für die Instandsetzung den Wiederbeschaffungswert (WBW = Neuerstellung) überschreiten, ist das Ende der Lebensdauer erreicht. Bei der wirtschaftlichen Nutzungsdauer sind Modernisierungen und Anpassungen an aktuelle Anforderungen erforderlich, damit das Gebäude wirtschaftlich rentabel genutzt werden kann. Die Wirtschaftlichkeit resultiert hierbei aus dem Aufwand für die Modernisierung im Vergleich zu den erzielbaren Erträgen.

Gem. Anlage 22 zu § 185 (3) S. 3 und § 190 (6) S. 1+2 Bewertungsgesetz (BewG) sind folgende Gesamtnutzungsdauern nach Nutzungsarten festgelegt:

***Tabelle 1:*** *Gesamtnutzungsdauer (Ingrid Kaiser gem. BewG)*

| Nutzungsart | Nutzungsdauer |
|---|---|
| Ein- und Zweifamilienhäuser | 80 Jahre |
| Mietwohnungsgrundstücke, Mehrfamilienhäuser | 80 Jahre |
| Wohnungseigentum | 80 Jahre |
| Gemischt genutzte Grundstücke (Wohnhäuser mit Mischnutzung) | 80 Jahre |
| Museen, Theater, Sakralbauten, Friedhofsgebäude | 70 Jahre |
| Bürogebäude/Verwaltungsgebäude | 60 Jahre |
| Banken und ähnliche Geschäftshäuser | 60 Jahre |

***Tabelle 1:*** *Gesamtnutzungsdauer (Ingrid Kaiser gem. BewG)*

| Nutzungsart | Nutzungsdauer |
|---|---|
| Einzelgaragen/Mehrfachgaragen | 60 Jahre |
| Kindergärten (Kindertagesstätten), allgemeinbildende und berufsbildende Schulen, Hochschulen, Sonderschulen | 50 Jahre |
| Wohnheime/Internate, Alten-/Pflegeheime | 50 Jahre |
| Kauf-/Warenhäuser | 50 Jahre |
| Krankenhäuser, Kliniken, Tageskliniken, Ärztehäuser | 40 Jahre |
| Gemeindezentren, Saalbauten, Veranstaltungsgebäude, Vereinsheime | 40 Jahre |
| Beherbergungsstätten, Hotels, Verpflegungseinrichtungen | 40 Jahre |
| Sport-/Tennishallen, Freizeitbäder/Kur- und Heilbäder | 40 Jahre |
| Tief-, Hoch- und Nutzfahrzeuggaragen als Einzelbauwerke, Carports | 40 Jahre |
| Betriebs-/Werkstätten, Industrie-/Produktionsgebäude | 40 Jahre |
| Lager-/Versandgebäude | 40 Jahre |
| Verbrauchermärkte, Autohäuser | 30 Jahre |
| Reithallen, ehemalige landwirtschaftliche Mehrzweckhallen, Scheunen u. Ä. | 30 Jahre |

Ähnlich stellen sich die Nutzungsdauern gem. Anlage 1 zu § 12 (5) S. 1 nach der Immobilienwertermittlungsverordnung (ImmoWertV) dar:

***Tabelle 2:*** *Gesamtnutzungsdauer von baulichen Anlagen (Ingrid Kaiser gem. ImmoWertV)*

| Art der baulichen Anlage | Gesamtnutzungsdauer |
|---|---|
| Frei stehende Ein- und Zweifamilienhäuser, Doppelhäuser, Reihenhäuser | 80 Jahre |
| Mehrfamilienhäuser | 80 Jahre |

***Tabelle 2:*** *Gesamtnutzungsdauer von baulichen Anlagen (Ingrid Kaiser gem. ImmoWertV)*

| **Art der baulichen Anlage** | **Gesamtnutzungs-dauer** |
|---|---|
| Wohnhäuser mit Mischnutzung | 80 Jahre |
| Geschäftshäuser | 60 Jahre |
| Bürogebäude, Banken | 60 Jahre |
| Gemeindezentren, Saalbauten, Veranstaltungsgebäude | 40 Jahre |
| Kindergärten, Schulen | 50 Jahre |
| Wohnheime, Alten- und Pflegeheime | 50 Jahre |
| Krankenhäuser, Tageskliniken | 40 Jahre |
| Beherbergungsstätten, Verpflegungseinrichtungen | 40 Jahre |
| Sporthallen, Freizeitbäder, Heilbäder | 40 Jahre |
| Verbrauchermärkte, Autohäuser | 30 Jahre |
| Kauf- und Warenhäuser | 50 Jahre |
| Einzelgaragen | 60 Jahre |
| Tief- und Hochgaragen als Einzelbauwerk | 40 Jahre |
| Betriebs- und Werkstätten, Produktionsgebäude | 40 Jahre |
| Lager- und Versandgebäude | 40 Jahre |
| Landwirtschaftliche Betriebsgebäude | 30 Jahre |

Auf Basis dieser Werte werden die Nutzungsdauern der einzelnen Bauteile auf eine durchschnittliche Lebensdauer von 50 Jahren bezogen. Hierzu hat das Bundesministerium für Wohnen, Stadtentwicklung und Bauwesen mit Stand 2017 Nutzungsdauern von Bauteilen analog DIN 276 herausgegeben:

***Tabelle 3:*** *Nutzungsdauer Bauteile (Ingrid Kaiser gem. BNB)*

| 3. Ebene DIN 276 | Bezeichnung | Nutzungsdauer |
|---|---|---|
| 320 Gründung | | ≥ 50 Jahre |
| 326 Bauwerks-abdichtung | Abdichtung gegen nichtdrückendes Wasser | 35 Jahre |
| 331 Tragende Außenwände | | ≥ 50 Jahre |
| 333 Außenstützen | | ≥ 50 Jahre |
| 334 Außentüren und -fenster | Standardtüren: Laubholz | ≥ 50 Jahre |
| | Standardtüren: Metall | ≥ 50 Jahre |
| | Standardtüren: Holzwerkstoff | 40 Jahre |
| | Standardtüren: Kunststoff | 40 Jahre |
| | Standardtüren: Nadelholz | 35 Jahre |
| | Brandschutztüren | ≥ 50 Jahre |
| | Sondertüren: Schallschutztüren, Glastüren | ≥ 50 Jahre |
| | Sondertüren: Automatiktüren | 20 Jahre |
| | Sondertüren, Schiebetüren, Rotations-türen | 30 Jahre |
| | Fenster (Rahmen und Flügel): Aluminium, Aluminium-Holz-Komposit, Aluminium-Kunststoff-Komposit, Laubholz behandelt, Stahl | ≥ 50 Jahre |
| | Fenster (Rahmen und Flügel): Kunststoff, Nadelholz behandelt | 40 Jahre |
| | Beschläge: einfache Beschläge, Schiebebeschläge | 30 Jahre |
| | Beschläge: Drehkippbeschläge, Schwingflügelbeschläge, Hebedrehkippbeschläge | 25 Jahre |
| | Türschlösser, Türanschlagdämpfer, Panikverschlüsse | 25 Jahre |
| | Türschließer | 20 Jahre |

***Tabelle 3:*** *Nutzungsdauer Bauteile (Ingrid Kaiser gem. BNB)*

| 3. Ebene DIN 276 | Bezeichnung | Nutzungsdauer |
|---|---|---|
| | Türantriebe | 15 Jahre |
| | Verglasung: Sicherheits-Isolierglas, 3-Scheiben-Wärmeschutz-Isolierglas, 2-Scheiben-Wärmeschutz-Isolierglas, Brandschutz-Isolierglas, Schallschutz-Isolierglas, angriffhemmendes Isolierglas, Sonnenschutz-Isolierglas | 30 Jahre |
| | Dichtungsprofile | 20 Jahre |
| | Dichtstoffe | 12 Jahre |
| | Rollläden | 40 Jahre |
| 335 Außenwandbekleidungen, außen | Abdichtungen erdberührt, gegen drückendes Wasser: Dichtungsbahnen | ≥ 50 Jahre |
| | Abdichtungen erdberührt, gegen drückendes Wasser: Bentonit | 40 Jahre |
| | Abdichtungen erdberührt: Konstruktionen aus wasserundurchlässigem Beton | ≥ 50 Jahre |
| | Abdichtungen erdberührt, gegen nicht-drückendes Wasser: Dichtungsbahnen aus Bitumen, Spachtelmasse | 40 Jahre |
| | Abdichtungen erdberührt, gegen nicht-drückendes Wasser: Beschichtungen und Anstriche | 30 Jahre |
| | Abdichtungen erdberührt nachträglich: Querschnittsabdichtung gegen aufsteigende Feuchtigkeit durch mechanische Injektion | 40 Jahre |
| | Abdichtungen erdberührt nachträglich: Vergelung, Schleierinjektion | 20 Jahre |
| | Abdichtungen erdberührt: Abdichtungsschutz aus Schutzmauern (Beton, Ziegel, Hartbrandklinker) | ≥ 50 Jahre |

***Tabelle 3:*** *Nutzungsdauer Bauteile (Ingrid Kaiser gem. BNB)*

| 3. Ebene DIN 276 | Bezeichnung | Nutzungsdauer |
|---|---|---|
| | Abdichtungen erdberührt: Abdichtungsschutz aus Hartschaumplatten (Polystyrol), Noppenbahnen (Polyethylen, Polypropylen), Wellplatten faserverstärkt auf Zementbasis | 40 Jahre |
| | Abdichtungen erdberührt: Abdichtungsschutz aus Granulatmatten, Wellplatten | 30 Jahre |
| | Wärmedämmung erdberührter Bauteile: Perimeterdämmung (Schaumglas) | ≥ 50 Jahre |
| | Wärmedämmung erdberührter Bauteile: Perimeterdämmung (extrudiertes Polystyrol) | 40 Jahre |
| 335 Außenwandbekleidungen, außen | Außenanstriche, mineralischer Untergrund: Dispersionsfarbe, Dispersions-Silikatfarbe, Weißzementfarbe, Kunststoffbeschichtungen auf Beton, Silikonharzfarbe, Silikatfarbe, Polymerisatharzfarben | 15 Jahre |
| | Außenanstriche, mineralischer Untergrund: Kalkfarbe | 8 Jahre |
| | Außenanstriche, mineralischer Untergrund: Imprägnierung auf Mauerwerk | 15 Jahre |
| | Außenanstriche, mineralischer Untergrund: Lasur | 15 Jahre |
| | Holzschutzanstriche, außen: Holzlacke | 8 Jahre |
| | Holzschutzanstriche, außen: Holzlasuren | 4 Jahre |
| | Holzschutzanstriche, außen: Holzöle/-wachse | 2 Jahre |
| | Graffiti-Schutz: kurzfristige wirksame Produkte (auf Zuckerbasis) | 1 Jahre |
| | Graffiti-Schutz: semipermanente Systeme (Hydrophobierung mit „Opferschicht") | 10 Jahre |

***Tabelle 3:*** *Nutzungsdauer Bauteile (Ingrid Kaiser gem. BNB)*

| 3. Ebene DIN 276 | Bezeichnung | Nutzungsdauer |
|---|---|---|
| | Graffiti-Schutz: permanente Systeme (dickschichtig) | 20 Jahre |
| | Putz auf monolithischer Tragschicht: hochhydraulischer Kalkmörtel, Mörtel mit Putz- und Mauerbinder, Kalkzementmörtel, Zementmörtel mit Zusatz von Luftkalk, Zementmörtel, Luftkalkmörtel, hydraulischer Kalkmörtel, Wasserkalkmörtel | 45 Jahre |
| | Putz auf monolithischer Tragschicht: Sanierputzsysteme, mineralische Leichtputzsysteme auf porosierter Tragschicht | 40 Jahre |
| | Putz auf monolithischer Tragschicht: Silikatputze, Silikonharzputze, Kunstharzputze | 30 Jahre |
| | Putz auf Wärmedämmung: mineralische Putzsysteme, silikatische Putzsysteme, Kunstharzputzsysteme, Silikonharzputzsysteme | 30 Jahre |
| | Mauerwerk, Bekleidungen: Klinker, Kalksandstein, Sichtbeton, Platten, Stein | ≥ 50 Jahre |
| | Verfugungsmassen | 30 Jahre |
| | Bekleidungen: harte Belagsmaterialien auf Wärmedämmung | 30 Jahre |
| | Dämmschicht als Kerndämmung: Mineralwolledämmplatten, Polyurethandämmplatten, Polystyrol, Blähschiefergranulat, Blähglasgranulat, Blähtongranulat | ≥ 50 Jahre |
| | Dämmschicht hinter Vorsatzschale hinter-lüftet: Mineralschaumplatten, Schaumglasplatten | ≥ 50 Jahre |
| | Dämmschicht hinter Vorsatzschale: Vakuumdämmpaneele | 30 Jahre |

***Tabelle 3:*** *Nutzungsdauer Bauteile (Ingrid Kaiser gem. BNB)*

| 3. Ebene DIN 276 | Bezeichnung | Nutzungsdauer |
|---|---|---|
| | Wärmedämmverbundsystem: Mineralwolledämmplatten, Polystyroldämmplatten, Polyurethandämmplatten, Holzfaserdämmplatten, Holzwolleleichtbauplatten, Korkplatten | 40 Jahre |
| | Wärmedämmverbundsystem transparent | 20 Jahre |
| | Holzbekleidung: Nadelholz behandelt, Laubholz, Holzwerkstoff-Systeme | 40 Jahre |
| | Holzbekleidung: Nadelholz unbehandelt | 30 Jahre |
| | Holzbekleidung: Holzschindeln | ≥ 50 Jahre |
| | Metallbekleidungen: Zink, Kupfer, Aluminium eloxiert, Aluminium lackiert, Stahl nicht rostend | ≥ 50 Jahre |
| | Metallbekleidungen: Stahl galvanisch verzinkt | 40 Jahre |
| | Vorsatzschale hinterlüftet: Kupferblech | ≥ 50 Jahre |
| | Vorsatzschale hinterlüftet: Zink, Stahl nicht rostend | 45 Jahre |
| | Vorsatzschale hinterlüftet: korrosionsreduzierter Stahl, Stahl galvanisch verzinkt und beschichtet | 30 Jahre |
| | Vorsatzschale hinterlüftet: Aluminium-Verbundplatten | ≥ 50 Jahre |
| | Vorsatzschale hinterlüftet: Glas | ≥ 50 Jahre |
| | Kunststoffstegplatten transparent: Acrylglasplatten | 40 Jahre |
| | Kunststoffstegplatten transparent: Polycarbonatplatten | 30 Jahre |
| | Vorsatzschale hinterlüftet: faserverstärkte Harzkompositplatten | 30 Jahre |

***Tabelle 3:*** *Nutzungsdauer Bauteile (Ingrid Kaiser gem. BNB)*

| 3. Ebene DIN 276 | Bezeichnung | Nutzungsdauer |
|---|---|---|
| | Wandbekleidungen (Systeme): Kunststoff, Mehrschichtleichtbauplatten | 40 Jahre |
| | Vorsatzschale: Fugen- und Kompriband, Verfugung, Dehnungsfuge, Profil | 40 Jahre |
| | Vorsatzschale: Unterkonstruktion | ≥ 50 Jahre |
| 336 Außenwandbekleidungen, innen | Bekleidung Dämmplatten: Mineralschaumdämmplatten, Calciumsilikatplatten | ≥ 50 Jahre |
| 338 Sonnenschutz | Jalousien: Kunststoff, Aluminium | 25 Jahre |
| | Markisen | 15 Jahre |
| | Sonnenschutz, feststehend: Aluminium | ≥ 50 Jahre |
| 339 Außenwände, Sonstiges | Balkone | |
| | frei stehende Konstruktion: Mauerwerk, Stahlbeton, Stahl nicht rostend, Stahl feuerverzinkt (stückverzinkt), Aluminium beschichtet, Laubholz, Kunststoff-Komposit | ≥ 50 Jahre |
| | frei stehende Konstruktion: Nadelholz, behandelt | 45 Jahre |
| | Brüstung: Stahlgitterkonstruktion feuerverzinkt (stückverzinkt), Glas, Mauerwerk, Stahlbeton | ≥ 50 Jahre |
| | Brüstung aus Holzkonstruktion | 30 Jahre |
| | Brüstungsbekleidung aus Aluminiumplatten, Glasplatten | ≥ 50 Jahre |
| 341 Tragende Innenwände | | ≥ 50 Jahre |
| 342 Nichttragende Innenwände | | ≥ 50 Jahre |
| 343 Innenstützen | | ≥ 50 Jahre |

***Tabelle 3:** Nutzungsdauer Bauteile (Ingrid Kaiser gem. BNB)*

| 3. Ebene DIN 276 | Bezeichnung | Nutzungsdauer |
|---|---|---|
| 344 Innentüren und -fenster | Standardtüren: Holztüren, Holzwerkstofftüren, Aluminiumtüren, Kunststofftüren, Holzwerkstofftüren, Stahltüren und Stahltüren rostfrei | ≥ 50 Jahre |
| | Sondertüren: Glastüren, Rauchschutztüren, Schallschutztüren | ≥ 50 Jahre |
| | Brandschutztüren | ≥ 50 Jahre |
| | Sondertüren: Feuchtraumtüren | 40 Jahre |
| | Sondertüren: Schiebetüren, Rotationstüren | 30 Jahre |
| | Sondertüren: Automatiktüren | 20 Jahre |
| | Tore: Brandschutztore | 30 Jahre |
| | Innenfenster | ≥ 50 Jahre |
| | Beschläge: einfache Beschläge | ≥ 50 Jahre |
| | Beschläge: Schwingflügelbeschläge, Falttürbeschläge, Schiebebeschläge, Drehkippbeschläge, Hebedrehkippbeschläge | 30 Jahre |
| | Türschließer, Türschlösser, Fensterschlösser | 30 Jahre |
| | Panikverschlüsse | 25 Jahre |
| | Türantriebe | 15 Jahre |
| | Türanschlagdämpfer | 20 Jahre |
| | Fenster- und Türenverglasung: Einfachverglasung | ≥ 50 Jahre |
| | Fenster- und Türenverglasung: angriffhemmendes Isolierglas, Sicherheits-Isolierglas, Brandschutz-Isolierglas, Schallschutz-Isolierglas | 40 Jahre |
| | Dichtungsprofile | 30 Jahre |
| | Dichtstoffe | 20 Jahre |

***Tabelle 3:*** *Nutzungsdauer Bauteile (Ingrid Kaiser gem. BNB)*

| 3. Ebene DIN 276 | Bezeichnung | Nutzungsdauer |
|---|---|---|
| 345 Innenwand-bekleidungen | Innenanstriche: Nassabriebklasse 1 | 15 Jahre |
| | Innenanstriche: Nassabriebklasse 2 | 10 Jahre |
| | Innenanstriche: Nassabriebklasse ≥ 3 | 5 Jahre |
| | Innenanstriche: Lasur | 18 Jahre |
| | Standard-Innenputze: Gipsputz, Anhydritputz, Kalkputz, Kalkgipsputz, Kalkzementputz, Kunstharzputz, Lehmputz | ≥ 50 Jahre |
| | mineralische Deckputze: Zementputz, Trasskalkputz, Trasszementputz | ≥ 50 Jahre |
| | Spezialputze: Sanierputz/-Systeme | 15 Jahre |
| | Spezialputze: Akustikputz, Strahlenschutzputz | ≥ 50 Jahre |
| | Putzprofile: Kunststoff, Stahl, Glasfaser | ≥ 50 Jahre |
| | Putzträger: Stahldrahtnetz, Rippenstreckmetall, Kunststoffgewebe | ≥ 50 Jahre |
| | Bekleidungen: Holz, Holzwerkstoff und Mehrschichtleichtbauplatten, Aluminium, Stahl, Kupfer, Zink, Naturstein, Kunststein, keramische Fliesen und Platten, Feinsteinzeug, Steinzeug, Steingut und Spaltplatten, Glasmosaik | ≥ 50 Jahre |
| | Bekleidungen (Systeme): Gipskartonplatten, Gipskartonverbundplatten | ≥ 50 Jahre |
| | Bekleidungen: Kunststoff (PVC, PE, PP) | 40 Jahre |
| | Bekleidungen: Sonderkonstruktionen aus Glas | ≥ 50 Jahre |
| | Spezial-Bekleidungen: Brandschutz, Schallschutz, Wärmeschutz (Innendämmung), feuchteresistente Bekleidungen | ≥ 50 Jahre |

***Tabelle 3:*** *Nutzungsdauer Bauteile (Ingrid Kaiser gem. BNB)*

| 3. Ebene DIN 276 | Bezeichnung | Nutzungsdauer |
|---|---|---|
| | Tapeten: Papier, Kunststoff, Tapeten nicht überstreichbar, Tapeten überstreichbar | 10 Jahre |
| | Tapeten: Textil, Webstoff | 15 Jahre |
| 346 Elementierte Innenwände | Sanitärtrennwände: Toilettentrennwände, Urinaltrennwände | 30 Jahre |
| | Sanitärtrennwände: Duschtrennwände | 25 Jahre |
| | Umkleidekabinen | 30 Jahre |
| 349 Innenwände, Sonstiges | Treppengeländer: Handläufe aus Aluminium, Laubholz, Stahl | ≥ 50 Jahre |
| | Treppengeländer: Handläufe aus Kunststoff, Nadelholz | 30 Jahre |
| 351 Deckenkonstruktionen | | ≥ 50 Jahre |
| 352 Deckenbeläge | Fließestriche: Zementestrich, Gussasphaltestrich, Anhydritestrich, Magnesiaestrich | ≥ 50 Jahre |
| | Trockenestriche (Systeme): Holzwerkstoffplatten, Gipsfaserplatten, Gipskartonplatten | ≥ 50 Jahre |
| | Estriche als Verschleißboden | ≥ 50 Jahre |
| | Trittschalldämmung | ≥ 50 Jahre |
| | Fußbodendämmung, einschl. Dämmung der obersten Geschossdecke | ≥ 50 Jahre |
| | Natursteinbeläge | ≥ 50 Jahre |
| | Kunststeinbeläge | ≥ 50 Jahre |
| | keramische Fliesen und Platten: Feinsteinzeug, Steinzeug, Steingut, Spaltplatten, Glasmosaik | ≥ 50 Jahre |
| | Gussböden: Kunstharz | 30 Jahre |
| | Gussböden: Terrazzo | ≥ 50 Jahre |

***Tabelle 3:*** *Nutzungsdauer Bauteile (Ingrid Kaiser gem. BNB)*

| 3. Ebene DIN 276 | Bezeichnung | Nutzungsdauer |
|---|---|---|
| | textile Beläge: Baumwolle, Wolle, Synthetikfaser, Sisal, Naturfasergemisch, Jute, Naturfasergemisch, Kokos | 10 Jahre |
| | Linoleum, Laminat, PVC, Kunststoff-Parkett, Kork, Kautschuk, Sporthallenbeläge | 20 Jahre |
| | Vollholzparkett, Holzdielen, Holzpflaster | ≥ 50 Jahre |
| | Holz-Mehrschichtparkett | 40 Jahre |
| | Holzbeschichtung für Bodenbeläge: Holzlacke, Holzversiegelungen | 15 Jahre |
| | Holzschutzanstriche für Bodenbeläge: Holzöle/-wachse | 4 Jahre |
| | Doppelböden und Hohlraumböden | ≥ 50 Jahre |
| | Doppelbodenstützen und Hohlraumbodenstützen: Stahl | ≥ 50 Jahre |
| | Schwingböden: Holz, Kunststoff | 45 Jahre |
| | Sockelleisten: Naturstein, Kunststein, Klinker, Keramik, Holz | ≥ 50 Jahre |
| | Schmutzfangbeläge: Synthetikfaser, Kunststoff, Baumwolle, Sisal, Jute, Kokos | 8 Jahre |
| | Oberflächenbehandlung: Versiegelung | 12 Jahre |
| | Oberflächenbehandlung: Beschichtung auf Kunststoffbasis | 10 Jahre |
| | Oberflächenbehandlung: Beschichtung auf Wachs- oder Ölbasis | 8 Jahre |
| 353 Deckenbekleidungen | Gipskartonbekleidungen | ≥ 50 Jahre |
| | Metallbekleidungen: Aluminium, Stahl, Kupfer, Zink | ≥ 50 Jahre |

***Tabelle 3:*** *Nutzungsdauer Bauteile (Ingrid Kaiser gem. BNB)*

| 3. Ebene DIN 276 | Bezeichnung | Nutzungsdauer |
|---|---|---|
| | Holzbekleidungen: Holz, Holzwerkstoff und Mehrschichtleichtbauplatten | ≥ 50 Jahre |
| | Sonderkonstruktionen inkl. Befestigung: Mineralfaserplatten, Kunststoffplatten, Glasplatten | ≥ 50 Jahre |
| | Sonderkonstruktionen inkl. Befestigung: Brandschutz-Unterdecken | 40 Jahre |
| | Sonderkonstruktionen inkl. Befestigung: Akustikdecken, Akustikelemente, Akustikschaum, Schallabsorber | 40 Jahre |
| | Sonderkonstruktionen inkl. Befestigung: Lichtdecken | 25 Jahre |
| | Dämmung der Kellerdecke | ≥ 50 Jahre |
| | Tapeten: überstreichbar | 20 Jahre |
| | Tapeten: Kunststoff, Textil, Webstoff, Papier nicht überstreichbar | 10 Jahre |
| | Unterkonstruktionen: Trockenbauprofile (Stahl, Holz) | ≥ 50 Jahre |
| | Innenanstriche: Nassabriebklasse 1 | 15 Jahre |
| | Innenanstriche: Nassabriebklasse 2 | 10 Jahre |
| | Innenanstriche: Nassabriebklasse ≥ 3 | 5 Jahre |
| | Innenanstriche: Holzlasur | 18 Jahre |
| 359 Decken, Sonstiges | Geländer, Gitter, Roste, Leitern: Stahl, Aluminium, Holz, Holzwerkstoff, Gusseisen | ≥ 50 Jahre |
| | Gitter und Roste: Kunststoff | 40 Jahre |
| 361 Dachkonstruktion | | ≥ 50 Jahre |
| 362 Dachfenster, Dachöffnungen, Überdachungen | Dachflächenfenster (Rahmen): Aluminium, Kunststoff, Aluminium-Holz-Komposit | ≥ 50 Jahre |

***Tabelle 3:*** *Nutzungsdauer Bauteile (Ingrid Kaiser gem. BNB)*

| 3. Ebene DIN 276 | Bezeichnung | Nutzungsdauer |
|---|---|---|
| | Dachflächenfenster (Rahmen): Aluminium-Kunststoff-Komposit | 35 Jahre |
| | Dachflächenfenster (Rahmen): Laubholz, behandelt | 40 Jahre |
| | Dachflächenfenster (Rahmen): Nadelholz, behandelt | 25 Jahre |
| | Lichtkuppeln | 25 Jahre |
| | Lichtbänder | 20 Jahre |
| | Dachausstiege und Luken: Stahl feuerverzinkt (stückverzinkt) | 40 Jahre |
| | Dachausstiege und Luken: Kunststoff | 30 Jahre |
| | Antriebe für Öffnungen: Handantrieb | 35 Jahre |
| | Antriebe für Öffnungen: elektrischer Antrieb | 25 Jahre |
| | Antriebe für Öffnungen: pneumatischer Antrieb | 20 Jahre |
| 363 Dachbeläge | Abdichtungsbahnen: Elastomerbahnen, Kunststoffbahnen unterhalb der Dämmung | 40 Jahre |
| | Abdichtungsbahnen: Bitumenbahnen unterhalb der Dämmung | 30 Jahre |
| | Abdichtungsbahnen: Bitumenbahnen, Elastomerbahnen, Kunststoffbahnen oberhalb Dämmung mit schwerer Schutzschicht | 30 Jahre |
| | Abdichtungsbahnen: Bitumenbahnen, Elastomerbahnen, Kunststoffbahnen oberhalb Dämmung mit leichter Schutzschicht | 20 Jahre |
| | Abdichtmassen: Asphaltmastix, Flüssigabdichtung, Gussasphalt unterhalb der Dämmung | 40 Jahre |

***Tabelle 3:*** *Nutzungsdauer Bauteile (Ingrid Kaiser gem. BNB)*

| 3. Ebene DIN 276 | Bezeichnung | Nutzungsdauer |
|---|---|---|
| | Abdichtmassen: Asphaltmastix, Flüssigabdichtung, Gussasphalt oberhalb Dämmung mit schwerer Schutzschicht | 30 Jahre |
| | Abdichtmassen: Asphaltmastix, Flüssigabdichtung, Gussasphalt oberhalb Dämmung mit leichter Schutzschicht | 20 Jahre |
| | Abdichtmassen: Flüssigabdichtung oberhalb Dämmung ohne Schutzschicht | 20 Jahre |
| | schwere Schutzschicht: extensive Begrünung | 40 Jahre |
| | schwere Schutzschicht: Bekiesung, Verlegeplatten, intensive Begrünung | 30 Jahre |
| | leichte Schutzschicht: Besplitterung vor Ort, werkseitige Bestreuung | 15 Jahre |
| | Beschichtungen: Metallanstrich | 12 Jahre |
| | Deckungen: Schiefer | ≥ 50 Jahre |
| | Deckungen: Ziegel | ≥ 50 Jahre |
| | Deckungen: Beton, Faserzement | ≥ 50 Jahre |
| | Deckungen: Zink, Kupferblech, Aluminium, Stahl nicht rostend | ≥ 50 Jahre |
| | Deckungen: Holzschindeln | ≥ 50 Jahre |
| | Deckungen: Stahl galvanisch verzinkt und beschichtet | 45 Jahre |
| | Deckungen: Stahl galvanisch verzinkt | 40 Jahre |
| | Deckungen: Glas | 30 Jahre |
| | Deckungen: Bitumenschindeln, Bitumen-Wellplatten | 25 Jahre |
| | Metallbanddeckungen: Stahl nicht rostend, Kupfer, Aluminiumblech | ≥ 50 Jahre |

***Tabelle 3:*** *Nutzungsdauer Bauteile (Ingrid Kaiser gem. BNB)*

| 3. Ebene DIN 276 | Bezeichnung | Nutzungsdauer |
|---|---|---|
| | Metallbanddeckungen: Stahlblech galvanisch verzinkt und beschichtet | 45 Jahre |
| | Metallbanddeckungen: Stahlblech galvanisch verzinkt | 40 Jahre |
| | Deckungen: Reet | 30 Jahre |
| | Dämmschicht als Auf- und Zwischensparrendämmung: Schaumglasplatten, Mineralwollplatten, extrudierte Polystyrolplatten, expandierte Polystyrolplatten, Polyurethanplatten, Faserplatten aus Holz, Hanf, Zellulose | ≥ 50 Jahre |
| | Attikaabdeckungen: Naturstein, Kunststein, Betonfertigteil, Betonsteinplatten, keramische Fliesen und Platten, Feinsteinzeug, Steinzeug, Spaltplatten, Kupfer, Aluminium, Stahl nicht rostend, Zink | ≥ 50 Jahre |
| | Attikaabdeckungen: Faserzement | 40 Jahre |
| | Attikaabdeckungen: Stahl galvanisch verzinkt | 30 Jahre |
| | Attikaabdeckungen: Kunststoff | 20 Jahre |
| 364 Dachbekleidungen | Unterdach: Bitumen-Holzfaserplatten | ≥ 50 Jahre |
| | Unterdach: imprägnierte Faserplatten aus Holz, Hanf, Zellulose | 30 Jahre |
| | Unterdach: dampfdiffusionsoffene Kunststofffolien | 30 Jahre |
| | Zwischen-, Auf- und Untersparrendämmung: Mineralwolle, Polystyrol, Polyurethan, Blähgranulat, nachwachsende Dämmstoffe (z. B. Holzdämmstoffe, Zellulose, Kork, Leichtlehmmischung, Flachs, Wiesengras, Hanf) | ≥ 50 Jahre |

***Tabelle 3:*** *Nutzungsdauer Bauteile (Ingrid Kaiser gem. BNB)*

| 3. Ebene DIN 276 | Bezeichnung | Nutzungsdauer |
|---|---|---|
| 369 Dächer, Sonstiges | Eingangsüberdachung: Stahlbetonkonstruktion, Stahl-Glas-Konstruktion, Stahlbetonkonstruktion, Spannbetonkonstruktion, Holzkonstruktion (bekleidet) | ≥ 50 Jahre |
| | Eingangsüberdachung: Holzkonstruktion (unbekleidet), Holz-Glas-Konstruktionen, Glaskonstruktionen (tragend) | 40 Jahre |
| | Hofüberdachung: Stahl-Glas-Konstruktion | ≥ 50 Jahre |
| | Hofüberdachung: Holz-Glas-Konstruktionen, Seilnetzkonstruktionen | 40 Jahre |
| | Hofüberdachung: textile Konstruktionen | 8 Jahre |
| | Stahl nicht rostend, Stahl feuerverzinkt (stückverzinkt) | ≥ 50 Jahre |
| | Aluminium, Laubholz behandelt | 45 Jahre |
| | Laubholz unbehandelt, Nadelholz behandelt, Holzwerkstoff beschichtet | 30 Jahre |
| | Nadelholz unbehandelt | 20 Jahre |
| | Absturzsicherung, Trittstufen, Laufflächen, Laub- und Schneefangvorrichtungen, Blitzschutzanlagen: Stahl feuerverzinkt (stückverzinkt), Stahl nicht rostend | ≥ 50 Jahre |
| | Dachbe- und Dachentlüftung Stahl galvanisch verzinkt | 25 Jahre |
| | Entlüftungsrohre Kunststoff | 25 Jahre |

Zusammenfassend erreichen bzw. übertreffen die tragenden Teile der Baukonstruktion i. d. R. die betrachtete Nutzungsdauer von 50 Jahren. Zu berücksichtigen ist immer, dass es sich ausschließlich um Anhaltswerte handelt, da die im Folgenden dargestellten Einflüsse wie Nutzungsart, Instandhaltungsstrategie, äußere Einwirkungen etc. jeweils unterschiedlich bzw. in Kombination entsprechende Auswirkungen haben.

## 2.2.2 Instandhaltung und Einfluss auf die Lebensdauer

Im Gegensatz zur VDI 6200 (siehe Kapitel 1.7) definiert die DIN 31051 wie folgt:

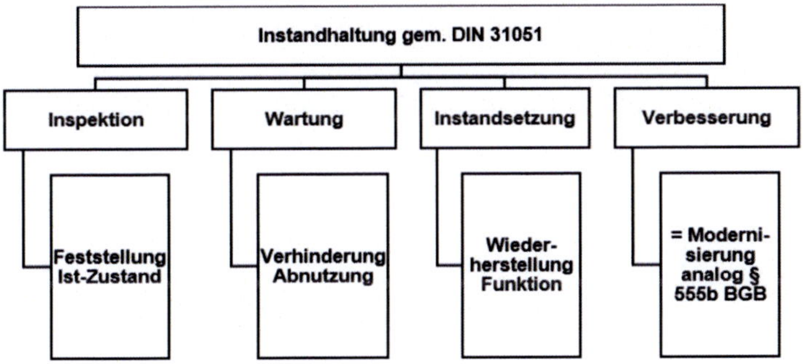


***Bild 1:*** *Aktivitäten zur Instandhaltung (Quelle: Ingrid Kaiser gem. DIN 31051)*

Instandhaltung ist ein zentrales Thema des Facility-Managements und wird in der DIN 31051 aufgrund der Zielrichtung anders definiert als in der VDI 6200 für tragende Bauwerkskonstruktionen (s. Kap. 1.7). Die Inspektion ist i. d. R. eine Zustandskontrolle, die durch den Eigentümer/Nutzer/Objektmanager durch In-Augenschein-Nahme in regelmäßigen Abständen durchgeführt wird. Erkennbare Veränderungen müssen auch hier dokumentiert werden, um die weitere Entwicklung verfolgen zu können. Gleichzeitig können Mängel, Schäden und Gefährdungen erkannt und entsprechende Sofort-Maßnahmen initiiert werden. Die entsprechende Dokumentation gewährleistet eine Überwachung des geforderten Zustands des Gebäudes.

Bei der Wartung werden entweder unmittelbar bei der Inspektion oder in festgelegten Intervallen Verschleißteile ausgetauscht, Elemente justiert, nachgestellt oder geschmiert, sodass der geforderte SOLL-Zustand des Gebäudes gewährleistet ist. Sofort-Maßnahmen und Dokumentation sind wie bei der Inspektion Maßnahmen bei der Wartung.

Werden durch die Inspektion, Wartung oder durch Nutzer-Meldungen Mängel oder Schäden an Bauteilen festgestellt, müssen die entsprechenden Elemente „repariert“ = instand gesetzt bzw. ausgetauscht werden, um die Funktionalität sicherzustellen.

Die Verbesserung/Modernisierung des Gebäudes ist keine direkt der Instandhaltung im engeren Sinn dienende Maßnahme. Hierbei handelt es sich nicht um die Verlängerung der Lebensdauer der Bauteile, sondern der Nutzungsdauer des Gebäudes durch Anpassung an Nutzeranforderungen. Am ehesten findet sich eine entsprechende Definition im Wohnraum-Mietrecht des BGB, als Basis für die Umlage von Maßnahme-Kosten auf die Mieter:

*§ 555b BGB Modernisierungsmaßnahmen*

*Modernisierungsmaßnahmen sind bauliche Veränderungen,*

1. *durch die in Bezug auf die Mietsache Endenergie nachhaltig eingespart wird (energetische Modernisierung),*
1a. *durch die mittels Einbaus oder Aufstellung einer Heizungsanlage zum Zwecke der Inbetriebnahme in einem Gebäude die Anforderungen des § 71 des Gebäudeenergiegesetzes erfüllt werden,*
2. *durch die nicht erneuerbare Primärenergie nachhaltig eingespart oder das Klima nachhaltig geschützt wird, sofern nicht bereits eine energetische Modernisierung nach Nummer 1 vorliegt,*
3. *durch die der Wasserverbrauch nachhaltig reduziert wird,*
4. *durch die der Gebrauchswert der Mietsache nachhaltig erhöht wird,*
4a. *durch die die Mietsache erstmalig mittels Glasfaser an ein öffentliches Netz mit sehr hoher Kapazität im Sinne des § 3 Nummer 33 des Telekommunikationsgesetzes angeschlossen wird,*
5. *durch die die allgemeinen Wohnverhältnisse auf Dauer verbessert werden,*

6. *die auf Grund von Umständen durchgeführt werden, die der Vermieter nicht zu vertreten hat, und die keine Erhaltungsmaßnahmen nach § 555a sind, oder*
7. *durch die neuer Wohnraum geschaffen wird.*

An den ersten Stellen stehen damit energie- und wassersparende Maßnahmen, neu hinzugekommen ist der Glasfaser-Anschluss. Die Verbesserung der allgemeinen Wohnverhältnisse kann beispielsweise durch den Einbau eines Aufzugs erfolgen. Auch wenn sich die Definitionen auf Wohnraum-Mietverhältnisse beziehen, können sie auf alle Nutzungsarten übertragen werden.

Die Abgrenzung von Instandsetzung zu Verbesserung/Modernisierung ist nicht immer einfach, kann aber an einem einfachen Beispiel erläutert werden:

**Fall 1**: Wandfliesen in Sanitär- oder Teeküchenbereichen zeigen Risse und liegen teilweise hohl → ein Austausch ist erforderlich = Instandsetzung.

**Fall 2**: Wandfliesen in Sanitär- oder Teeküchenbereichen in Oliv-, Braun- und Orange-Tönen aus den 1970er-Jahren sind bautechnisch in gutem Zustand, werden jedoch aufgrund aktueller Ausstattungstendenzen ersetzt → Verbesserung/Modernisierung (Steigerung der Vermarktungsmöglichkeiten).

Die **Instandhaltungsstrategien** können in präventive und korrektive unterteilt werden:

- die präventive Instandhaltung – zur Beurteilung und/oder Verminderung von Abbau und zur Reduzierung der Ausfallwahrscheinlichkeit eines Objekts
  - die vorausbestimmte Instandhaltung – präventive Instandhaltung, durchgeführt in festgelegten Zeitabständen oder nach einer festgelegten Zahl an Nutzungseinheiten, jedoch ohne vorherige Zustandsbestimmung

  - die zustandsorientierte Instandhaltung – präventive Instandhaltung, die die Beurteilung des physischen Zustands, Analysen und die möglichen, daraus resultierenden Instandhaltungsmaßnahmen beinhaltet
  - die vorausgesagte Instandhaltung – zustandsorientierte Instandhaltung, die nach einer Vorhersage, abgeleitet von wiederholter Analyse oder bekannten Eigenschaften und Bestimmung von wichtigen Parametern, welche den Abbau des Objekts kennzeichnen, durchgeführt wird
  - die aktive Instandhaltung – Teil der Instandhaltung, bei der die Maßnahmen direkt an dem Objekt ausgeführt werden, um dieses zu erhalten oder so aufzuarbeiten, dass es die geforderte Funktion ausführen kann
- die korrektive Instandhaltung – Instandhaltung, ausgeführt nach der Fehlererkennung, um ein Objekt wieder in einen Zustand zu bringen, in dem es eine geforderte Funktion erfüllen kann
  - die aufgeschobene korrektive Instandhaltung – korrektive Instandhaltung, die nicht unmittelbar nach der Fehlererkennung ausgeführt, sondern nach vorgegebenen Instandhaltungsregeln zurückgestellt wird
  - die sofortige korrektive Instandhaltung – korrektive Instandhaltung, die ohne Aufschub nach der Fehlererkennung ausgeführt wird, um unannehmbare Folgen zu vermeiden

Die Wahl der Strategien wirkt sich nicht nur auf einen schadenfreien Zustand des Gebäudes aus, sondern muss auch aus wirtschaftlichen Aspekten betrachtet werden. Generell ist die präventive Instandhaltung zu bevorzugen.

# 2.3 Äußere Einflüsse auf Gebäude

## 2.3.1 Witterungseinflüsse

Die Umgebungstemperatur wirkt sich auf die Verarbeitbarkeit vieler Baustoffe aus und liegt in der Regel bei ≥ +5 °C, die ebenfalls in den darauffolgenden Tagen eingehalten sein muss. Auch die Luftfeuchtigkeit wirkt sich auf Trocknungsvorgänge, z. B. Estrich und Putz, die teilweise mehrere Wochen zum Trocknen benötigen, aus.

Durch den Trocknungsvorgang wird zusätzlich Feuchte an die Umgebungsluft abgegeben. Ist die Gebäudehülle geschlossen, ist regelmäßiges Lüften erforderlich. Neben den Vermerken zu Temperatur und Luftfeuchte (außen und innen) im Bautagebuch können auch Datenlogger, ebenfalls außen und innen, eingesetzt werden.

Am bekanntesten und im Auftrag in den Bauablauf integriert sind die Maßnahmen zur Nachbehandlung von **Beton**. Um den Frischbeton vor Kälte/Frost, Regen, Sonneneinstrahlung, Wind etc. zu schützen, sind folgende Maßnahmen erforderlich:

- gegen vorzeitiges Austrocknen bei Wärme/Hitze, Wind
  - Abdecken mit dampfdichten Kunststoff-Folien
  - Abdecken mit wasserspeichernden Stoffen (z. B. Gewebe, Strohmatten), die ständig feucht gehalten werden
  - Besprühen mit flüssigen Nachbehandlungsmitteln („Sprüh-Folie") oder Wasser
  - in der Schalung belassen (bei Stahl-Schalung ist die Sonneneinstrahlung zu berücksichtigen)
- gegen Frost-/Kälte-Schäden
  - Abdecken mit Dämm-Matten
  - in der Schalung belassen, Holzschalung wässern, Stahlschalung mit Dämm-Matten abhängen

Bei Umgebungstemperaturen < -3 °C ist eine Einhausung und evtl. eine Beheizung erforderlich, sodass die Beton-Temperatur über mind. drei Tage mind. +10 °C beträgt.

Bei **Außenputz** sollten zwischen Fertigstellung des Unterputzes und Beginn des Oberputzes min. sieben Tage liegen, bei größeren Dicken des Unterputzes min. ein Tag pro Zentimeter Dicke. Diese Trockenzeit muss bei niedrigen Temperaturen und hoher Luftfeuchte zusätzlich verlängert werden. Oberputze als Silikat-Putze erfordern eine Verarbeitungstemperatur von ≥ 8 °C; es sind also immer die Hersteller-Angaben zu berücksichtigen. Die Höchst-Temperatur zur Verarbeitung liegt bei +30 °C. Bei starkem Sonnenschein-Einfall und/oder starkem Wind muss die Oberfläche abgehängt und/oder feucht gehalten werden.

Die Bemessung und Holz-Auswahl von **Holz-Bauteilen**, die der Witterung ausgesetzt sind, muss entsprechend diesen Verhältnissen erfolgen. Hierzu erfolgt zunächst eine Einordnung in die Nutzungsklassen (NKL, siehe Kap. 1.6.3.) und dann in die Gebrauchsklassen (GK) gem. DIN EN 335. Bei Erd- oder Süßwasser-Kontakt gilt die GK 4, vorwiegend bis ständig feucht, mit einer mittleren Holzfeuchte > 20 %. Der Schutz erfolgt durch die Auswahl besonders dauerhafter Holz-Arten (möglichst nur Kernholz, kein Splintholz), z. B. Robinie, Teak, oder chemischen Holzschutz.

Der Bauablauf wird üblicherweise so geplant, dass die Rohbau-Arbeiten vom Frühjahr bis spätestens zum Herbst durchgeführt werden. Ist dies nicht möglich oder kommt es zu Störungen im Ablauf, müssen die erstellten Bauteile winterfest gemacht werden. Die größte Gefahr bildet in die Bausubstanz eindringendes Wasser, das sich beim Gefrieren ausdehnt und zu Absprengungen und Ähnlichem führt. Das heißt, alle Öffnungen in der Gebäudehülle müssen geschlossen werden, inkl. Rohrdurchführungen. Ist das Dach noch offen, kann ein Notdach aus Folien zum Schutz dienen. Ist das Dach bereits gedeckt und die Regenentwässerung installiert, aber noch nicht angeschlossen, sollten an den Fallrohren provisorisch Verlängerungen angebracht werden, um das Wasser möglichst weit vom Gebäude entfernt versickern zu lassen.

Für den Alterungsprozess sind u. a. ebenfalls Wetter-Einwirkungen verantwortlich. Erosion (= Abtrag, Abnutzung von Bauteil-Oberflächen) entsteht durch Niederschläge, Wind und Temperaturveränderungen (Frost, Hitze). Durch das Aufbringen von Schutzschichten in Abhängigkeit vom Material kann dies weitgehend eingeschränkt werden. Feuchte- und damit Frost-Schäden können durch Wahl frostsicherer Materialien und ergänzend durch Hydrophobierung der Oberflächen verhindert werden.

Während der Nutzungszeit sind Schäden aus Witterungseinflüssen, insbesondere Sturm und Hagel, die überdies regional unterschiedlich sind, weitgehend über entsprechende Versicherungen abgedeckt. Wind, Sonne und Regen wirken dennoch kontinuierlich auf die Gebäudehülle ein und können sie schädigen. An Fassaden entstehen starke Verunreinigungen durch Witterungseinflüsse, die zu Algen- und Pilzbefall führen können. Sonneneinstrahlung auf Gebäudeaußenflächen (Fassaden, Dächer) bewirkt tagsüber eine kurzwellige Strahlung, die zur Aufheizung der Fläche führt. Nachts erfolgt bei niedrigen Temperaturen zur Abkühlung eine langwellige Abstrahlung. Wird dies dauerhaft durch Schattenwurf von z. B. Gebäuden unterbunden, kann einwirkende Feuchtigkeit nicht nach außen abgegeben werden und schädigt somit auf Dauer die Bausubstanz. Weiterhin kommt es zu Algen- und/oder Schimmelbildung. Eine entsprechende Planung nicht nur des Gebäudes unter Berücksichtigung der Umgebungsbebauung, sondern auch der Außenanlagen (vorhandene und anzupflanzende Bäume) verhindert die genannten Schäden.

### 2.3.2 Natur-Ereignisse

Starkregen-Ereignisse treten zunehmend auf und überfluten immer wieder Kellergeschosse, teilweise auch Erdgeschosse. Abhilfe schafft hier die sichere Abdichtung im Gründungs- und Sockelbereich (siehe Kap. 1.2) abhängig von der Versickerungsfähigkeit des Bodens, sinnvollerweise mit entsprechendem Sicherheitszuschlag.

Hochwasser entsteht zum einen durch Starkregen (Sommer), zum anderen in Regionen mit starken Schneefällen durch die Schneeschmelze (Winter/Frühjahr). Die Hochwasser-Katastrophe im Ahrtal im Jahr 2021 hat die Hochwasser-Gefahren auf erschreckende Weise deutlich gemacht. Während in verschiedenen Regionen die Sommer- und Winter-Hochwasser als gegeben hingenommen und entsprechende Schutz-Maßnahmen Jahr für Jahr eingesetzt werden, wurden die Ahrtal-Katastrophe und deren Ursachen bzw. Gegenmaßnahmen zum Politikum.

Die Ursachen von Hochwasser sind unterschiedlich; durch immer häufiger auftretende Starkregen-Ereignisse mit bis zu 500 l pro $m^2$ innerhalb kürzester Zeit treten Flüsse über die Ufer und die Fließgeschwindigkeit erhöht sich stark. Dies ist zum einen auf Begradigung der Flüsse und fehlende natürliche Überflutungsflächen entlang der Flüsse zurückzuführen, zum anderen auf die zunehmende Flächenversiegelung in Baugebieten, bei der das Wasser nicht versickern kann. Daher sollten in den Außenanlagen möglichst wenig wasserundurchlässige Beläge verwendet werden.

Bei extremen Regenfällen kann das Wasser auf Straßen häufig nicht schnell genug von den Einläufen aufgenommen werden. Gleichzeitig steigt der Wasserspiegel im Kanal so stark an, dass das Wasser sich in die angeschlossene Gebäude-Entwässerung zurückstaut. Zur Vermeidung ist der Einbau von Rückstau-Sicherungen inzwischen längst üblich. Dies ist insbesondere dann wichtig, wenn es sich beim Abwasser-Kanalsystem um ein Mischsystem (Gebäude-Abwässer und Regenwasser in einem Kanal) handelt, da ansonsten auch die Abwässer in das Gebäude zurückfließen.

Dringt das Wasser in das Gebäude ein, werden die Baukonstruktionen nicht nur durch die Feuchte geschädigt, es kann auch die Fundamente unterspülen und durch den Wasserdruck stark auf die Wände einwirken, sodass es zu Rissbildung kommt. Durch einen möglichen Auftrieb schwimmt das Gebäude auf und stürzt ggf. ein.

***Bild 1:*** *Keller nach Überflutung (Quelle: Ingrid Kaiser)*

Die elektrischen Anlagen in Verbindung mit eindringendem Wasser stellen eine besondere Gefahr dar. Nach aktuellen Vorschriften muss ein Fehlerstrom-Schutzschalter (FI-Schalter) eingebaut werden, der im genannten Fall auslöst und damit das Stromnetz ausschaltet. In älteren Gebäuden kann es jedoch sein, dass noch alte Netze ohne FI-Schalter eingebaut sind. Zwar kann dann der Strom im drohenden Überflutungsfall manuell abgeschaltet werden, jedoch kann das Ereignis auch in Abwesenheit der Nutzer auftreten. Daher wird ein Nachrüsten dringend empfohlen, da einerseits u. U. Lebensgefahr durch Stromschlag besteht, andererseits Knallgas entsteht, das durch einen Funken, z. B. Betätigen eines Lichtschalters, zur Explosion führen kann.

Erdbeben sind in Deutschland relativ selten, obwohl es Gegenden mit erhöhter Gefahr und entsprechenden Einflüssen gibt.

Grundlage für die Auslegung und Bemessung von Baukonstruktionen in betroffenen Gebieten (Zone 0-3) ist die DIN 4149. Weiter untergliedert wird nach der Europäischen Makroseismischen Skala (EMS), die zwölf Intensitäten ausweist:

- Intensität 6,0 – Zone 0 (auf die die Norm nicht anzuwenden ist) – leichte Gebäudeschäden, z. B. feine Risse, geringfügige Abplatzungen
- Intensität 6,5 – Zone 1 – leichte bis mittlere Gebäudeschäden
- Intensität 7,0 – Zone 2 – mittlere Gebäudeschäden, z. B. kleinere Risse, bei schlechter Bausubstanz auch größere Risse und Einsturz von Innenwänden
- Intensität 7,5 – Zone 3 – mittlere bis schwere Gebäudeschäden, Einsturz von Giebelteilen und Gesimsen, teilweise Einsturz von Gebäuden in einfacher Bauweise mit wenigen konstruktiven Elementen

Nach der Nutzungsart wird den Gebäuden ein Bedeutungsbeiwert zugeordnet; dieser Wert ist z. B. bei Wohngebäuden 1,0, bei z. B. großen Wohnanlagen und Schulen 1,2 und z. B. bei Krankenhäusern 1,4. Weiterhin müssen die Untergrundparameter nach Baugrundklassen und geologischen Untergrundklassen, z. B. Fels, Sediment, berücksichtigt werden, die sich unterschiedlich auf Frequenzbereich und die Absorptionsfähigkeit auswirken.

### 2.3.3 Brand und Brandstiftung/Explosion

Die Anforderungen an den Brandschutz sind in Deutschland hoch (siehe Kapitel 1.1), dienen aber vorrangig dem Schutz von Menschen und Tieren – der Schutz der Sachwerte eines Gebäudes steht im Hintergrund. Am häufigsten lösen Fehler in den **elektrischen Anlagen** oder defekte Elektrogeräte Brände aus. Eine regelmäßige Wartung und Inspektion der Anlagen und Geräte beugt dem vor.

Sehr viele Brände entstehen auch durch die Nutzer und durch **feuergefährliche Arbeiten** am Gebäude, wie Schweißen, Löten, Schneiden, Schleifen, ohne die erforderlichen Schutzmaßnahmen. Beides kann auf Unachtsamkeit, Leichtsinn und (grobe) Fahrlässigkeit zurückzuführen sein. Hinsichtlich des Nutzerverhaltens dienen wiederkehrende Unterweisungen aller Nutzer der Sensibilisierung für Brandgefahren.

Bei feuergefährlichen Arbeiten gibt es in vielen Unternehmen ein Erlaubnisschein-System („Feuerschein"), d. h., die Maßnahmen dürfen erst nach Anmeldung und Genehmigung sowie entsprechenden Sicherungsmaßnahmen durchgeführt werden. Zu diesen Maßnahmen gehören das Bereithalten von Löschgeräten, laufende Kontrolle der Arbeitsstelle und der umliegenden Räume in waagerechter und senkrechter Richtung, Kühlung von wärmeleitenden Bauteilen und das Aufstellen einer Brandwache. Diese Brandwache muss über den Zeitraum der Arbeiten hinaus regelmäßige Kontrollen durchführen, um einen Brand durch Glimmstellen oder Glutnester endgültig ausschließen zu können.

Die nächsthäufige Ursache ist **Brandstiftung**. Häufig greifen außenstehende Brandstifter auf das Gebäude zu, gelegentlich sind es jedoch auch die Nutzer selbst. Die Gründe sind vielfältig: Versicherungsbetrug (Eigentümer), Umgehen von Denkmalschutz-Auflagen (Eigentümer), psychische Störungen, Extremismus, „zündelnde" Kinder/Jugendliche etc. Verschließbare Abfallbehälter/-bereiche, insbesondere leichtentzündliche wie Altpapier, Sauberhalten der Außenanlagen u. Ä. können wenigstens einige Bereiche schützen. Darüber hinaus hilft ein durchgängiger Objektschutz (siehe Kap. 2.5).

Eng mit einem Brand ist die Gefahr von **Explosion** verbunden, da für die Entstehung entzündliche Stoffe, in der Regel Sauerstoff, und eine Zündquelle erforderlich sind. Bei Wohngebäuden sind Lecks in Gasleitungen eine häufige Ursache, die nur durch regelmäßige Inspektion und Wartung weitgehend eliminiert werden kann. Zur Gefahren-Erkennung ist immerhin der entstehende Gasgeruch hilfreich.

In der Lebensmittel-Zubereitung kommt es durch Unachtsamkeit immer wieder zu Fett-Bränden. Werden diese mit Wasser gelöscht, kommt es ebenfalls zur Explosion. Hier ist eine regelmäßige Unterweisung hilfreich bzw. gefahrenabwehrend.

Im Industriebau ist der Explosionsschutz in vielen Bereichen allgegenwärtig und wird üblicherweise in der Gefährdungsbeurteilung identifiziert und mit entsprechenden Maßnahmen untersetzt. Unterschieden werden drei Schutz-Stufen:

- Primärer Explosionsschutz – Vermeidung – z. B. Untersuchung von Ersatz-Stoffen anstelle der verwendeten, Verhinderung einer explosionsfähigen Umgebung (Entfernung von Staub-Partikeln)
- Sekundärer Explosionsschutz – Überwachung – z. B. Kontrolle und Messung der explosionsfähigen Atmosphäre mit Warnsystemen
- Tertiärer Explosionsschutz – Auswirkungsbeschränkung – z. B. resistente Bauteil-Ausbildung

Da viele Gebäude bei einer Explosion nahezu komplett zerstört werden, kommt bei bekannten Explosionsgefahren dem tertiären Explosionsschutz besondere Bedeutung zu. Hierzu existieren mehrere Forschungsarbeiten aus den letzten zehn Jahren, aus denen Erkenntnisse nicht nur zur Ausbildung der umgrenzenden Bauteile, sondern auch aus der Raumgeometrie (Seitenverhältnisse und Verhältnis Grundfläche zu Volumen) gezogen werden können.

**Anprall-Lasten** treten überall da auf, wo Fahrzeugverkehr – fließend (an Straßenverkehr angrenzend) oder ruhend (Parkhäuser) – zu erwarten ist, und gelten als außergewöhnliche Einwirkungen mit kurzer Einwirkungsdauer nach DIN 1055. Die Lasteinwirkung wird für PKW mit einer Höhe von 0,50 m und von LKW von 1,25 m angenommen, beide mit einer Anprall-Fläche von 0,50 × 0,20 m angenommen. Weiterhin ist die jeweilige (zulässige) Fahrgeschwindigkeit ausschlaggebend. Diese kann jedoch durch Fahrfehler teilweise stark überschritten werden.

Grundlage für die Bemessung ist die Festlegung der Eintrittswahrscheinlichkeit und der Auswirkungsintensität hinsichtlich Einwirkungen auf die Tragkonstruktion. Aus dieser Risiko-Analyse können Maßnahmen zur Verringerung oder besser der Vermeidung unter Berücksichtigung eines akzeptablen Risikos abgeleitet werden.

**Chemische Einflüsse** schädigen Gebäude durch Einwirkungen aus der Außenluft („Luftverschmutzung“) – hoher Gehalt an $SO_2$ (Schwefeldioxid), $H_2S$ (Schwefelwasserstoff), $NO_x$ (Stickstoff-Oxide), hauptsächlich in Ballungsgebieten, und chemisch aggressives Ozon – und im Küstenbereich durch Chloride. Diese Belastungen verstärken die Erosion (siehe Kap. 2.3.1). Aus der Nutzung ergeben sich Belastungen, z. B. in Laboren, Krankenhäusern und Industrie-Bauten. Auch durch Sonneneinstrahlung können besonders organische Baumaterialien wie bituminöse Bahnen und Folien und (Kunst-)Harz-Beschichtungen durch Versprödung geschädigt werden. Auch hier ist eine Gefahren-/Risiko-Analyse nach den individuellen Gefährdungen und möglichen Auswirkungen die Basis zur Auswahl von Baustoffen bei entsprechenden Belastungen bzw. Einwirkungen. Ein klassisches Beispiel ist die Verwendung von säurefesten Fliesen in Laboren und bestimmten Bereichen des Industriebaus.

## 2.4 Veränderungen an Gebäuden und der Umgebung

### 2.4.1 Bauliche Änderungen

Um-, An- und Ausbauten an bestehenden Gebäuden sind in der Regel hinsichtlich Planung und Ausführung eine größere Herausforderung als Neubauten. Häufig fehlen Planungsunterlagen und Informationen zu den verwendeten Baustoffen und -konstruktionen und im Laufe der Jahre vorgenommene Veränderungen sind nicht dokumentiert. Eine erste Hilfestellung zu baujahrsspezifischen Konstruktionen und Materialien können Informationen nach Baualtersklassen geben. Diese sind vorrangig für den Wohnungsbau vorhanden, meist hinsichtlich der Energie-Effizienz, und unterschiedlich strukturiert.

Die Universität Kassel, Architektur, Stadtplanung, Landschaftsplanung hat zu Altbaumaterialien und -konstruktionen einen Altbauatlas (zuletzt erweitert 2023) entwickelt, der im Internet über www.altbauatlas.de aufgerufen werden kann. Hier werden durch Auswahl des Postleitzahl-Gebiets regionale Bauweisen berücksichtigt.

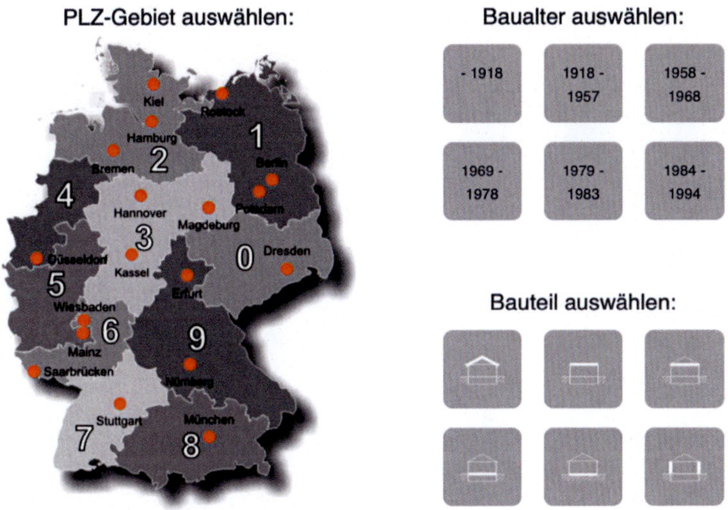


***Bild 1:** Auswahlfelder PLZ, Baualter und Bauteil (Quelle: Altbauatlas.de)*

Außenwand, Fachwerk, Vollziegel

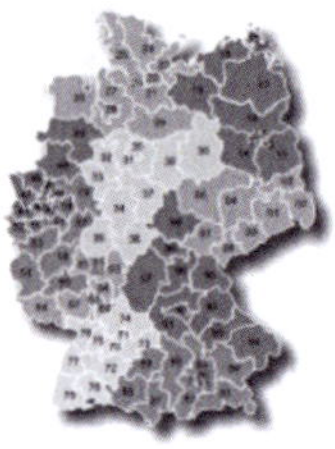

Postleitzahlbereich:
**40**

Baualtersklasse:
**bis 1918**

Bauteil:
**Außenwand**

Konstruktion:
**Fachwerk**

| Material | Stärke [cm] | Rohdichte [kg/m³] | λ-Wert [W/(mK)] |
|---|---|---|---|
| Lehmputz | 1,5 | - | 0,93 |
| Holzständer | 12,0 - 16,0 | - | 0,21 |
| Gefach (Mauerziegel) | 12,0 - 16,0 | - | 0,79 |

• größtenteils verputzt, teilweise auch als Sichtmauerwerk

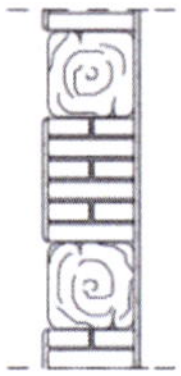

U-Wert: **2,54 - 2,35** W/(m²K)

***Bild 2:*** *Beispiel-Ergebnis Außenwand (Quelle: Altbauatlas.de)*

Hieraus lassen sich erste Hinweise auf die Bausubstanz ableiten, die jedoch örtlich überprüft werden müssen.

Das Institut Wohnen und Umwelt (IWU), Darmstadt, hat eine Deutsche Wohngebäudetypologie (2015) erstellt, die folgende zwölf Baualtersklassen enthält:

***Tabelle 1:*** *Baualtersklassen (Ingrid Kaiser gem. IWU)*

| Baualtersklasse | Baujahre | Zeitraum [a] |
|---|---|---|
| A | bis 1859 | - |
| B | 1860 bis 1918 | 59 |
| C | 1919 bis 1948 | 30 |
| D | 1949 bis 1957 | 9 |
| E | 1958 bis 1968 | 11 |
| F | 1969 bis 1978 | 10 |
| G | 1979 bis 1983 | 5 |
| H | 1984 bis 1994 | 11 |
| I | 1995 bis 2001 | 7 |
| J | 2002 bis 2009 | 8 |
| K | 2010 bis 2015 | 6 |
| L | ab 2016 | - |

Für die Baualtersklasse A liegen Daten zu Ein- und Mehrfamilienhäusern vor, für B bis F zu Einfamilien-, Reihen-, Mehrfamilien- und großen Mehrfamilien-Häusern, für E und F zusätzlich zu Hochhäusern, für G bis L zu Einfamilien-, Reihen-, Mehrfamilien-Häusern. Ergänzend sind Daten zu Einfamilien-Häusern als Fertig-Häuser für den Zeitraum 1969 bis 1978 erhoben worden, für den industriellen Wohnungsbau in den ostdeutschen Bundesländern zu Mehrfamilien-Häusern für 1946 bis 1960 und 1961 bis 1969, zu großen Mehrfamilien- und Hochhäusern für 1970 bis 1980 und 1981 bis1985 sowie zu großen Mehrfamilien-Häusern für 1986 bis 1990.

Die Bauweisen der einzelnen Klassen werden wie folgt beschrieben:

***Tabelle 2:*** *Typische Baukonstruktionen nach Bauraltersklasse (Ingrid Kaiser gem. IWU)*

| **Baualters-klassen** | **Bauweisen** |
|---|---|
| A | Außenwände:<br>• Fachwerk mit Strohlehm-Ausfachung<br>• Natursteine<br>• Vollziegel<br>Decken:<br>• Holzbalkendecken |
| B | Außenwände:<br>• Mauerwerk<br>• Fachwerk mit Mauerwerk-Ausfachung<br>Decken:<br>• Holzbalkendecken<br>• häufig massive Kellerdecken |
| C | Außenwände:<br>• Mauerwerk einschalig<br>• Mauerwerk zweischalig mit Hohlraum<br>Decken:<br>• Massivdecken<br>• Hohlkörper-Decken |
| D | Wiederaufbau, z. T. mit Trümmer-Materialien!<br>Außenwände:<br>• Mauerwerk einschalig<br>• Mauerwerk zweischalig mit Hohlraum<br>Decken:<br>• Massivdecken<br>• Hohlkörper-Decken |
| E | zunehmender Einsatz von Stahlbeton |

***Tabelle 2:** Typische Baukonstruktionen nach Baualtersklasse (Ingrid Kaiser gem. IWU)*

| Baualters-klassen | Bauweisen |
|---|---|
| F | Einfamilien-Häuser als Fertighäuser<br>Sandwich-Konstruktionen |
| G | Außenwände:<br>• Mauerwerk<br>• Wärmedämm-Verbundsysteme |
| H | erste Niedrigenergie-Häuser |

Das Bundesinstitut für Bau-, Stadt- und Raumforschung im Bundesamt für Bauwesen und Raumordnung hat 2011 einige der wenigen Datenerhebungen für Nichtwohngebäude veröffentlicht. Hier sind allerdings vorrangig die U-Werte der jeweiligen Baukonstruktionen für zehn Baualtersklassen zur finden.

Bei allen Maßnahmen in Bestandsgebäuden sind möglicherweise vorhandene **Schadstoffe** zu berücksichtigen. Auch hier gibt es Anhaltspunkte, in welchen Baujahren welche heute als schädlich eingestufte Stoffe verwendet wurden. Der bekannteste und einer der gesundheitlich gefährdendste Baustoff ist Asbest, der aufgrund seiner hervorragenden Brandschutz-Eigenschaften und gleichzeitig der Widerstandsfähigkeit gegen Säuren und Laugen von ca. 1950 bis zum endgültigen Verbot 1995, möglicherweise jedoch darüber hinaus, verbaut wurde. Die Einsatzbereiche waren vielfältig, z. B. in Brandschutz-Klappen von Lüftungsleitungen, Dach- und Fassaden-Bekleidungen, Brand-Abschottungen.

Chloranisol/Pentachlorphenol in der Raumluft verursacht zunächst nur eine ausgeprägte Geruchsbelästigung, die sich in Haaren und Kleidung der Menschen über Tage trotz Reinigung festsetzt. Bekannt ist das Phänomen als Fertighaus-Geruch, da es häufig in Fertighäusern der 1970er-Jahre auftrat. Chloranisol entsteht durch die bakterielle oder fungizide Zersetzung von Holzschutz-Mitteln und ist an sich nicht gesundheitsschädigend. Enthält das verwendete Holzschutz-Mittel allerdings Pentachlorphenol (PCP), bis 1989 in unterschiedlichen Holz-Bauteilen verwendet, führt dies zu einer Konzentration von ≥ 0,1cμg/m³, der RW I gem. AIR liegt bei exakt diesem Wert, der RW II bei 1,0 μg/m³.

Auch Formaldehyd (Methanal) kommt in Holz- und Holzwerkstoffen und damit in Fertighäusern der entsprechenden Baujahre, aber auch in Bodenbelägen, Möbeln, Klebstoffen, Lacken, Parkett-Versiegelungen und einigen Dämmstoffen vor. Die Ausdünstungen reizen die Augen und die Atemwege, der Stoff gilt als krebserregend. In den 1970er-Jahren wurde neben den Holzwerkstoffen eine Unzahl von Materialien mit Formaldehyd-Bestandteilen im Innenbereich verbaut: Leime und Kleber, Dämmstoffe, Farben und Lacke, textile Bodenbeläge und Textilien. Der AIR gibt hier nur den RW-I-Wert von 0,10 mg/m³ an; bspw. in Schulen und Kindergärten der entsprechenden Baujahre wurden Werte von bis zu 0,15 mg/m³ gemessen.

Kohlendioxid ($CO_2$) entsteht u. a. in Innenräumen durch das Ausatmen von Menschen. Je mehr Menschen sich in kleinen Räumen ohne Frischluft-Zufuhr befinden, desto schneller steigt die Konzentration, die bis zu einem Wert von 1.000 ppm unkritisch ist. Da $CO_2$ geruch- und farblos sowie nicht reizend ist, wird eine erhöhte Konzentration nicht oder nur kaum wahrgenommen. Gefährlich im eigentlichen Sinn ist das Gas nicht, es kann jedoch zu Kopfschmerzen, Übelkeit und Verringerung der Konzentration führen. Zu verhindern sind diese Beeinträchtigungen durch regelmäßiges Lüften oder durch entsprechende Lüftungsanlagen.

Künstliche Mineralfasern (KMF) sind krebserzeugende Fasern und in Dämmstoffen (Glaswolle, Steinwolle, Mineralwolle) vorhanden, die vor 1996 hergestellt wurden. Im Zeitraum zwischen 1996 und 2000 wurden sowohl die schädlichen als auch alternative Dämmungen ohne gesundheitsschädigende Wirkungen erzeugt. Solange die Dämmstoffe fest verbaut sind, sodass die Fasern nicht in die Raumluft gelangen, besteht wie bei Asbest keine Gesundheitsgefahr. Bei Ausbau und Entsorgung müssen die entsprechenden Schutzmaßnahmen ergriffen werden.

Polyzyklische aromatische Kohlenwasserstoffe (PAK) sind Teerprodukte und können in Klebern für Bodenbeläge enthalten sein, ebenso wie in Abdichtungsanstrichen; sie sind zunächst schwer von dem ungefährlichen Bitumen zu unterscheiden. Teer in Klebern wurde bereits in den 1970er-Jahren verboten, der PAK-Anteil in Produkten darf seit Dezember 2015 max. 1 mg/kg betragen. Da PAK durch einen unvollständigen Verbrennungsprozess erzeugt werden, entstehen sie auch durch offenes Feuer, Kochen und Braten sowie Zigarettenrauch.

Polychlorierte Biphenyle (PCB) sind Dioxin-ähnliche Stoffe und wurden vorwiegend in den 1960er- und 1970er-Jahren in Fugenmassen und Anstrichen verwandt und sind seit 1989 verboten. Als gesundheitliche Auswirkungen werden die Beeinträchtigung der Fortpflanzungsfähigkeit, Schädigung des ungeborenen Lebens und Schädigung von Haut, Leber und Schilddrüse genannt.

Pentachlorphenol (PCP) als häufig in den 1960er- und 1970er-Jahren für Holzschutzmittel eingesetzter Stoff gilt als krebserregend und führt in geringeren Konzentrationen zu Kopfschmerzen und verringerter Konzentrationsfähigkeit. Er wurde 1989 verboten. In Fertighäusern und in Holz-Bauweise erstellten Pavillons für Schulen und Kitas der 1970er-Jahre kann ein unangenehmer, muffiger Geruch durch den Abbau von PCP durch bei eingedrungener Feuchtigkeit gebildete Bakterien und/oder Schimmelpilz-Sporen entstehen, der allerdings nicht gesundheitlich bedenklich ist.

Das radioaktive Gas Radon kann im Boden enthalten sein und durch Undichtigkeiten der Gebäudehülle insbesondere von unten in die Innenräume gelangen. In entsprechender Strahlen-Dosis schädigt es vorrangig die Lunge (Lungenkrebs). Die Vorkommen im Boden sind in Deutschland unterschiedlich, eine entsprechende Karte des Bundesamts für Strahlenschutz kann im Internet unter https://www.bfs.de/SharedDocs/Bilder/BfS/DE/ion/umwelt/radon-karte-boden.jpg?__blob=poster&v=27 (Zuletzt aufgerufen am 25.09.2024) heruntergeladen werden.

Die dargestellten Daten lassen Rückschlüsse auf die vorhandenen Konstruktionen und Materialien sowie Gefährdungen zu, müssen aber ergänzt werden durch den aktuellen Zustand des Gebäudes und aller Bestandteile (siehe Kapitel 2.2).

Bauliche Änderungen werden aus den unterschiedlichsten Gründen erforderlich oder gewünscht:

- Instandsetzungsbedarf
  - Mängel am Gebäude (siehe Kapitel 2.1)
  - Schäden am Gebäude (siehe Kapitel 2.2 bis 2.3)
- Veränderter Raumbedarf
  - Vergrößerung erforderlich
  - Raum-Aufteilung/-Zuordnung unzureichend
- Modernisierungsbedarf
  - Energetischer Zustand
  - Anpassung an aktuelle Standards

Bei An- und Aufbauten (Aufstockungen) handelt es sich quasi um Neubau-Projekte, bei denen jedoch das Tragwerk des bestehenden Gebäudes berücksichtigt werden muss. Dies gilt eingeschränkt auch für Maßnahmen zur Änderung der Raumaufteilung – Beispiel: Entfernen tragender Wände. Hilfreich ist hier bei mangelhaften bzw. fehlerhaften Original-Unterlagen des Gebäudes die Überprüfung gem. VDI 6200 (siehe Kapitel 1.7).

Modernisierungen dienen der Werterhaltung bzw. Wertsteigerung von Immobilien. Wertverluste von Immobilien entstehen auf zwei unterschiedlichen Ebenen: der immateriellen und der materiellen. Beide gilt es durch entsprechende Maßnahmen zu vermeiden bzw. in ihr Gegenteil, die Werterhaltung oder besser die Wertsteigerung, umzukehren.

Immaterieller Wertverlust entsteht ohne Einschränkung von Funktionsfähigkeit und Materialveränderungen ausschließlich durch die Veränderung von Standards, d. h. den Anspruch an Nutzungsqualität. Klassisches Beispiel im Wohnungsbau sind olivgrüne Sanitärobjekte, die zwar noch voll funktionsfähig und mängelfrei sind, aber nicht mehr dem Zeitgeschmack entsprechen. Ähnlich verhält es sich bei den technischen Anlagen, z. B. mangelnde Steuerungsmöglichkeiten einer Heizungsanlage (Nachtabsenkung).

Die materielle Abnutzung (siehe Kapitel 2.2) dagegen führt, bedingt durch die eingesetzten Baustoffe, weitere Einflüsse und das Nutzerverhalten (siehe Kapitel 2.5), zu Veränderungen der Bausubstanz, die nur durch kontinuierliche Instandhaltungsmaßnahmen verhindert werden können und nach einem bestimmten Zeitablauf einen Austausch erforderlich machen.

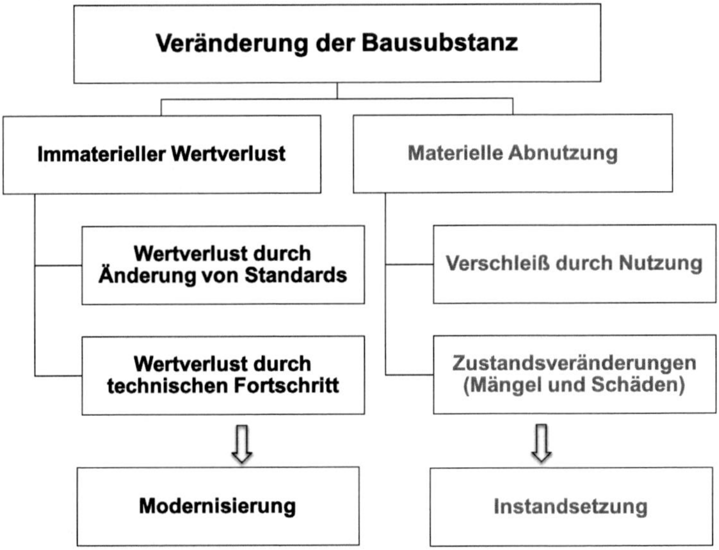


***Bild 3:*** *Abgrenzung Modernisierung – Instandsetzung (Quelle: Ingrid Kaiser)*

Wertsteigerungen und damit die Minderung des Wertverlusts durch Standard-Änderungen verhindern die wirtschaftlichen Verluste (Verkauf/Vermietung) und dienen damit der ökonomischen Schadensreduzierung.

Hierzu kann die Praxis der Wertermittlung von bebauten und unbebauten Grundstücken herangezogen werden.

Die Immobilienwertermittlungsverordnung (ImmoWertV) sieht in Anlage 2 eine Ermittlung des Quadratmeter-Preises der Herstellungskosten durch einen Wägungsanteil nach Bau-Standards (Standardstufen) vor. Die angegebenen Quadratmeter-Preise im folgendenden Beispiel (entsprechende Werte existiern für alle Nutzungsarten) beinhalten den Zuschlag für frei stehende Zweifamilienhäuser. Für die jeweiligen Bauteile wird eine anteilige Zuordnung zu den Standardstufen (= Ausstattungsniveau) vorgenommen. Jedes Bauteil geht mit einem Prozentsatz (Wägungsanteil) in die Ermittlung des anzusetzenden Quadratmeter-Preises pro Quadratmeter Bruttogrundfläche (BGF) ein:

Anteil Bauteil an Standardstufe x Kosten pro m$^2$ Standardstufe x Wägungsanteil Bauteil = Kosten pro m$^2$ Bauteil → Summe der Kosten pro m$^2$ Bauteil = Kosten pro m$^2$ Bruttogrundfläche des Gebäudes.

**Beispiel-Berechnung für ein Zweifamilien-Haus:**

***Tabelle 3:*** *Berechnung des Immobilienwerts Gebäude pro m$^2$ Bruttogrundfläche (BGF) (Ingrid Kaiser)*

| | **Standardstufe Zuordnung** | | **Wägungs-anteil** | **€/m$^2$ BGF** |
|---|---|---|---|---|
| | **1** | **2** | | |
| Normalherstellungskosten 2010 (NHK 2010) | **687,75 €/ m$^2$ BGF** | **761,25 €/ m$^2$ BGF** | | |
| Außenwände | 0,65 | 0,35 | 23 % | 164,10 |
| Dach | 1,0 | | 15 % | 103,16 |
| Fenster und Außentüren | 0,35 | 0,65 | 11 % | 80,91 |
| Innenwände und -türen | 0,5 | 0,5 | 11 % | 79,70 |
| Decken-konstruktion | 0,5 | 0,5 | 11 % | 79,70 |
| Fußböden | 0,35 | 0,65 | 5 % | 36,78 |

***Tabelle 3:*** *Berechnung des Immobilienwerts Gebäude pro m² Bruttogrundfläche (BGF) (Ingrid Kaiser)*

| | **Standardstufe Zuordnung** | | **Wägungsanteil** | **€/m² BGF** |
|---|---|---|---|---|
| Sanitäreinrichtungen | 0,3 | 0,7 | 9 % | 66,53 |
| Heizung | | 1,0 | 9 % | 68,51 |
| Sonstige technische Ausstattung | 0,35 | 0,65 | 6 % | 44,13 |
| **Kostenkennwert BGF** | | | **100 %** | **724 €/m²** |

Die tatsächliche Restlebensdauer eines Gebäudes kann gemäß ImmoWertV, Anlage 2, durch Bewertung von Modernisierungsmaßnahmen modifiziert werden:

***Tabelle 4:*** *Ermittlung der Modernisierungspunktzahl gemäß ImmoWertV, Anlage 2 (Ingrid Kaiser)*

| **Modernisierungselemente** | **maximale Punkte** | **objektbezogene Punkte** |
|---|---|---|
| Dacherneuerung | 4 | 0 |
| Modernisierung der Fenster und Außentüren | 2 | 1 |
| Modernisierung der Heizungsanlage | 2 | 0,5 |
| Wärmedämmung der Außenwände | 4 | 0 |
| Modernisierung der Bäder | 2 | 1 |
| Modernisierung des Innenausbaus, z. B. Decken, Fußböden, Treppen | 2 | 1 |
| Wesentliche Verbesserung der Grundrissgestaltung | 2 | 0 |
| Summe | 18 | 3,5 |
| **Modernisierungsgrad** | kleine Modernisierungen im Rahmen der Instandhaltung | |

Da die ermittelte Punktzahl von 3,5 zwischen den in der Tabelle genannten Punkten von 3 und 4 liegt, wird für das vorliegende Beispiel der Mittelwert errechnet:

***Tabelle 5:*** *Ermittlung der erforderlichen Werte aus Tabelle 4 durch Interpolation (Ingrid Kaiser)*

| **Modernisierungs-punkte** | **a** | **b** | **c** |
|---|---|---|---|
| 3,5 | 0,81665 | 1,75165 | 1,1819 |

Auch wenn das ursprüngliche Baujahr mit dem Jahr 1900 angegeben wurde, werden für die weiteren Betrachtungen zur Nutzungsdauer die späteren Baujahre insoweit berücksichtigt, als von einem durchschnittlichen Gebäude-Alter von 85 Jahren ausgegangen wird. Hierdurch wird einbezogen, dass die Bausubstanz von Gebäuden, die in der Vorkriegszeit errichtet wurden, in der Regel eine längere Lebensdauer hatte bzw. hat, sodass – in Abweichung von Anlage 38 Bewertungsgesetz (BewG) – eine Gesamtnutzungsdauer (GND) von 100 Jahren angenommen wird.

Damit ergibt sich die Restnutzungsdauer aus den ermittelten Werten nach der Formel

$$RND = a * Alter^2 / GND - b * Alter + c * GND$$

folgende Restnutzungsdauer:

***Tabelle 6:*** *≈ 28 Jahre Restnutzungsdauer (Ingrid Kaiser)*

| a | | $Alter^2$ | | GND | | b | | Alter | | c | | GND | | |
|---|---|---|---|---|---|---|---|---|---|---|---|---|---|---|
| 0,81665 | x | $85^2$ | / | 100 | - | 1,75165 | x | 85 | + | 1,1819 | x | 100 | = | 28,30 |

Daran wird deutlich, dass ein Gebäude aus dem ursprünglichen Baujahr 1900 im Jahr 2024 noch eine Restnutzungsdauer von 28 Jahren und damit eine Gesamtnutzungsdauer von 152 Jahren erlangt hat.

Die **energetische Sanierung** ist seit Jahren und aktuell im Fokus der Beurteilung des Gebäudebestands in Deutschland. Zur Unterstützung entsprechender Aktivitäten durch die Eigentümer stehen viele verschiedene und wechselnde Förderprogramme des Bundes, der Länder und der Kommunen zur Verfügung. Um ein Ineinander-Greifen der jeweiligen Maßnahmen zu gewährleisten, ist eine Bewertung des Bestands und unter wirtschaftlichen Aspekten sinnvolle Vorgehensweise durch einen Energie-Experten unabdingbar.

Auch **Nutzungsänderungen** unterliegen den vorgehend dargestellten Anforderungen. Aufgrund des aktuellen Bedarfs an Wohnraum wird häufig die Umwandlung von Büro-Immobilien diskutiert. Hier ist jedoch der Aufwand zur Bereitstellung von Sanitär-Anschlüssen und internen Erschließungsbereichen (Treppen, Aufzüge) zu berücksichtigen.

### 2.4.2 Baugrund-Änderungen

Da die Lasten eines Gebäudes auf den Baugrund abgeleitet werden (siehe Kapitel 1.5), wirken sich alle Veränderungen direkt oder indirekt auf die Standsicherheit aus. Der Boden wird über die Gründung zusammengedrückt und verformt sich, das Gebäude senkt sich damit ab. Ist diese Setzung gleichmäßig, entsteht keine Gefährdung; bei ungleichmäßigen Setzungen – das Gebäude neigt sich zur Seite – durch unterschiedliche Baugrundschichten werden min. Setzungsrisse hervorgerufen (siehe Kapitel 1.5.4), im Extremfall ist das Gebäude nicht mehr nutzbar.

Wird die Last auf die Gründung, z. B. bei Aufstockungen, erhöht und so die Last bis zum Bruchzustand vergrößert, weicht der Boden an einer Gleitfuge entlang auf, es kommt zum Grundbruch, wodurch das Gebäude einseitig einsinkt oder insgesamt einstürzt.

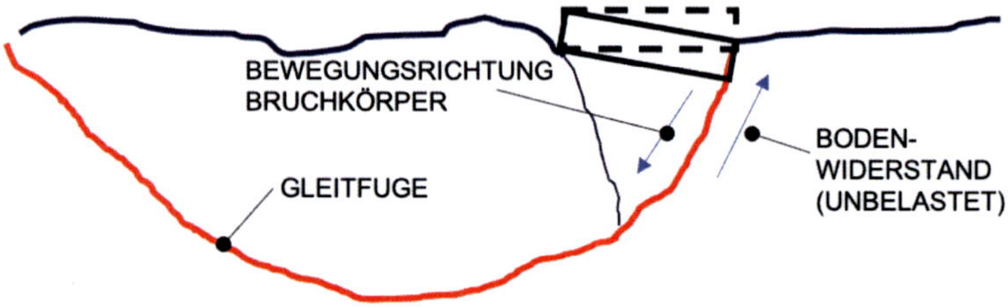


***Bild 4:** Grundbruch (Quelle: Ingrid Kaiser)*

Die Gefahr des Grundbruchs ist abhängig von der Scherfestigkeit des Bodens und den Abmessungen des Fundaments.

**Baumaßnahmen in der Umgebung** können sich ebenfalls auf die Standsicherheit des Gebäudes auswirken. Werden beispielsweise Verdichtungs-, Ramm- oder Vibrationsramm-Geräte für Tiefbau-Arbeiten in der Nähe des Gebäudes durchgeführt, entstehenden dynamische Lasten, die sich über den Baugrund als Erschütterung bis in den Bereich der Gebäude-Gründung auswirken können. Die Folge sind in der Regel ebenfalls Risse. Berechnungsmöglichkeiten und Anhaltswerte z. B. für die Schwinggeschwindigkeit sind in DIN 4150 enthalten. Bei erheblichen und/oder lang andauernden Erschütterungen kann es auch zu Sackungen bzw. Setzungen des Baugrunds, besonders bei Lockergesteinen, kommen.

Wird direkt an ein bestehendes angrenzend ein neues Gebäude errichtet, das wesentlich tiefer gegründet wird als das vorhandene, ist eine Unterfangung erforderlich. Das Abschachten und die Ausführung der Fundament-Unterfangung darf auf keinen Fall auf ganzer Länge des Gebäudes, sondern muss abschnittsweise durchgeführt werden. Die Abschnitte dürfen nach DIN 4123 nicht breiter als 1,25 m sein und müssen im sog. Pilgerschritt-Verfahren durchgeführt werden. Das heißt nach Aushub, Unterfangung und Verfüllung mit nur geringer Verdichtung des ersten Abschnitts wird der dritte Abschnitt, nach dessen Fertigstellung der zweite, anschließend der vierte erstellt etc. Je nach Zustand des bestehenden Gebäudes müssen ggf. Ertüchtigungsmaßnahmen am Gründungsmauerwerk und/oder der Gründung durchgeführt werden.

**Praxistipp**

Bei allen Maßnahmen in der Nähe von bestehenden Gebäuden sollte vor Beginn eine Beweissicherung durchgeführt werden. Hierbei werden der aktuelle Bauzustand und die Umgebung aufgenommen und dokumentiert. Treten durch die Baumaßnahmen Schäden auf, können eventuelle Ansprüche im Beweissicherungsverfahren geltend gemacht werden.

**Grundwasser-Veränderungen** können ebenfalls zu Schäden am Gebäude führen. Nach starken Niederschlägen steigt der Grundwasserstand an und kann noch geraume Zeit auf einem hohen Pegel bleiben, sodass die Feuchteinwirkungen zu Schädigungen führen. Umgekehrt führen Grundwasser-Absenkungen, z. B. als Wasserhaltung beim Erstellen der Baugruben in der Umgebung, zu Setzungen. Für die Grundwasser-Absenkung ist meist eine wasserrechtliche Genehmigung erforderlich. Durch das Absenken des Grundwassers können zusätzlich höhere Grundwasser-Strömungen entstehen, die dann zum hydraulischen Grundbruch (siehe Abbildung 4) führen.

# 2.5 Unsachgemäßer Gebrauch

## 2.5.1 Nicht der vorgesehenen Nutzung entsprechend

Am häufigsten diskutiert werden **Schimmelschäden** bzw. deren Verursacher. Besonders das Lüftungs- und Heizungsverhalten der Nutzer ist eine häufige Ursache von Schimmelbefall. Denn je höher die Raumtemperatur, desto höher ist auch der Feuchtigkeitsgehalt. Die Feuchtigkeit kann schließlich nur durch einen Luftaustausch, also Lüften, an die Außenluft abgegeben werden. Dies sollte durch ein regelmäßiges Stoßlüften (weit geöffnete Fenster) bzw. Querlüften („Durchzug") gewährleistet werden. Tritt durch eine Nutzung, wie beispielsweise Baden, Duschen, Kochen, Wäsche waschen und Trocknen, eine erhöhte Feuchtigkeit auf, so sind zusätzliche Lüftungsintervalle erforderlich. Häufig lassen Nutzer die feuchte Luft auch durch offenstehende Innentüren in andere Räume strömen. Dies birgt insbesondere bei kälteren Räumen, wie z. B. im Schlafzimmer, die Gefahr, dass sich die warme, feuchte Luft auf den kälteren Wandoberflächen abkühlt und sich dort als Tauwasser niederschlägt.

Auch die Möblierung und Ausstattung der Räume können die Luftzirkulation negativ beeinflussen und damit eine Schimmelpilzbildung begünstigen. Hinter massiven, großen Schränken und dichten, nah an der Wand oder sogar vor Heizkörpern angeordneten Vorhängen sinkt die Oberflächentemperatur so weit ab, dass sich hier ebenfalls warme Luft als Tauwasser niederschlägt.

Zuletzt bietet auch eine mangelnde Hygiene den Schimmelsporen einen günstigen Nährboden, sodass diese sich selbst auf ansonsten gegen Schimmel resistenten Flächen, wie z. B. Glas, bilden können. In Verbindung mit Feuchtigkeit, wie beispielsweise in Abfallbehältern, steigt die Gefahr der Schimmelbildung schließlich noch weiter an.

**Eingriffe in die Tragwerksplanung** werden häufig gedankenlos bzw. in Unkenntnis vorgenommen, können jedoch gravierende Folgen haben. Beispiel: In der fälschlichen Annahme, dass eine Wand mit einer Dicke von 0,115 m keine tragende Wand sein kann, wird ein größerer Durchbruch vorgenommen. Besonders im Industriebau kommt es immer wieder vor, dass Produktionsabläufe geändert werden (müssen) und damit neue Maschinen aufgestellt werden, ohne dass die Tragfähigkeit der Decken für die entsprechenden – ggf. dynamischen – Lasten berücksichtigt wird.

Auch die Lagerung **leicht entzündlicher, explosiver oder gefährlicher Stoffe** durch die Nutzer führt immer wieder zu Schäden. Während im Industriebau durch Gefährdungsbeurteilungen und daraus abgeleitete Sicherheitsvorschriften die Gefahren in den letzten Jahren wesentlich verringert wurden, gibt es im Wohnungsbau experimentierfreudige Nutzer, die sich der Gefahren nicht bewusst sind. Gerade in der Rechtsprechung zum Wohnraum-Mietrecht sind teilweise exotische Fälle zum vertragswidrigen Gebrauch zu finden.

## 2.5.2 Ungeeignete Reinigungsverfahren

Zu irreversiblen Schäden an Oberflächen bis in tiefere Schichten des Bauteils kommt es häufig auch durch den Einsatz nicht geeigneter Reinigungsmittel und -verfahren. Im Idealfall werden bei einem Neubau alle Pflege- und Wartungsunterlagen der jeweiligen Gewerke übergeben; bei Bestandsbauten, besonders bei frühen Baujahren, sind ggf. nicht einmal die tatsächlichen Materialien bekannt. Grundlage bei der Wahl der Reinigungsmittel ist immer der pH-Wert, der auf die zu reinigende Oberfläche abgestimmt sein muss:

***Tabelle 1:*** *pH-Werte und Zuordnungen der chemischen Eigenschaften (Ingrid Kaiser)*

| pH-Wert | | | | | | | | | | | | | | |
|---|---|---|---|---|---|---|---|---|---|---|---|---|---|---|
| 0 | 1 | 2 | 3 | 4 | 5 | 6 | 7 | 8 | 9 | 10 | 11 | 12 | 13 | 14 |
| sauer | | | | | | | neutral | alkalisch/basisch | | | | | | |

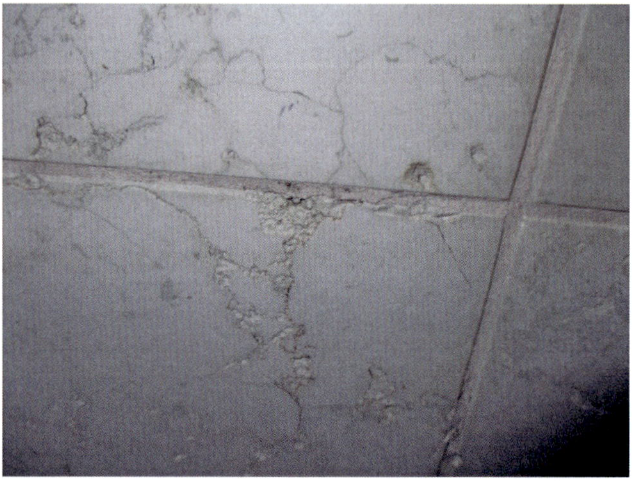

***Bild 1:*** *Mit säurehaltigen Reinigungsmitteln behandelter Kalkstein-Belag (Quelle: Ingrid Kaiser)*

***Bild 2:*** *Mit säurehaltigen Reinigungsmitteln und/oder abrasiven Verfahren behandelter Kautschuk-Belag (Quelle: Ingrid Kaiser)*

***Tabelle 2:*** *pH-Werte für Reinigungsmittel nach Materialien (Ingrid Kaiser)*

| Belagsmaterial | Reinigungs-/Pflegemittel |
|---|---|
| Polyvinylchlorid-Beläge (PVC) = Vinyl- oder Design-Beläge | Abstimmung auf Beschichtungsmittel |
| Elastomerbeläge („Gummi"-Beläge, künstlicher Kautschuk) | pH-Wert < 12,0 |
| Polyolefinbeläge (PO) | Abstimmung auf Beschichtungsmittel |
| Linoleum (Leinöl, Harze, Holzmehl, Farbstoffe) | pH-Wert < 9,0 |
| Kork | gem. Herstellerangaben<br>pH-Wert < 9,0 |
| Laminat | i. d. R. ohne, ggf. Haushaltsreiniger |
| Naturstein | |
| kalkhaltig<br>• Marmor<br>• Kalkstein<br>• Travertin | pH-Wert > 7,0 und < 12,0 |
| Siliziumhaltig (nichtkalkhaltig)<br>• Granit<br>• Sandstein<br>• Schiefer | pH-Wert < 7,0<br>Fugen säureempfindlich |
| Betonwerkstein<br>Terrazzo | pH-Wert > 7,0 und < 12,0 |
| • Fliesen<br>• Klinker<br>• Terrakotta (Cotto) | pH-Wert < 7,0<br>Fugen säureempfindlich |
| Sicht-Estrich | pH-Wert > 7,0 |
| Parkett | pH-Wert < 9,0<br>abhängig von der Oberflächenbehandlung (geölt, versiegelt usw.) |
| Holzdielen | |
| Holzpflaster | |

***Tabelle 2:*** *pH-Werte für Reinigungsmittel nach Materialien (Ingrid Kaiser)*

| **Belagsmaterial** | | **Reinigungs-/Pflegemittel** |
|---|---|---|
| Pflanzliche Fasern | Sisal<br>Kokos<br>Jute<br>Seegras | pH-Wert > 3,0 (empfindlich gegen Chlor, Mineralsäuren) |
| Tierische Fasern | Wolle<br>Seide<br>Ziegenhaar<br>Leder | pH-Wert < 8,0 |
| Synthetische Fasern | Polyacryl<br>Polyamid<br>Polyester<br>Polypropylen | pH-Wert > 3,0 und < 11,0 |

## 2.5.3 Vandalismus und Diebstahl

Vandalismus tritt sowohl während der Bauphase als auch in der Nutzungsphase auf. Die Sicherung der **Baustelle** muss grundsätzlich sowohl von innen nach außen als auch von außen nach innen wirken. Für Gefahren, die von der Baustelle ausgehen und nach außen wirken, gelten hinreichend Vorschriften zur Sicherheit. Von außen nach innen gilt der Schutz von Personen, die mehr oder weniger unbeabsichtigt die Baustelle betreten könnten. Das legendäre Schild „Betreten der Baustelle verboten. Eltern haften für ihre Kinder.“ reicht hierzu nicht aus, sondern muss durch entsprechende Sicherungsmaßnahmen den unbefugten Zugang verhindern (Verkehrssicherungspflicht).

Dies geschieht i. d. R. (mindestens) durch den Bauzaun. Je nach Lage und Einsehbarkeit der Baustelle ist der Bauzaun, ggf. gesichert gegen Aushebemaßnahmen, die erste Hürde für Unbefugte, bei denen es nicht um deren Gefährdung, sondern um ihre „unlauteren" Absichten geht.

Wird die Baustelle zusätzlich ausreichend beleuchtet – besser dauerhaft als durch Bewegungsmelder –, bietet dies zusätzlichen Schutz. Allerdings nimmt die Dreistigkeit von Eindringlingen stetig zu, sodass auch in belebten Stadtvierteln Diebstähle bzw. Vandalismus festzustellen sind. Einzelne Bauteile können mit speziellen Sendern ausgestattet werden, die bei Stromunterbrechung per Funk entsprechende Signale wahlweise Informationen an das örtliche Wachpersonal (s. u.) bzw. per SMS oder Anruf an entsprechende autorisierte Personen senden. Häufiges Einsatzgebiet für diese Art von Gefahrenmeldung sind Kabeldiebstahlmelder, da Kabel wegen ihrer Metallgehalte häufig Gegenstand von Diebstahl sind. Kombiniert werden können diese Systeme mit Meldern an Türkontakten, Bewegungsmeldern und/oder Brand- und Wassermeldern.

Für Bereiche, die bereits fertiggestellt sind, stehen Verschlusssysteme aus Stahl zur Verfügung. Stahltüren zum Verschluss dieser Bereiche sind eine übliche und effiziente Möglichkeit, den Zugang zu verhindern. Stahlsicherungselemente existieren auch für Öffnungen im Gebäude und werden häufig beim Bauen im Bestand, z. B. beim Austausch von Türen und Fenstern in der Bauphase, eingesetzt. Sie werden so eingesetzt, dass ein Öffnen von außen weitgehend unmöglich ist und gleichzeitig das Gebäude wenigstens teilweise vor Witterungseinflüssen geschützt ist.

Die Installation von Videokameras auf der Baustelle, besonders an neuralgischen Punkten, z. B. nicht von außen einsehbaren, schlecht auszuleuchtenden Stellen, ist eine relativ preisgünstige Möglichkeit der ständigen Überwachung der Baustelle. Die Geräte können für die Bauzeit auch gemietet bzw. geleast werden. Je nach Größe der Baustelle werden Kameratürme installiert, die mit 360°-Kameras ausgestattet sind, die auch ohne Beleuchtung funktionieren. Zur Funktionssicherung können sie mit Notstrom-Aggregaten betrieben werden. Über Meldezentralen besteht Life-View-Möglichkeit, das heißt, per App werden die Daten an entsprechende Endgeräte übermittelt, sodass sofortige Reaktionsmöglichkeiten bestehen. Videoaufnahmen durch (mobile) Kameras können im Schadensfall zusätzlich zur Identifizierung von Tätern führen.

Zusätzlicher Vorteil des Kameraeinsatzes ist eine lückenlose Dokumentation des Bauablaufs, der häufig im Zeitraffer-Modus parallel für den Auftraggeber, ggf. auch zur Beweissicherung, oder den Internet-Auftritt des Auftragnehmers verwendet wird. Problematisch sind an dieser Stelle die Vorgaben der Datenschutzgrundverordnung (DSGVO). Werden Personen aufgenommen, gilt dies als „Erhebung personenbezogener Daten", das heißt, kritisch ist die kontinuierliche Überwachung, bei der Aktivitäten von am Bau Beteiligten erfasst werden, z. B. die der den Bau Überwachenden und Ausführenden. In diesem Fall wird unterstellt, dass die Arbeitsabläufe kontrolliert und überwacht werden. Abhilfe schafft hier eine Einschaltung der Kameras erst nach Beendigung der Arbeiten, also in den tatsächlich kritischen Zeiten, zu denen keine Überwachung von auf der Baustelle Anwesenden gewährleistet ist. Weiterhin wird durch einen deutlich sichtbaren Hinweis auf Videoüberwachung den Vorschriften Genüge getan.

Video-Überwachung wird auch in der **Nutzungsphase**, insbesondere bei hochwertigen Immobilien oder einem ungünstigen Umfeld, analog eingesetzt. Die Schwachstellen im fertiggestellten Gebäude sind immer Fenster und Türen, sodass hier ein besonderer Schutz erforderlich ist. Die Widerstandsklassen gem. DIN EN 1627 berücksichtigen nicht nur die Widerstandsdauer gegen mechanische Einwirkungen, sondern auch die jeweiligen Täterprofile und Vorgehensweisen beim Einbruch. Ergänzt wird die Klassifizierung durch die Anforderungen an Schlösser bzw. Schließzylinder, Verglasungen und Beschläge.

***Tabelle 3:*** *Widerstandsklassen von Fenstern und Außentüren (Ingrid Kaiser gem. DIN EN 1627)*

| Widerstands-klasse | Widerstandszeit gegen Werkzeugeinsatz (Gesamt-Widerstandszeit) | Eingesetzte Werkzeuge |
|---|---|---|
| RC1 N | 3 Min. | Hebelwerkzeuge (Schutzwirkung gering) |
| RC2 N | | Schraubendreher, Zange, Keile |
| RC2 | | |
| RC3 | 5 Min. (20 Min.) | zusätzlich zweiter Schraubendreher, Kuhfuß, einfaches Bohrwerkzeug |
| RC4 | 10 Min. (30 Min.) | zusätzlich Sägewerkzeuge, Schlagaxt, Stemmeisen, Hammer und Meißel, Akku-Bohrmaschine |
| RC5 | 15 Min. (40 Min.) | zusätzlich Bohrmaschine, Stich- oder Säbelsäge, Winkelschleifer |
| RC6 | 20 Min. (50 Min.) | |

Diesen Widerstandsklassen werden die entsprechenden Eigenschaften für Schlösser bzw. Schließzylinder, Verglasungen und Beschläge zugeordnet. Für Wohngebäude empfehlen sich die Klassen RC2 bei verglasten Bauteilen bzw. RC2 N, bei höheren Risiken RC3. Die Klassen RC4 bis RC6 sind in der Regel nur im gewerblichen Bereich bei entsprechendem Schutzbedarf erforderlich oder bei Luxus-Wohnimmobilien. Die Kosten steigen hier exponentiell mit jeder Klasse an, häufig sind Sonderkonstruktionen erforderlich.

**Einsteckschlösser** nach DIN 18251 sollten als Zylinderschlösser mit mindestens dreifacher Befestigung (Klasse 3), mit Einbruchhemmung (Klasse 4) oder mit erhöhter Einbruchhemmung (Klasse 5) verwendet werden. Die Zylinder selbst sollten über einen Bohrschutz (BS) oder über einen Bohr- und Ziehschutz (BZ) verfügen. Schutzbeschläge mit der Klasse ES 1 (einbruchhemmend) sind der Widerstandsklasse RC2, die der Klasse ES 2 (stark einbruchhemmend) der Klasse RC3 und die der Klasse ES 3 (extrem einbruchhemmend) der Klasse RC4 zugeordnet. Bei Gebäude-Eingangstüren entspricht eine Zweifach-Verriegelung der Widerstandsklasse RC2, eine Fünffach-Verriegelung der Klasse RC3.

Verbund-Sicherheitsglas (VSG) besteht aus zwei oder mehr Glasscheiben, verbunden mit einer elastischen, reißfesten Polyvinylbutyral-Folie (PVB), das hauptsächlich Schnitt- und Stichverletzungen verhindern soll. Im Einbruch-Fall erschwert es aber auch ein Durchdringen der Verglasung. Bei den Verglasungen werden Klassifizierungen gem. DIN EN 356 nach Durchbruch-Hemmung und Durchwurf-Hemmung unterschieden.

***Tabelle 4:*** *Einbruchhemmung von Verglasungen (Ingrid Kaiser gem. DIN EN 356)*

| **Durchbruchhemmung** | **entspricht Widerstandsklasse** | **Einbruchhemmung gegen** |
|---|---|---|
| P6B | RC4 | Nageleisen, zweiter Schraubendreher |
| P7B | - | Sägen, Hammer, Schlagaxt, Stemmeisen und Meißel, Akku-Bohrmaschine |
| P8B | - | Bohrmaschine, Stich- oder Säbelsäge, Winkelschleifer |
| Durchwurfhemmung | | |
| P4A | RC2 | körperliche Gewalt |
| P5A | RC3 | Schraubendreher, Zange, Keile |

Bei besonderem Schutzbedarf von Gebäuden können Gläser gegen Durchschuss und/oder Sprengwirkung eingebaut werden.

***Tabelle 5:*** *Einbruchhemmung von Verglasung gegen Durchschuss (Ingrid Kaiser gem. DIN EN 356)*

| Durchschuss-hemmung | Kaliber | Geschossart | Schuss-entfernung [m] |
|---|---|---|---|
| BR1 | .22 LR | L/RN | 10,00 |
| BR2 | 9 mm Luger | FJ/RN/SC | 5,00 |
| BR3 | .357 Magnum | FJ/CB/SC | |
| BR4 | .440 Magnum | FJ/FN/SC | |
| BR5 | 5,56 x 45 | FJ/PB/SC/P1 | 10,00 |
| BR6 | 7,62 x 51 | FJ/PB/SC | |
| BR7 | | FJ/PB/HC1 | |
| SG1 (1 Schuss) | 12/70 | Brenneke-Flinten-lauf-Geschoss | |
| SG2 (3 Schuss) | | | |

Für den Widerstand gegen Sprengwirkung gelten gem. DIN EN 13541 die Widerstandsklassen ER1 bis ER4.

Bei **elektronischen Maßnahmen** handelt es sich um einzelne, unabhängig voneinander arbeitende Sicherungsmaßnahmen. Eine einfache Möglichkeit des Schutzes bietet eine Beleuchtung über Bewegungsmelder zur Abschreckung von Einbrechern. Digitale Türschlösser werden per Chip-Karte, Eingabe eines Codes oder über Smartphones geschaltet. Da die Schlösser in der Regel flächenbündig eingebaut sind, sind sie gut gegen Aufhebeln geschützt. Zugänge für bestimmte Personen, z. B. Reinigungspersonal, können für einen fest definierten Zeitraum programmiert werden. Glasbruch-Melder werden in unterschiedliche Typen unterteilt. Aktive Glasbruch-Melder werden direkt auf der Verglasung angebracht und bestehen aus einem Ultraschall-Sender, der Schallwellen aussendet, und min. einem Ultraschall-Empfänger. Wird durch mechanischen Einfluss auf die Scheibe eine Veränderung der Schallwellen erkannt, wird Alarm auslöst. Sie benötigen eine eigene Stromversorgung. Ebenfalls auf der Verglasung angebracht werden passive Glasbruch-Melder. Auf Basis des Piezo-Effekts wird der Alarm durch die Körperschall-Wellen im Einbruchfall ausgelöst. Akustische Glasbruch-Melder mit Mikrofon werden im Raum in der Nähe der Verglasung eingebaut und reagieren auf den Luftschall durch zerbrechendes Glas. Hierdurch können auch mehrere Fenster bzw. Glastüren in einem Raum überwacht werden. Allerdings kann es durch anderes im Raum zerbrechendes Glas zu Fehlalarmen kommen. Alle genannten Glasbruch-Melder können nachgerüstet und mit einer Alarm-Anlage kombiniert werden. Beim Neu-Einbau von Verglasungen kann Alarm-Glas eingebaut werden. Es besteht aus integrierten elektrischen Leitern. Bei Unterbrechung dieser Leiter durch Zerstörung des Glases wird der Alarm ausgelöst.

Fenstermelder geben ein Signal, wenn die Fenster bspw. bei Abwesenheit der Nutzer geöffnet werden. Sie werden zwischen Fenstergriff und Flügelrahmen montiert und senden den Beschlag-Zustand (geschlossen, geöffnet oder gekippt) per Funk auf zugehörige Panels oder per App auf das Smartphone. Sie sind meist Batteriebetrieben inkl. Alarm bei niedrigem Ladestand. Sie können relativ einfach nachgerüstet werden. Eine Zusatz-Funktion ist die Meldung von Vibrationen am Fenster, die auf einen Einbruch hindeuten, allerdings auch bei Sturm ggf. aktiviert werden.

Eigenständig oder in Verbindung mit vernetzten Anwendungen können **Gefahren-Meldeanlagen** (GWA) bzw. Einbruch-Meldeanlagen (EMA) oder Überfall-Meldeanlagen (ÜMA) installiert werden. Über ein entsprechendes Signal wird akustischer und/oder optischer Alarm gegeben, der abschreckende Wirkung hat. Zusätzlich kann ein sog. „stiller Alarm“ gegeben werden, das heißt, es erfolgt die Alarmierung einer „Hilfe leistenden Stelle“, in der Regel der Polizei.

**Hinweis**

Werden die Alarm-Anlagen nicht durch ein zertifiziertes Fachunternehmen und/oder mit nicht zugelassenen Komponenten eingebaut und es kommt zu einem Fehlalarm, müssen die Eigentümer für die jeweiligen Polizei-Einsätze aufkommen.

# Stichwortverzeichnis

**A**
Abdichtungen ... S. 28
Abdichtungsaufbau ... S. 33
Abdichtungsmaterialien ... S. 31
Abnutzung
materielle ... S. 261
Abriebklassen ... S. 216
Abtropfen
brennendes ... S. 13
Abwasser-Kanalsystem ... S. 246
Alarm ... S. 277
Algenbefall ... S. 245
Alterungsprozess ... S. 244
Anlagen
elektrische ... S. 247
Anschlusshöhen ... S. 41
Anstauhöhe ... S. 52
Architektenvertrag ... S. 196
Asbest ... S. 257
Auftrieb ... S. 246
Ausfachung ... S. 165
Ausführungsfehler ... S. 200
Außenlärm ... S. 81
Außenputz ... S. 244

**B**
Balkone ... S. 41
Balkonplatten
ohne thermische Trennung ... S. 115
Barrierefreiheit ... S. 45
Bauablauf
Dokumentation des ... S. 274
Baualtersklassen ... S. 254
Baubegleitung ... S. 217
Baugrund ... S. 140, 199, 265

Baugrundschichten ........ S. 265
Bau-Ist ........ S. 201
Baumaßnahmen
  in der Umgebung ........ S. 266
Bauphysik ........ S. 200
Bauschäden ........ S. 192
Bauschnittholz ........ S. 162
Bau-Soll ........ S. 201
Bau-Standards ........ S. 262
Baustelle ........ S. 272
Baustoffe
  diffusionsoffene ........ S. 127
  kapillaraktive ........ S. 127
Baustoffklassen ........ S. 13
Bauteile
  winterfest ........ S. 244
Bautenschutzes ........ S. 200
Bauüberwachung ........ S. 217
Bauweisen ........ S. 256
Bauwerksprüfungen ........ S. 167
Bauzaun ........ S. 273
Beanspruchungsklassen ........ S. 30
Beanspruchungsstufen ........ S. 31
Beläge
  keramische ........ S. 215
  mineralische ........ S. 215
  textile ........ S. 215
Beleuchtung ........ S. 277
Bemessungswasserstand ........ S. 47
Beschläge
  Anforderungen an ........ S. 274
Bestandsdokumentation ........ S. 174
Bestandsgebäude ........ S. 178
Beton ........ S. 147
  wasserundurchlässiger ........ S. 155
Betondeckung ........ S. 154
Betreiberverantwortung ........ S. 172
Bewegungsfugen ........ S. 213
Bewegungsmelder ........ S. 273

Beweissicherung ........ S. 267, 274
Beweissicherungsverfahren ........ S. 267
Bitumenbahnen ........ S. 32
Blower-Door-Test ........ S. 97
Bodenarten ........ S. 142
Bodenaustausch ........ S. 142
Bodenbeläge ........ S. 214
Bodenklassen ........ S. 140
Brandabschnitte ........ S. 17, 21
Brände ........ S. 248
Brandgefahren ........ S. 248
Brandschottung ........ S. 24
Brandschutz ........ S. 12
Brandschutz-Maßnahmen ........ S. 165
Brandstiftung ........ S. 249
Brandverhalten ........ S. 20
Brandwände ........ S. 21
Brennbarkeit ........ S. 13

**C**

Calciumsulfat-Estrich ........ S. 208
Chloranisol ........ S. 257
Chloride ........ S. 251
Controlling ........ S. 219

**D**

Dach ........ S. 102
Dachabdichtungsarbeiten ........ S. 41
Dächer ........ S. 203
Dachflächen ........ S. 29
Dachterrassen ........ S. 43
Dämmplatten ........ S. 43
Dämmschichten ........ S. 36
Dämmstoffe ........ S. 130
Dämmung
innen liegende ........ S. 116
Dampfdichte ........ S. 100
Dampfdiffusionswiderstand ........ S. 106
Dampfsperrbahn ........ S. 38

Dampfsperren ... S. 203
Datenschutzgrundverordnung ... S. 274
Dauerfestigkeit ... S. 162
Dauerhaftigkeit ... S. 170
Deckendurchführungen ... S. 23
Dehnung ... S. 137
Dichtbänder ... S. 56
Dichtheitsebene ... S. 103
Dichtstoffe ... S. 33
Dickbeschichtungen
polymere ... S. 50
Diebstahl ... S. 272
Diffusionsdichtheit ... S. 128
Digitale Türschlösser ... S. 277
Dokumentation ... S. 107, 217, 239
Druckfestigkeitsklassen ... S. 147
Druckkraft ... S. 137
Durchbrüche
Schließen der ... S. 24
Durchbruch-Hemmung ... S. 276
Durchfeuchtungen ... S. 98
Durchschuss ... S. 277
Durchwurf-Hemmung ... S. 276
Dynamik ... S. 139

**E**

Eigenlasten ... S. 133
Eigenschaftsklassen ... S. 30
Eigentümerverantwortung ... S. 172
Einbruch ... S. 274
Einbruch-Hemmung ... S. 276
Einbruch-Meldeanlagen ... S. 278
Einflüsse
chemische ... S. 251
Einsteckschlösser ... S. 276
Einzelfundamente ... S. 146
Elastische Böden ... S. 214
Elementwände ... S. 156
Energie-Effizienz ... S. 94

Energieeffizienzklassen ........ S. 95
Entwässerungseinrichtungen ........ S. 46
Erdbeben ........ S. 247
Erdlasten ........ S. 137
Erlaubnisschein ........ S. 249
Erosion ........ S. 244
Erschütterung ........ S. 266
Erschütterungen ........ S. 204
Ertüchtigungsmaßnahmen ........ S. 266
Estrich ........ S. 208
 auf Dämmschicht ........ S. 211
 auf Trennschicht ........ S. 211
 Festigkeit ........ S. 213
 geschliffener ........ S. 209
 Nenndicke ........ S. 212
 schwimmend ........ S. 211
Explosion ........ S. 247, 249
Explosionsschutz ........ S. 250
Expositionsklassen ........ S. 147

**F**

Fachkundige Personen ........ S. 173
Fachplaner ........ S. 195
Facility- Management ........ S. 239
Faserrichtung ........ S. 162
Fehlalarm ........ S. 278
Fehlerstrom-Schutzschalter ........ S. 247
Fenstermelder ........ S. 278
Fertigteile ........ S. 156
Festigkeit ........ S. 137
Fett-Brände ........ S. 249
Feuchte ........ S. 200
Feuchtekonzentrationen ........ S. 202
Feuchteschäden ........ S. 200
Feuchteschutz ........ S. 127
Feuchtigkeitsklassen ........ S. 153
Feuchträume ........ S. 52
Feuerüberschlag ........ S. 21
Feuerwehr-Zufahrten ........ S. 27

Feuerwiderstandsklassen ........ S. 15, 17
Flachdächer ........ S. 29, 203
Flachdach-Richtlinie ........ S. 29
Flächentragwerke ........ S. 139, 140
Flachgründung ........ S. 143
Fliesen ........ S. 55
Fließmittel ........ S. 208
Fluchtwege ........ S. 25
    Breiten ........ S. 26
Flüssigkunststoffe ........ S. 36
Förderprogramme ........ S. 265
Formaldehyd ........ S. 258
Frostgrenze ........ S. 145
Frostschäden ........ S. 42
Fugen ........ S. 51
Fügen ........ S. 165
Fugenanordnung ........ S. 213
Fugendicke ........ S. 158
Fundamentplatten ........ S. 146
Funktionalität ........ S. 240
Funktionsfähigkeit ........ S. 260
Fußboden-Heizung ........ S. 211

**G**

Gasleitungen ........ S. 249
Gebäudeabschlusswände ........ S. 21
Gebäudehülle ........ S. 244
Gebäudeklassen ........ S. 17
Gebrauch
    vertragswidriger ........ S. 269
Gebrauchstauglichkeit ........ S. 170
Gefährdungen ........ S. 251
Gefährdungsbeurteilung ........ S. 250, S. 269
Gefahren-Meldeanlagen ........ S. 278
Gefahrenmeldung ........ S. 273
Gefälle ........ S. 40
Gefälle-Estrich ........ S. 41

Genehmigung
wasserrechtliche ........ S. 267
Geotechnischen Kategorien ........ S. 144
Gesamtnutzungsdauer ........ S. 221
Gesteinskörnungen ........ S. 209
Glasbruch-Melder ........ S. 277
Gleiten ........ S. 138
Grundbruch ........ S. 265
Gründung ........ S. 142, 144
frostfreie ........ S. 145
Gründungsarten ........ S. 144
Gründungsmauerwerk ........ S. 266
Grundwasser-Absenkungen ........ S. 267
Grundwasserspiegelschwankungen ........ S. 204
Grundwasserstand ........ S. 47
Grundwasser-Strömungen ........ S. 267
Grundwasser-Veränderungen ........ S. 267
Gussasphalt-Estrich ........ S. 208

**H**

Haarrisse ........ S. 213
Halbfertigteile ........ S. 156
Hart-Böden ........ S. 214
Heizestrich ........ S. 211
Heizungsverhalten ........ S. 268
Herstellungskosten ........ S. 262
HOAI ........ S. 195
Hochwasser ........ S. 245
Gefahren ........ S. 245
Hochwasserstand ........ S. 47
Holz ........ S. 160
Holzbau ........ S. 160
Holz-Bauteile ........ S. 244
Holzbeläge ........ S. 215
Holzfehler ........ S. 162
Holz-Leichtbau ........ S. 101
Holzmassivbau ........ S. 164
Holzrahmenbau ........ S. 164
Holzskelettbau ........ S. 164

Holzständerbau ........ S. 164
Holzverbindungen ........ S. 163
Holzwerkstoffe ........ S. 160
Homogenbereiche ........ S. 141
Hybrid-Abdichtung ........ S. 50
Hygiene ........ S. 268
Hygrothermie ........ S. 129

**I**
Industriebau ........ S. 269
Information ........ S. 218
Ingenieurvertrag ........ S. 196
Inspektion ........ S. 239
Instandhaltung ........ S. 221, 239
    aktive ........ S. 242
    korrektive ........ S. 242
    präventive ........ S. 241
    vorausbestimmte ........ S. 241
    vorausgesagte ........ S. 242
    zustandsorientierte ........ S. 242
Instandhaltungsmaßnahmen ........ S. 178, 261
Instandhaltungsstrategien ........ S. 238, 241

**K**
Kabeldiebstahlmelder ........ S. 273
Kalkstein-Belag ........ S. 271
Kameratürme ........ S. 273
Kautschuk-Belag ........ S. 271
Kinematik ........ S. 139
Kinetik ........ S. 139
Kippen ........ S. 138
Knallgas ........ S. 247
Knickbeanspruchung ........ S. 138
Kohlendioxid ........ S. 258
Kommunikation ........ S. 218
Konstruktionen
    baujahrsspezifische ........ S. 252
Korngröße ........ S. 142
Körperschall ........ S. 76

Kräfte ... S. 137
Krakelee-Risse ... S. 213
Kunstharz-Estrich ... S. 208
Künstliche Mineralfasern ... S. 258
Kunststoffbahne
elastomere ... S. 32
Kunststoffbahnen ... S. 32

**L**
Lärm ... S. 76
Lärmschutz
in Arbeitsstätten ... S. 81
Lasteinwirkung ... S. 250
Lasten ... S. 133
dynamische ... S. 134
ruhende ... S. 134
Lebensdauer ... S. 221
technische ... S. 221
Leckagen ... S. 201
Leistungsphasen ... S. 197
Luftdichtheit ... S. 97, 108
Luftdurchlässigkeit ... S. 100
Luftschall ... S. 76
Luftschichten ... S. 88
Lüftung ... S. 105
Lüftungsverhalten ... S. 202, 268
Luftzirkulation ... S. 268

**M**
Magnesia-Estrich ... S. 208
Materialveränderungen ... S. 260
Mauerwerk ... S. 157
Methanal ... S. 258
Mindest-Schallschutz ... S. 77
Mindestüberbindemaße ... S. 159
Mindest-Wärmeschutz ... S. 96
Mischsystem ... S. 246
Modernisierung ... S. 240, S. 260

Modernisierungsmaßnahmen ..... S. 263
Mörtelklasse ..... S. 157

**N**
Nachbehandlung ..... S. 243
Nachhall-Zeit ..... S. 85
Nassschichtdicke ..... S. 51
Naturbaustoff ..... S. 160
Netzrisse ..... S. 213
Neubau ..... S. 178
Nichtwohngebäude ..... S. 257
Notstrom-Aggregate ..... S. 273
Nutzer-Meldungen ..... S. 240
Nutzlasten ..... S. 134
Nutzungsänderungen ..... S. 265
Nutzungsarten ..... S. 238
Nutzungsdauer ..... S. 221
  Bauteile ..... S. 223
  wirtschaftliche ..... S. 221
Nutzungsklasse A ..... S. 155
Nutzungsklassen ..... S. 162, 216
Nutzungsphase ..... S. 274

**O**
Oberflächentemperatur ..... S. 268
Oberputz ..... S. 207
Objektplaner ..... S. 195
Objektschutz ..... S. 249
Ortbeton-Konstruktionen ..... S. 156
Ozon ..... S. 251

**P**
Passivhäuser ..... S. 100
Passivhausstandards ..... S. 97
Pentachlorphenol ..... S. 257, 259
Pfahlgründung ..... S. 146
Pfahlgründungen ..... S. 143
Pflegeunterlagen ..... S. 269
Pilgerschritt-Verfahren ..... S. 266

Pilzbefall ........ S. 245
Planung
baubegleitende ........ S. 219
Planungsfehler ........ S. 195, 199
Planungsunterlagen ........ S. 252
Platten ........ S. 55
Plattenbelag ........ S. 41
Polychlorierte Biphenyle ........ S. 259
Polyzyklische aromatische Kohlenwasserstoffe ........ S. 259
Probebohrungen ........ S. 142
Produktionsabläufe ........ S. 269
Projektablaufplan ........ S. 219
Projektsteuerer ........ S. 217
Projektstrukturplan ........ S. 219
Prüfung
eingehende ........ S. 173
handnahe ........ S. 174

**Q**
Qualitätskontrolle ........ S. 217

**R**
Radon ........ S. 259
Rauchabschnitte ........ S. 21
Rauchentwicklung ........ S. 13
Raumnutzungsklassen ........ S. 48
Regeln der Technik ........ S. 200
Reinigungsmittel ........ S. 269
Reinigungsverfahren ........ S. 269
Restlebensdauer
eines Gebäudes ........ S. 263
Rettungsweg
erster ........ S. 25
zweiter ........ S. 25
Rettungswege ........ S. 25
Risiko-Analyse ........ S. 219, 250
Rissbildung ........ S. 246
Risse ........ S. 199, 204
Risseinwirkung ........ S. 48

Rissklassen ........ S. 53
Robustheit ........ S. 170
Rohrdurchführungen ........ S. 244
Rutschhemmung ........ S. 216

**S**

Sackungen ........ S. 266
Sanierung
  energetische ........ S. 265
Sanierungsfahrpläne ........ S. 175
Schadensfolgeklassen ........ S. 171
Schadensfolgen ........ S. 171
Schadensursachen ........ S. 199
Schadstoffe ........ S. 257
Schall ........ S. 76
Schallabsorber ........ S. 87
Schallabsorptionsklassen ........ S. 86
Schalldruck-Pegel ........ S. 76
Schall-Schluckung ........ S. 85
Scheibenwirkung ........ S. 160
Schimmelschäden ........ S. 268
Schimmelsporen ........ S. 268
Schlagregenschutz ........ S. 128
Schließzylinder
  Anforderungen an ........ S. 274
Schlösser
  Anforderungen an ........ S. 274
Schneelasten ........ S. 136
Schnittstellen ........ S. 219
Schürfgruben ........ S. 142
Schwefeldioxid ........ S. 251
Schwefelwasserstoff ........ S. 251
Schwundrisse ........ S. 204
Setzung ........ S. 265
Setzungen ........ S. 266
Setzungsrisse ........ S. 265
Setzungsvorgänge ........ S. 204
Skelettbau ........ S. 140
Sofort-Maßnahmen ........ S. 239

Sondierungen ..... S. 142
Sonneneinstrahlung ..... S. 251
Spannungen ..... S. 137
Spannungsänderungen ..... S. 204
Sprengwirkung ..... S. 277
Stabilisatoren ..... S. 208
Stabtragwerke ..... S. 140
Stahl ..... S. 164
Stahlbeton ..... S. 147
Stahlfachwerk ..... S. 164
Standards ..... S. 219
Standsicherheit ..... S. 169
Starkregen-Ereignisse ..... S. 245
Stauchung ..... S. 137
Steindruckfestigkeitsklasse ..... S. 157
Stelzlager ..... S. 42
Stickstoff-Oxide ..... S. 251
Stoffe
  explosive ..... S. 269
  gefährliche ..... S. 269
  leicht entzündliche ..... S. 269
Streifenfundamente ..... S. 145

**T**

Taupunkttemperatur ..... S. 116
Tauwasser ..... S. 268
Tauwasserbildung ..... S. 127
Temperaturänderungen ..... S. 204
Temperaturverlauf ..... S. 92
Terrazzo ..... S. 209
Tiefbau-Arbeiten ..... S. 266
Torsionsbeanspruchung ..... S. 138
Tragfähigkeit ..... S. 169, 199
Tragwerksplanung ..... S. 269
Trapezblech ..... S. 166
Trennen ..... S. 165
Trocknungsvorgänge ..... S. 243
Trocknungszeiten ..... S. 202

**U**

Überfall-Meldeanlagen ........ S. 278
Überflutungsfall ........ S. 247
Überprüfung ........ S. 173
Überwachungsfehler ........ S. 217
Umbaumaßnahmen ........ S. 199
Umformen ........ S. 165
Unterfangung ........ S. 266
Untergrund ........ S. 210
Untergrundvorbereitung ........ S. 37
Unterputz ........ S. 207
U-Werte ........ S. 89, 257

**V**

Vandalismus ........ S. 272
VDI 6200 ........ S. 174
Verarbeitbarkeit ........ S. 243
Verbesserung ........ S. 240
Verbindungsmittel ........ S. 163
Verbundabdichtung ........ S. 57
Verbunddrainage-Platte ........ S. 42
Verbundestriche ........ S. 210
Verbund-Sicherheitsglas ........ S. 276
Verformungen ........ S. 199
Verglasungen
  Anforderungen an ........ S. 274
Verkehrslasten ........ S. 134
Verkehrssicherungspflicht ........ S. 272
Vermarktung ........ S. 199
Verschlusssysteme ........ S. 273
Versickerungsfähigkei ........ S. 143
Versickerungsfähigkeit ........ S. 245
Videokameras ........ S. 273
Volumenstrom-Obergrenzen ........ S. 108

**W**

Wachpersonal ........ S. 273
Wanddurchführungen ........ S. 23

Wände
tragende ........ S. 159
Warmdach ........ S. 38
Wärmebrücken ........ S. 109, 206
dreidimensionale ........ S. 112
geometrische ........ S. 110
konstruktionsbedingte ........ S. 110
linienförmige ........ S. 111
materialbedingte ........ S. 109
punktuelle ........ S. 112
Wärmebrückenkataloge ........ S. 114
Wärmedämmung ........ S. 105
Wärmedämm-Verbundsysteme ........ S. 205
Wärmedurchlasskoeffizent ........ S. 88
Wärmedurchlasswiderstand ........ S. 88
Wärmeflussdichte ........ S. 125
Wärmeleitfähigkeit ........ S. 206
Wärmeverluste ........ S. 114
Wartung ........ S. 239
Wartungsunterlagen ........ S. 269
Wasserdruck ........ S. 246
Wasserdurchlässigkeit ........ S. 47
Wassereinwirkungsklassen ........ S. 48, 51
Wasserhaltung ........ S. 267
Wasserverhältnisse ........ S. 143
Wasser-Zement-Wert ........ S. 147
WDVS ........ S. 205
Werkvertragsrecht ........ S. 196
Werterhaltung ........ S. 260
Wertsteigerung ........ S. 260
Wertverlust ........ S. 260
Widerstandsklassen ........ S. 274
Wiederbeschaffungswert ........ S. 221
Windlasten ........ S. 136
Witterungseinflüsse ........ S. 243, 245, 273
Wohngebäudetypologie ........ S. 254

## Z

Zement-Estrich ........ S. 208
Ziele ........ S. 219
Zugang
    unbefugter ........ S. 272
Zugkraft ........ S. 137
Zylinderschlösser ........ S. 276